高等院校信息技术规划教材

计算机硬件
技术与实践

涂文婕　陈芳信　编著

清华大学出版社

北京

内 容 简 介

本书以 Intel 系列微处理器为背景,以 16 位微处理器 80x86 为核心,追踪 Intel 主流系列高性能微型计算机技术的发展方向,全面讲述微型计算机系统的基本组成、工作原理、硬件接口技术和典型应用,并在此基础上介绍 Pentium、龙芯 2F、FPGA、ARM10E 等高档微处理器的发展和特点,以及应用的先进计算技术。让读者能够系统掌握汇编语言程序设计的基本方法、硬件接口电路的设计和接口编程,建立微型计算机系统的整体概念,使读者具有微型计算机软件和硬件初步开发、设计的能力。

全书共 9 章。主要内容包括微型计算机基础知识、80x86 微处理器、指令系统、汇编语言程序设计、存储器及其与 CPU 的接口、输入输出接口技术、总线和总线标准、中断技术、常用的串并行数字接口芯片及应用。

本书为编者多年课程教学、科研课题以及毕业设计集合而成,结构清晰、内容翔实、系统性较强,各部分内容由浅入深,并配有大量的近几年各高校研究生招生的试题以及《计算机硬件技术基础习题集》配套书,便于读者自学。

本书可作为高等学校工科非计算机专业"微型计算机原理及应用"课程的教材,也可供从事微型计算机硬件和软件设计的工程技术人员参考。

图书在版编目(CIP)数据

计算机硬件技术与实践/涂文婕,陈芳信编著. —北京:清华大学出版社,2020.10
高等院校信息技术规划教材
ISBN 978-7-302-55014-3

Ⅰ.①计… Ⅱ.①涂… ②陈… Ⅲ.①硬件-高等学校-教材 Ⅳ.①TP303

中国版本图书馆 CIP 数据核字(2020)第 042646 号

责任编辑:白立军 杨 帆
封面设计:常雪影
责任校对:焦丽丽
责任印制:沈 露

出版发行:清华大学出版社
   网 址:http://www.tup.com.cn,http://www.wqbook.com
   地 址:北京清华大学学研大厦 A 座   邮 编:100084
   社 总 机:010-62770175   邮 购:010-83470235
   投稿与读者服务:010-62776969,c-service@tup.tsinghua.edu.cn
   质量反馈:010-62772015,zhiliang@tup.tsinghua.edu.cn
   课件下载:http://www.tup.com.cn,010-83470236
印 装 者:三河市金元印装有限公司
经 销:全国新华书店
开 本:185mm×260mm   印 张:18.25   字 数:423 千字
版 次:2020 年 12 月第 1 版   印 次:2020 年 12 月第 1 次印刷
定 价:54.00 元

产品编号:083136-01

前言

"计算机硬件技术基础"是工科专业一门重要的专业基础课程。许多院校都将它定为核心课程和考研课程,主要围绕计算机各个主要系统部件的基本组成和工作原理而展开。其特点是知识面广、内容多、难度大、更新快,并在基础课与专业课之间起着承上启下的重要作用。

本书最重要的价值在于向读者传达 3 个理论,即"学什么、考什么、做什么"。概括起来,本书具有以下主要特点。

1. 内容翔实

对计算机主要系统部件的基本概念、基本组成和基本原理进行了较详细的描述,也涉及其应用,做到理论联系实际。

2. 结构合理

基于冯·诺依曼计算机的精髓,以组成为主线,使读者从信息流的连接角度学习计算机组成的原理、I/O 接口设计以及编程实现,加深对本书的理解。

3. 贴近考研

配有大量习题及近几年全国高校考研真题,为读者提供较多的理解相关知识和练习的机会,将每章的知识点、习题以及参考答案单列出版了《计算机硬件技术基础习题集》,便于读者学习。

4. 便于实训

除第 1 章外,全书安排的实训环节,均借助 Proteus 8.0 来完成,使实训教学更加生动、直观、形象,加大授课时空信息量,提升了教学效率,改善了教学效果,激发了读者的学习主动性和积极性。

本书共 9 章。第 1 章介绍计算机的概论、数据表示。第 2~8 章介绍计算机的各个子系统(运算系统、存储系统、中断技术、总线和输入输出系统)的基本原理和编程应用。第 9 章介绍计算机串并行接口及应用。总学时建议为 30＋20 学时左右为宜。

为适应现代化的教学手段——多媒体教学，本教材配备了"计算机硬件技术基础多媒体 CAI 课件"。该课件是编者多年教学经验的总结，其中引入了多媒体技术，如声音、图像、文档及动画等。

本书由涂文婕、陈芳信编著，参与编写的还有郭乐江、陈新、贺玲、程敏、肖蕾、唐晓。全书由涂文婕统稿并校正总纂，陈芳信设计全部实训内容，并编程验证。在本书编写过程中，教研室其他同仁也做了大量努力，在此一并向他们表示感谢。

在编写过程中，李强教授、鲁汉榕教授、李刚副教授等专家提出了许多宝贵意见，熊家军教授对全书进行了主审，在此深表感谢。

由于编者的水平和经验有限，书中定有遗漏和不当之处，恳请专家、读者提出宝贵意见，并予以指正。

编　者

2020 年 8 月

目录

Contents

第1章

微型计算机系统概述

20世纪,人类社会的标志性成果之一是电子计算机的发明,它将人类社会带入信息时代。计算机问世以来,随之不断发展,尤其是因特网的出现,人们的生活已发生了天翻地覆的变化。计算机已成为人们工作和生活不可缺少的工具之一。目前,以高性能计算机为基础的计算科学已经成为继理论科学和实验科学之后人类科学研究的第三大支柱。越来越多的人希望了解、学习并掌握计算机相关知识。本章将介绍计算机的概念和组成等方面的基本内容,目的在于使读者对计算机有一个总体概念,以便于学习后续各章的内容。

1.1 微型计算机的基本组成及体系结构

1946年2月,为了解决新武器弹道问题中的复杂计算,世界上第一台电子数字积分器和计算机(electronic numerical integrator and computer,ENIAC)在美国宾夕法尼亚大学诞生,这是人类文明史上一个重要的里程碑。从此,电子计算机把人类从繁重的脑力计算和烦琐的数据处理工作中解放出来,使人们能够将更多的时间和精力投入具有创造性的工作中去。

随着电子技术以及相关技术的发展,计算机的发展经历了四代重大变革。

第一代:1946—1958年,电子管计算机。它的特征是采用电子管作为逻辑器件,能够处理的数据类型只有定点数,用机器语言或汇编语言来编制程序。其应用仅局限于科学计算。

第二代:1959—1964年,晶体管计算机。它的特征是采用晶体管作为逻辑器件;用磁芯作为主存储器;采用磁带、磁鼓、纸带、卡片穿孔机和阅读机作为输入输出设备。相继出现了ALGOL、COBOL等一系列高级程序设计语言。更难能可贵的是,产生了系列机的萌芽,出现了高速大型计算机系统。

第三代:1965—1974年,中小规模集成电路计算机。它的特征是采用中小规模集成电路作为主要器件;由多层印制电路板及磁芯存储器构成;控制单元设计开始采用微程序控制技术。在软件方面,高级语言迅速发展并出现分时操作系统。计算机产品也形成了通用化、系列化和标准化,应用领域开始向国民经济各个部门及军事领域渗透。

第四代：1975 年至今，超大规模集成电路计算机。用超大规模集成电路作为主要器件。这一时期计算机的性能有了快速提高，由美国人西蒙·克雷创办的克雷（CRAY）公司于 1976 年推出了世界上首台计算速度超过每秒 1 亿次的超级计算机 Cray-1。

目前，计算机正朝着高性能方向发展。在结构上，计算机已从单处理器向多处理器发展，常见的是双核处理器和四核处理器，此前英特尔公司做出的一块芯片中内含 80 个核的多核处理器，用这样的一块 80 核处理器芯片构成的计算机的运算速度已超过每秒 1 万亿次。可以想象，若用几百、几千甚至上万块多核处理器芯片构成一台计算机，如集群系统，那么该计算机系统的性能将是难以想象的。

1.1.1　微型计算机系统的组成

硬件（hardware）和软件（software）共同构成了一个完整的微型计算机系统。

硬件系统是指计算机的实体，由各种电子元器件和各类光、机设备的实物组成，主要包括主机和外部设备（简称外设），是人们看得见摸得着的实体。

用 IEEE 对软件给出的定义来描述的话，软件系统就是计算机的程序、方法、规范和相应的文档以及在计算机上运行时所必需的数据。

现代计算机不能简单地认为是一种电子设备，而是一个十分复杂的软件和硬件结合而成的整体。在计算机系统中并没有一条明确的关于软件与硬件的分界线，没有一条硬性准则来明确指定什么必须由硬件完成，什么必须由软件完成。因为，任何一个由软件完成的操作也可以直接由硬件来实现，任何一条由硬件执行的指令也能用软件来完成。这就是软件与硬件的逻辑等价。

1.1.2　冯·诺依曼计算机结构

冯·诺依曼计算机结构的精髓就是基于存储程序控制计算机的设计方案。那么什么是存储程序的思想呢？

存储程序的思想就是计算机的用途和硬件完全分离。具体而言，硬件采用固定性逻辑，提供某些固定不变的功能，指令以代码的形式事先输入计算机主存储器中，然后按其在存储器中的首地址执行程序的第一条指令，以后就按照该程序的设计要求顺序执行其他指令，直至程序执行结束。

这一思想体现了计算思维的核心概念——自动化。依照这个思想设计的冯·诺依曼计算机的特点如下。

（1）具备数据处理、操作判断与控制、数据存储、数据输入与输出 5 大功能。对应的计算机由运算器、控制器、存储器、输入设备和输出设备 5 大部分组成，各部件的操作及其相互之间的联系如图 1-1 所示。

（2）数据和程序以二进制代码的形式不加区别地存放在存储器中，并以二进制形式进行运算，存放位置由地址指定，地址码也为二进制形式。存储器由一组一维排列、线性编址的存储单元组成，每个存储单元的位数相等且固定，存储单元按地址访问。

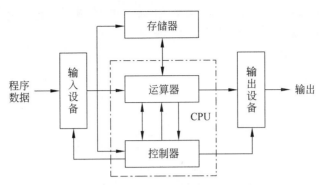

图 1-1　冯·诺依曼计算机结构图

（3）程序由一条一条的指令有序排列而成,而指令由操作码和地址码两部分组成。操作码规定了该指令的操作类型（即功能）,地址码指示存储操作数和运算结果的存储单元地址。操作数的数据类型由操作码来规定,操作数可能是定点数、单精度浮点数、双精度浮点数、十进制数、逻辑数、字符或字符串等。

（4）控制器根据存放在存储器中的指令序列即程序来工作,并由一个程序计数器（program counter,PC）控制指令的执行,每执行完一条指令,PC 自动加 1,指向下一条指令的存储单元。控制器具有判断能力,能根据计算结果选择不同的动作流程,这种方式也称控制流驱动方式。

很明显,以算术逻辑运算单元为中心,输入输出单元与存储器之间的数据传送都要经过算术逻辑运算单元,这必然使算术逻辑运算单元无法专注于运算,低速的输入输出和高速的运算不得不相互等待,导致系统串行工作。因此,现代的计算机已转化为以存储器为中心,如图 1-2 所示。这样,输入输出设备就可以与运算器并行工作,输入设备也可与输出设备并行工作,提高设备的执行效率和利用率,同时也使计算机 5 个功能单元的互连更加简单。

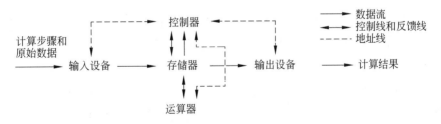

图 1-2　以存储器为中心的计算机结构图

1.1.3　典型的微型计算机系统的结构

微型计算机的硬件包括 CPU、内部存储器、I/O 接口及相应的外设。CPU、内部存储器和 I/O 接口,一般都是集成电路芯片,它们是如何连接形成一个整体系统的呢?这就涉及微型计算机系统的结构问题。微型计算机系统的结构就是构成系统的各个部件进行连接的方式。典型的微型计算机系统的结构如图 1-3 所示。

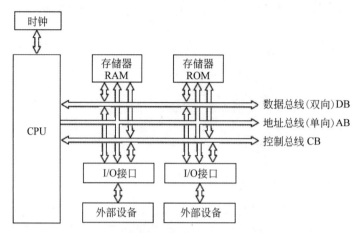

图 1-3 典型的微型计算机系统的结构图

1.1.4 微型计算机系统的 3 个层次

为了进一步了解微型计算机的体系结构,在此对微处理器、微型计算机和微型计算机系统的区别与联系进行细致的比较。人们通常所说的电脑、微机等都是微型计算机的简称。微型计算机系统从局部到全局存在 3 个层次,即微处理器、微型计算机和微型计算机系统。为了以后学习时不致混淆,首先有必要了解这 3 个层次的确切含义。

微处理器(micro processor,MP)不是微型计算机,而是微型计算机的核心部件,即 CPU。微处理器包括算术逻辑部件(arithmetic logic unit,ALU)、控制部件(control unit,CU)、寄存器组(registers,R)以及内部总线 4 个部分。它本身具有运算和控制能力,程序的执行由微处理器完成。

微型计算机(micro computer,MC)简称微机,是以微处理器为核心,由大规模集成电路制作的存储器、输入输出(I/O)接口和系统总线组成,即计算机的硬件系统。存储器由只读存储器(read only memory,ROM)和随机存储器(random access memory,RAM)组成。输入输出接口用来使外部设备与微型计算机相连并实现数据的交换。系统总线是 CPU、存储器以及外部设备之间传输数据、地址和控制信号的通道。

微型计算机系统(micro computer system,MCS)是以微型计算机为核心,配以相应的外部设备、电源及辅助电路和控制微型计算机工作的软件系统而构成。外部设备用来使计算机实现数据的输入输出。

微处理器、微型计算机和微型计算机系统的组成及层次关系如图 1-4 所示。

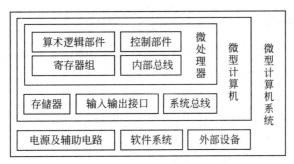

图 1-4　微处理器、微型计算机和微型计算机系统的组成及层次关系图

1.2　微型计算机各组成部分结构及功能

传统的冯·诺依曼计算机和现代计算机的结构虽然不同,但功能部件一致,下面进行逐一介绍。下述 4 大部分构成计算机的实体,称为计算机的硬件。

1.2.1　微处理器

微处理器是利用微电子技术将计算机的核心部件(运算器和控制器)集中做在一块集成电路上的一个独立芯片。它具有解释指令、执行指令、与外界交换数据的能力。在计算机中,运算器和控制器合起来称为中央处理单元(central processing unit,CPU)。因此,在微型计算机系统中微处理器也可称为 CPU。

CPU 是构成微型计算机的核心部件,不同型号的微型计算机,其性能指标的差异首先在于其 CPU 性能的不同,而 CPU 性能又与它的内部结构有关。在目前情况下,无论哪种 CPU,其内部基本组成大同小异,包括以下 3 部分。

1. 运算器

运算器是对信息进行加工、处理及运算的逻辑部件,它是以加法器为基础,辅之以移位寄存器及相应控制逻辑组合而成的电路,在控制信号的作用下可完成加、减、乘、除四则运算和各种逻辑运算,包括与运算、或运算、非运算以及异或运算等。因此,运算器又称为算术逻辑部件。新型 CPU 的运算器还可完成各种高精度的浮点运算。

2. 控制器

控制器包括指令寄存器(instructon register,IR)、指令译码器(instructon decoder,ID)和操作控制器(operation controller,OC)等。控制器是计算机控制和调度的中心,计算机的各种操作都是在控制器的控制下进行。控制器的指挥是通过程序进行,程序放在存储器中,它依次从存储器中取出指令,控制器根据指令的要求,对 CPU 内部和外部发出相应的控制信息,使微机各部件协调工作,从而完成对整个微型计算机系统的控制及数据运算处理等工作。控制器是整个 CPU 的指挥控制中心。

3. 内部寄存器阵列

内部寄存器阵列由多个功能不同的寄存器构成,用于存放参加处理和运算的操作数、数据处理的中间结果和最终结果等。寄存器可分为专用寄存器和通用寄存器。专用寄存器的作用是固定的,例如,8086 CPU 的堆栈指针寄存器、标志寄存器、指令指针寄存器等。通用寄存器则可由编程者依据需要规定其用途。有了这些寄存器,多次使用的操作数或者中间结果,可将它们暂时存放在寄存器中,避免对存储器的频繁访问,从而缩短指令执行时间,同时也给编程带来很大方便。

1.2.2　存储器

存储器是微机的存储和记忆装置。用来存储数据、程序、中间结果和最终结果等数字信息。

1. 内部存储器和外部存储器

存储器按其在计算机结构中的位置可分为内部存储器和外部存储器两大类。

内部存储器通常采用半导体存储器,与 CPU 一起放在系统的主板上。又称主存储器,简称内存或主存。按工作方式,内存可分为两大类:RAM 和 ROM。内存的速率快,但其存储容量比外部存储器要小。RAM 是可以被 CPU 随机进行读写的存储器,这种存储器用于存放用户装入的程序、数据及系统信息。当计算机断电后,所存储信息消失。ROM 中的信息只能被 CPU 读出,而不能用一般方法将信息写入。当计算机断电后,信息仍保留。这种存储器用于存放固定的程序,如 BIOS 程序、一些解释程序及用户编写的专用程序等。

外部存储器是在计算机主机外部的存储器(简称外存),又称辅助存储器(简称辅存)。用来存放当前暂时不用的程序和数据。外存存储的信息量大,但速率比内存要慢。例如,硬盘和光盘等,外存的程序必须调入内存,CPU 才能执行。

2. 内存单元的地址和内容

计算机的内存用来存放数据和程序。内存由一个一个的基本存储电路构成。每一个基本存储电路存放 1 位二进制信息,当一组二进制数作为整体同时从存储器取出(称为读)或者存入(称为写)存储器,这一组二进制数称为一个存储字。为了便于对存储器进行读写操作,把存储器划分成一个一个的单元,内存由许多单元组成,每个单元存放一组二进制数,这样一个单元称为一个存储单元。微机中规定每个内存单元可存放 8 位二进制数,即 1 字节(byte,B)的二进制信息。一个存储单元中存放的信息称为该存储单元的内容。存放的数据和程序均以二进制数形式存放,不论是 8 位机还是 16 位机,都是以8 位二进制数作为 1 字节存放在内存单元中。

内存容量是它所能包含的内存单元的数量,也是存储器存储信息量的大小。存储容量用字节作为单位来衡量。1KB 称为 1 千字节,1KB＝2^{10} B＝1024B;1MB 称为 1 兆字节,1MB=1024KB=2^{20}B;1GB 称为 1 吉字节,1GB=1024MB=2^{30}B;1TB 称为 1 太字节,1TB=1024GB=2^{40}B。

为了区分不同的存储单元,按一定的规律和顺序对每个内存单元进行排列编号,这个编号称为存储单元的地址。地址从 0 开始编号,顺序地每次加 1。在计算机里,地址也是用二进制数来表示的。它为无符号整数,书写格式为十六进制数。因为每个存储单元都有一个唯一的地址,按照存储单元的地址进行译码,从而唯一找到某个存储单元,对该单元进行读写操作,这个过程称为对内存寻址。例如,8086/8088 CPU 的内存地址编排为 00000H、00001H、…、0FFFFFH,共 2^{20} 个存储单元,如图 1-5 所示。虽然内存单元的地址与内容在表现形式上都是二进制数,但本质上它们是两个完全不同的概念。图 1-5 中,内存单元的地址是 00028H 和 00029H,而对应的内存单元的内容是 4CH 和 0F9H,分别表示为[00028H]=4CH、[00029H]=0F9H。

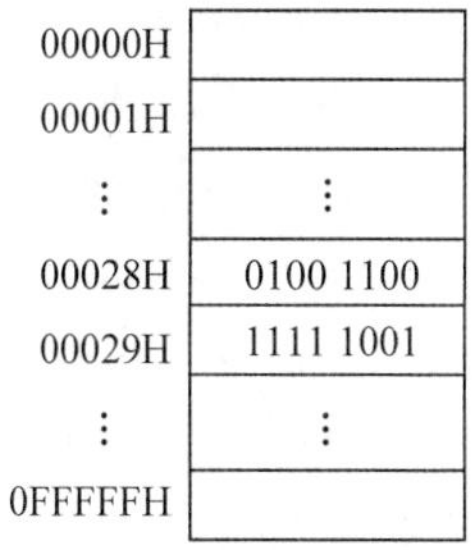

图 1-5　内存单元地址和内容对应关系图

3. 内存的基本操作

存储器的基本操作分为读操作和写操作两种。

从存储单元取出数据称为读操作。存储器读是非破坏性的,即从某个存储单元取出其内容后,该单元仍然保存着原来的内容,可以重复取出。把数据装入存储单元予以存放的操作称为写操作。存储器写操作是破坏性的,即对某个存储单元写入新的数据之后,该单元原来存放的数据就被冲掉(丢失)了。

1.2.3　输入输出接口

输入设备和输出设备两者合称为外设,简称 I/O 设备。输入设备是把程序、数据、命令转换成计算机所能识别接收的信息,输入给计算机,常用的输入设备有键盘、鼠标、扫描仪、模/数转换器等;输出设备把 CPU 计算和处理的结果转换成人们易于理解和阅读的形式,输出到外部,常用的输出设备有打印机、绘图仪、CRT 显示器、数/模转换器等。磁盘、磁带既是输入设备,又是输出设备,而多数光盘是只读的,只能作为输入设备。

CPU 要与多个外设进行数据交换、信息传递,但是 CPU 不能直接与外设相连接。为了解决 CPU 和外设之间的速率配合、信号变换、负载能力等问题,保证主机与外设正确可靠地进行数据交换,CPU 与外设之间的中间控制电路称为输入输出接口电路(简称 I/O 接口电路),又称 I/O 适配器。CPU 必须通过 I/O 接口与外设交换数据,所以输入输出接口是 CPU 与外设之间信息传送的桥梁。

1.2.4　总线

总线(bus)就是把多个装置或功能部件连接起来,用于各功能部件之间信息传送和数据交换的一组公共通信线路。在 CPU、存储器、I/O 接口之间传输信息的公共通信线路称为系统总线。由图 1-3 可以看到系统总线将构成微机的各个部件连接到一起，实现微机内部各部件间的信息交换。它们可以是带状的扁平电缆线，也可以是印制电路板上的各种连接线。

概括地说，根据所传送信息的内容与作用不同，可将系统总线分为 3 类：地址总线、数据总线和控制总线。这些总线提供了 CPU 与存储器、输入输出接口部件的连接线。可以认为，一台微型计算机就是以 CPU 为核心，其他部件通过三态门全都"挂接"在与 CPU 相连接的系统总线上。这样的结构为组成一个微型计算机带来了方便。人们可以根据自己的需要，将规模不一的内存和接口接到系统总线上。需要内存大、接口多时，可多接一些；需要少时，可少接一些，很容易构成各种规模的微机。有了总线结构以后，系统中各功能部件之间的相互关系变为各个部件面向总线的单一关系。一个部件只要满足总线标准，就可以连接到采用这种总线标准的系统中去。

1. 地址总线

地址总线（address bus）是单向输出、三态控制，简称 AB。CPU 利用地址总线输出地址信号，向存储器或者 I/O 接口输出地址信息（地址编号），与数据总线相结合，用于确定数据的来源和数据的目的。地址总线宽度因 CPU 而异，它的数目决定了外接存储器最大的存储容量。例如，Z80 CPU 共有 16 条地址线 $A_{15} \sim A_0$，其中，A_{15} 为地址信号的最高位，A_0 为地址信号的最低位。内存空间的大小受地址总线位数的限制，如 8 位微型计算机的地址总线是 16 位，内存空间的最大容量为 2^{16} B＝65 536B（64KB），对应的地址范围为 0000H～0FFFFH。8086 CPU 共有 20 条地址线 $A_{19} \sim A_0$，其寻址范围为 1MB（1024KB），对应的地址范围为 00000H～0FFFFFH。

2. 数据总线

数据总线（data bus）是双向、三态控制，简称 DB。用于在 CPU 与存储器和 I/O 接口之间传输数据信息，CPU 可以通过 DB 从内存或者输入设备读入数据，又可通过 DB 把数据送到存储器和输出设备，因此是双向的。8 位机的数据总线是 8 位（$D_7 \sim D_0$），8086 为 16 位机，数据总线则是 16 位（$D_{15} \sim D_0$），准 16 位机 8088 的内部数据总线是 16 位，而外部数据总线是 8 位。

3. 控制总线

控制总线（control bus）是三态控制，简称 CB。用于传送各种控制命令信息、时序信息和状态信息。CB 中的每一根线都有一种固定的作用和方向，其中有的线是 CPU 向存储器和 I/O 接口发出的（CPU 的输出信号），如读写命令信号等；有的线是外部向 CPU 发来的信号（CPU 的输入信号），如外设向 CPU 发来的中断请求信号等。CB 中的每一根线传输方向是单一的，但是 CB 作为一个整体来看是双向的。所以，在后续章节中，各种结构图凡涉及 CB，都以双向线表示。

1.3　微型计算机性能指标

1.3.1　微型计算机性能的主要指标

1. 机器字长

机器字长是指处理器进行一次整数运算（即定点整数运算）所能处理的二进制位数，也是处理器内部标准的数据寄存器所包含的二进制位数，通常与 CPU 的寄存器位数、加法器有关。机器字长一般都是字节的整数倍。

机器字长决定了计算机中数据表示的范围与精度，所以它是评价计算机性能最重要的指标。机器字长越大，计算机所能表示与处理的数据范围越大、精度越高，但是计算机（处理器）的价格也就越高。

2. 数据通路带宽

数据通路带宽是指数据总线一次所能并行传送的位数，关系到数据的传送能力。它指的是外部数据总线的宽度，与 CPU 的内部总线宽度有可能不同。

3. 主存储器容量

由于处理器只能访问主存储器，所以主存储器容量对计算机性能有重要影响。主存储器容量常用主存储器的存储单元个数乘以存储单元宽度来表示，如 1024×16 表示主存储器有 1024 个存储单元，每个存储单元的宽度是 16 位。计算机系统主存储器的最大存储单元个数取决于处理器地址总线的线数或宽度。

4. 处理速度

计算机处理速度是用户最为关心的性能指标。目前常用的指标：执行时间、百万条指令每秒（MIPS）、百万次浮点运算每秒（MFLOPS）和平均指令周期数（CPI）。

值得注意的是，单独使用 MIPS 和 MFLOPS 不能作为一台计算机的性能指标。MIPS 和 MFLOPS 是一个描述指令执行速度的性能指标，它与执行时间成反比，机器越快，其 MIPS 和 MFLOPS 值越高。但 MIPS 和 MFLOPS 并没有考虑指令所完成的功能，因为同一程序在不同机器上的指令数可能是不一样的。其次，即使是同一台机器，用不同的程序测试出来的 MIPS 和 MFLOPS 值也不一样，即同一台机器对所有程序而言不可能只有一个 MIPS 和 MFLOPS 值。

5. 主频

处理器的工作在主时钟的控制下进行，主时钟的频率称为处理器的主频，它的单位是兆赫兹（MHz）。主频的倒数称为时钟周期。对同一型号的计算机而言，其主频越高，完成指令的执行所用的时间越短，执行指令的速度越快。

6. 存储器的存取周期

对存储器进行一次完整的读写操作所需的全部时间,也是连续对存储器进行存(写)取(读)的最小时间间隔,称为存储器的存取周期。

7. 软件兼容性

软件兼容可分为向上(下)兼容和向前(后)兼容。

向上(下)兼容是指为某档机器编制的软件,不加修改就可以正确运行在比它更高(低)档的机器上;向前(后)兼容是指为某个时期投入市场的某种型号的机器编制的软件,不加修改就可以正确运行在比它早(晚)投入市场的相同型号的机器上。

8. 系统软件的配置

常见的系统软件有操作系统、数据库系统、文本编辑器、高级语言程序开发环境、互联网浏览器等。不同的系统软件性能不同,价格也差别很大。

1.3.2　CPU 性能指标

1. 响应时间

响应时间(RT)是指用户在输入命令或数据后(或者说有效)到得到第一个结果(或者说系统产生响应)的时间间隔。显然,响应时间包括为完成任务对磁盘的访问、内存的访问、I/O 操作、操作系统的开销等。两台计算机 A 和 B,如果说 A 比 B 快,就是说对于给定的任务,A 的响应时间比 B 的响应时间短。

2. CPU 时间

CPU 时间表示 CPU 工作的时间,不包括 I/O 等待时间。因为,在多任务系统中,当某一任务进入等待状态时,CPU 可以运行其他任务。通常,计算机的时钟频率是固定的,CPU 执行某一程序共用多少时钟周期是可以测出来的(不包括 I/O 等待时间),因此,CPU 时间可以用如下两种形式表示,即

$$CPU\ 时间 = 总的时钟周期数 \times 时钟周期长度 \tag{1-1}$$

或

$$CPU\ 时间 = 总的时钟周期数 / 时钟频率$$

一般来说,影响 CPU 性能的因素如下。

(1) CPU 的时钟频率,它受 CPU 硬件工艺及结构的影响。

(2) 完成某任务所需要的指令条数,它与 CPU 的指令集和编译技术有关。

(3) 执行每条指令所需要的时钟周期数,它主要由 CPU 的组织结构决定。

因此,为提高 CPU 的性能,可以从改进和提高上述 3 种因素入手,提高它们的性能指标,达到改进 CPU 性能的目的。

1.3.3　总线性能指标

总线性能指标有多个方面,下面 5 条是容易理解且比较重要的。

1. 总线宽度

总线宽度指的是总线中数据总线的数量,用 b(位)表示,总线宽度有 8b、16b、32b 和 64b。显然,总线的数据传输量与总线宽度成正比。

2. 总线时钟

总线时钟是总线中各种信号的定时标准。一般来说,总线时钟频率越高,其单位时间内数据传输量越大,但不完全成正比例关系。

3. 最大数据传输速率

最大数据传输速率指的是在总线中每秒钟传输的最大字节量,用 MB/s 表示,即每秒多少兆字节。在现代微机中,一般可做到一个总线时钟周期完成一次数据传输,因此,总线的最大数据传输速率为总线宽度除以 8(每次传输的字节数)再乘以总线时钟频率。例如,若 PCI 总线的宽度为 32b,总线时钟频率为 33MHz,则最大数据传输速率为 $32 \div 8 \times 33\mu B/s = 132MB/s$。但有些总线采用了一些新技术(如在时钟脉冲的上升沿和下降沿都选通等),使最大数据传输速率比上面的计算结果高。

总线是用来传输数据的,所采取的各项提高性能的措施,最终都要反映在传输速率上,所以在诸多指标中最大数据传输速率是最重要的。

最大数据传输速率有时也称带宽(bandwidth)。

4. 信号线数

信号线数是总线中信号线的总数,包括数据总线、地址总线和控制总线。信号线数与性能不成正比,但反映了总线的复杂程度。

5. 负载能力

负载能力是总线带负载的能力。如果该能力强,表明可多接一些总线板卡。当然,不同的板卡对总线的负载不一样,所接板卡负载的总和不应超过总线的最大负载能力。

1.4　计算机基本工作原理

1.4.1　计算机工作过程

计算机是按人给它下达的任务来工作,而人是通过将解题步骤编写成程序的形式来给计算机下达任务。用来编写程序的符号系统就构成了人与计算机交流的语言,即计算机语言。

计算机工作过程归纳起来可分为以下几个步骤。

（1）把程序和数据装入主存储器中。

（2）从程序的起始地址运行程序。

（3）用程序的首地址从存储器中取出第一条指令，经过译码、执行步骤等控制计算机各功能部件协同运行，完成这条指令功能，并计算下一条指令的地址。

（4）用新得到的指令地址继续读出第二条指令并执行，直到程序结束为止。每一条指令都是在取指、译码和执行的循环过程中完成的。

1.4.2　指令执行过程

指令执行分为 3 个阶段：取指令、分析指令、执行指令。

取指令阶段的任务：根据 PC 中的值从存储器读出现行指令，送到 IR，然后 PC 自动加 1，指向下一条指令地址。

分析指令阶段的任务：将 IR 中的指令操作码译码，分析其指令性质。如指令要求操作数，则寻找操作数地址。

执行指令阶段的任务：取出操作数，执行指令规定的动作。根据指令不同还可能写入操作结果。

这 3 个操作并非在各种微处理器中都是串行完成的。如果 8088 CPU 内有总线接口部件和执行部件，在执行部件中执行一条指令的同时，总线接口部件可以取下一条指令，它们在时间上是重叠的。

1.4.3　程序执行过程举例

汇编程序清单：

```
ORG  1000H         对应机器码
MOV  A,5CH        ; B0 5C
ADD  A,2EH        ; 04 2E
JO   100AH        ; CA 0A 10
MOV  (0020H),A    ; A2 00 02
HLT               ; F4
```

程序执行之前先将该程序的机器码送到内存储器从 1000H 开始的地址单元中，在运行之前（PC）＝1000H。

程序运行步骤如下。

（1）将 PC 内容 1000H 送至地址寄存器（MAR）。

（2）PC 值自动加 1，为取下一条指令做准备。

（3）MAR 中的内容经译码器译码，找到内存 1000H 单元。

（4）CPU 发送读命令。

（5）将 1000H 的单元内容 B0H 读出，送至数据寄存器（MDR）。

（6）由于 B0H 是操作码，将它经内部总线送至 IR。

（7）经 ID 译码，由 OC 发出相应于操作码的控制信号；取操作数 5CH，送至累加器 A。

（8）将 PC 内容 1001H 送至 MAR。

（9）PC 值自动加 1。

（10）MAR 中的内容经译码器译码，找到 1001H 存储单元。

（11）CPU 发送读命令。

（12）将 1001H 单元内容 5CH 送至 MDR。

（13）由于 5CH 是操作数，将它经内部总线送至操作码规定好的累加器 A。

*1.5 高档微机中应用的先进计算技术

1.5.1 流水线、超流水线、超标量和超长指令字技术

1. 流水线

流水线（pipeline）是指在程序执行时多条指令重叠进行操作的一种准并行处理实现技术。流水线是 Intel 公司首次在 486 芯片中开始使用的。流水线的工作方式就像工业生产上的装配流水线。在 CPU 中由五六个不同功能的电路单元组成一条指令处理流水线，然后将一条 80x86 指令分成五六步后再由这些电路单元分别执行，这样就能实现在一个 CPU 时钟周期完成一条指令，因此，可提高 CPU 的运算速度。

流水线功能繁杂，种类也非常多。如果按照处理级别来分类，流水线可以有操作部件级、指令级和处理器级；如果按照流水线可以完成的动作的数量来分类，又可以分为单功能流水线和多功能流水线；如果按照流水线内部的功能部件的连接方式来分类，则有线性流水线和非线性流水线；如果按照可处理对象来分类，还可以分为标量流水线和向量流水线。

衡量一种流水线处理方式性能高低的书面数据主要由吞吐率、效率和加速比 3 个参数来决定。

流水线处理方式是一种时间重叠并行处理的处理技术，具体地说，就是流水线可以在同一个时间启动两个或多个操作，借此来提高性能。为了实现这一点，流水线必须要时时保持畅通，让任务充分流水，但在实际中，会出现两种情况使流水线停顿下来或不能启动。

（1）多个任务在同一时间周期内争用同一个流水段。例如，假如在指令流水线中，如果数据和指令是放在同一个储存器中，并且访问接口也只有一个，那么两条指令就会争用储存器；在一些算术流水线中，有些运算会同时访问一个运算部件。

（2）数据依赖。例如，A 运算必须用到 B 运算的结果，但是 B 运算还没有开始，A 运算动作就必须等待，直到 B 运算完成，两次运算不能同时执行。

解决方案：①增加运算部件的数量来使它们不必争用同一个部件；②用指令调度的方法重新安排指令或运算的顺序。

2. 超级流水线

超级流水线(super pipeline)又称深度流水线,它是提高 CPU 速度通常采取的一种技术。CPU 处理指令是通过时钟周期来驱动的,每个时钟周期完成一级流水线操作。每个周期所做的操作越少,需要的时间就越短,频率就可以提得越高。超级流水线就是将 CPU 处理指令的操作进一步细分,增加流水线级数来提高频率。频率高了,当流水线开足马力运行时平均每个周期完成一条指令(单发射情况下),这样 CPU 处理的速度就提高了。当然,这是理想情况下。一般是流水线级数越多,重叠执行的操作就越多,发生竞争冲突的可能性就越大,对流水线性能有一定影响。现在很多 CPU 都是将超标量和超级流水线技术一起使用,例如,Pentium 4,流水线达到 20 级,频率最快已经超过 3GHz。教科书上用于教学的经典 MIPS 只有 5 级流水。

3. 超标量

将一条指令分成若干个周期处理以达到多条指令重叠处理,从而提高 CPU 部件利用率的技术称为超标量技术。超标量是指 CPU 内一般有多条流水线,这些流水线能够并行处理。在单流水线结构中,指令虽然能够重叠执行,但仍然是顺序的,每个周期只能发射(issue)或退休(retire)一条指令。超标量结构的 CPU 支持指令级并行,每个周期可以发射多条指令(2~4 条居多)。可以使得 CPU 的 IPC(instruction per clock)>1,从而提高 CPU 处理速度。超标量机能同时对若干条指令进行译码,将可以并行执行的指令送往不同的执行部件,在程序运行期间,由硬件(通常是状态记录部件和调度部件)来完成指令调度。超标量机主要是借助硬件资源重复(例如,有两套译码器和 ALU 等)来实现空间的并行操作。熟知的 Pentium 系列(大约从 p-Ⅱ 开始)、SUN SPARC 系列的较高级型号以及 MIPS 若干型号等都采用了超标量技术。

4. 超长指令字

超长指令字(very long instruction word,VLIW)由美国耶鲁大学教授 Fisher 提出。它有点类似于超标量,是一条指令来实现多个操作的并行执行,之所以放到一条指令是为了减少内存访问。通常一条指令多达上百位,有若干操作数,每条指令可以做不同的几种运算。哪些指令可以并行执行由编译器来选择。通常 VLIW 机只有一个控制器,每个周期启动一条长指令,长指令被分为几个字段,每个字段控制相应的部件。由于编译器需要考虑数据相关性,避免冲突,并且尽可能利用并行,完成指令调度,所以硬件结构较简单。

VLIW 机较少,可能不太容易实现,业界比较有名的 VLIW 公司之一是 Transmeta,在加州硅谷 Santa Clara。它做的机器采用 80x86 指令集。

1.5.2 分支预测和推测执行技术

分支预测(branch prediction)和推测执行(speculation execution)是 CPU 动态执行技术中的主要内容,动态执行是目前 CPU 主要采用的先进技术之一。采用分支预测和推测执行的主要目的是提高 CPU 的运算速度。推测执行是依托于分支预测的基础上，在分支预测程序是否分支后所进行的处理。

由于程序中的条件分支是根据程序指令在流水线处理后的结果再执行，所以当 CPU 等待指令结果时，流水线的前级电路也处于空闲状态等待分支指令，这样必然出现时钟周期的浪费。如果 CPU 能在前条指令结果出来之前预测到分支是否转移，就可以提前执行相应的指令，避免流水线的空闲等待，提高 CPU 的运算速度。但另一方面，一旦前指令结果出来后证明分支预测错误，就必须将已经装入流水线执行的指令和结果全部清除，然后再装入正确指令重新处理，这样就比不进行分支预测等待结果后再执行新指令还慢（所以 IDT 公司的 WIN C6 就没有采用分支预测技术）。例如，在外科手术中，一个熟练的护士可以根据手术进展情况来判断医生的需要（像分支预测）提前将手术器械拿在手上（像推测执行），然后按医生要求递给他，这样可以避免等医生说出要什么，再由护士拿起递给他（医生）的等待时间。当然如果护士判断错误，也必须要放下预先拿的手术器械再重新拿医生需要的手术器械递过去。尽管如此，只要护士经验丰富，判断准确率高，仍然可以提高手术进行的速度。

因此可以看出，在以上推测执行时的分支预测准确性至关重要。所以通过 Intel 公司技术人员的努力，现在的 Pentium 和 Pentium Ⅱ系列 CPU 的分支预测正确率分别达到 80% 和 90%，虽然可能会有 20% 和 10% 分支预测错误率，但平均以后的结果仍然可以提高 CPU 的运算速度。

1.5.3　乱序执行技术

乱序执行（out-of-order execution）是指 CPU 采用了允许将多条指令不按程序规定的顺序分开发送给各相应电路单元处理的技术。例如，core 乱序执行引擎说程序某一段有 7 条指令，此时 CPU 将根据各单元电路的空闲状态和各指令能否提前执行的具体情况分析后，将能提前执行的指令立即发送给相应电路执行。

在各单元不按规定顺序执行完指令后，还必须由相应电路再将运算结果重新按原来程序指定的指令顺序排列后，才能返回程序。这种将各条指令不按顺序拆散后执行的运行方式称为乱序执行（也称错序执行）技术。

这样将根据各电路单元的状态和各指令能否提前执行的具体情况分析后，将能提前执行的指令立即发送给相应电路单元执行，在这期间不按规定顺序执行指令，然后重新排列单元将各执行单元结果按指令顺序重新排列。分支（branch）技术：指令进行运算时需要等待结果，一般无条件分支只需要按指令顺序执行，而条件分支必须根据处理后的结果，再决定是否按原先顺序进行。

采用乱序执行技术的目的是使 CPU 内部电路满负荷运转并相应提高 CPU 的运行程序的速度。

1.5.4　超线程技术

尽管提高 CPU 的时钟频率和增加缓存容量后的确可以改善性能，但这样的 CPU 性能提高在技术上存在较大的难度。实际上,在应用中基于很多原因,CPU 的执行单元都没有被充分使用。如果 CPU 不能正常读取数据(总线/内存的瓶颈),其执行单元利用率会明显下降。另外,目前超大线程芯片多数执行线程缺乏指令级并行性(instruction level parallelism,ILP)支持。这些都造成了目前 CPU 的性能没有得到全部的发挥。因此,Intel 公司则采用另一种思路提高 CPU 的性能,让 CPU 可以同时执行多重线程,就能够让 CPU 发挥更大效率,即超线程(hyper-threading,HT)技术。超线程技术就是利用特殊的硬件指令,把两个逻辑内核模拟成两个物理芯片,让单个处理器都能使用线程级并行计算,进而兼容多线程操作系统和软件,减少 CPU 的闲置时间,提高 CPU 的运行速度。

采用超线程技术,即在同一时间里,应用程序可以使用芯片的不同部分。虽然单线程芯片每秒钟能够处理成千上万条指令,但是在任一时刻只能够对一条指令进行操作。而超线程技术可以使芯片同时进行多线程处理,使芯片性能得到提升。

超线程技术是指一块 CPU 同时执行多个程序而共同分享一块 CPU 内的资源,理论上要像两个 CPU 一样在同一时间执行两个线程。Intel 公司的 P4 处理器需要多加入一个 Logical CPU Pointer(逻辑处理单元),因此新一代的 P4 HT 的消亡面积比以往的 P4 增大了 5%。而其余部分如算术逻辑单元(ALU)、浮点处理单元(FPU)、二级缓存(L2 cache)则保持不变,这些部分是被分享的。

虽然采用超线程技术能同时执行两个线程,但它并不像两个真正的 CPU,每个 CPU 都具有独立的资源。当两个线程都同时需要某一个资源时,其中一个要暂时停止,并让出资源,直到这些资源闲置后才能继续执行。因此。超线程的性能并不等于两个 CPU 的性能。

1.6　计算机中数据的表示

1.6.1　数值数据的表示

数值数据是指用于各种算术运算的数据,数值数据的表示不仅要解决整数的表示问题,还要处理好小数点及符号的表示方法;既要能让计算机表示出来,还要便于计算机的运算。因此,相对字符和逻辑数据,数值数据的表示问题更为复杂。

1. 数制

数制即记数制,是按某种进位原则记数的方法。如在日常生活中,最常用的十进制,钟表中的六十进制、十二进制等。

在计算机技术中,常用的数制有二进制、八进制、十六进制和十进制。在计算机内部,用二进制数表示和处理信息,但在其他地方,也有用八进制数和十六进制数表示信息的。为进行区别,对于二进制数、八进制数、十进制数、十六进制数分别在数尾用字母 B、O、D、H 表示。

(1) 十进制数。

具体特点:有 0~9 十个数码;逢十进一。

其展开式为

$$(R)_{10} = R_{n-1} \times 10^{n-1} + \cdots + R_0 \times 10^0 + R_{-1} \times 10^{-1} + \cdots + R_{-m} \times 10^{-m} \quad (1\text{-}2)$$

式中，$10^i (i = n-1 \sim -m)$ 为十进制数的权；m、n 分别是小数和整数的位数。

（2）二进制数。

具体特点：有 0、1 两个数码；逢二进一，$(10)_2$ 表示十进制数 2。

展开式为

$$(R)_2 = R_{n-1} \times 2^{n-1} + \cdots + R_0 \times 2^0 + R_{-1} \times 2^{-1} + \cdots + R_{-m} \times 2^{-m} \quad (1\text{-}3)$$

式中，2^i（i 同上，以下不再说明）为二进制数的权。

（3）十六进制数。

具体特点：有 0～9、A～F 十六个数码；逢十六进一，$(10)_{16}$ 表示十进制数 16。

展开式为

$$(R)_{16} = R_{n-1} \times 16^{n-1} + \cdots + R_0 \times 16^0 + R_{-1} \times 16^{-1} + \cdots + R_{-m} \times 16^{-m} \quad (1\text{-}4)$$

2. 数制转换

（1）十进制整数转换成二进制整数。

将十进制整数转换成二进制整数采用"除基取余法"，即将十进制整数除以 2，得到一个商和一个余数；再将商除以 2，又得到一个商和一个余数；以此类推，直到商等于零为止。然后每次得到的余数倒序排列，就是对应二进制数的各位数。

【例 1-1】 将十进制数 37 转换成二进制数，其过程如下。

```
2 | 37      余数
2 | 18       1
2 |  9       0
2 |  4       1
2 |  2       0
2 |  1       0
2 |  0       1
```

于是，结果是余数的倒序排列，即为

$$(37)_{10} = (100101)_2$$

（2）十进制小数转换成二进制小数。

十进制小数转换成二进制小数采用"乘基取整法"，即用 2 逐次去乘十进制小数，将每次得到的积的整数部分按各自出现的先后顺序依次排列，就得到相对应的二进制小数。

【例 1-2】 将十进制小数 0.375 转换成二进制小数，其过程如下。

```
      0.375
    ×     2
      0.750    则 R_{-1}=0
    ×     2
      1.500    去掉整数 1，则 R_{-2}=1
      0.500
    ×     2
      1.000    去掉整数 1，则 R_{-3}=1
```

最后结果为

$$(0.375)_{10} = (0.011)_2$$

（3）十六进制数转换成二进制数。

由于 $2^4 = 16$，所以每位十六进制数要用 4 位二进制数来表示，也就是将每位十六进制数表示成 4 位二进制数。

【例 1-3】 将十六进制数 $(B6E.9)_{16}$ 转换成二进制数。

$$(B \quad 6 \quad E \quad .9)_{16}$$
$$(1011 \quad 0110 \quad 1110 \quad .1001)_2$$

最后结果为

$$(B6E.9)_{16} = (101101101110.1001)_2$$

（4）任意进制数转换成十进制数。

将任意进制的数的各位数码与它们的权值相乘，再把乘积相加，就得到了一个十进制数。这种方法也称按权展开相加法。

3. 机器数和真值

从前面的描述中知道，计算机只能处理二进制表示的信息，即无论数值还是数的符号，都只能用 0、1 来表示。通常规定：专门用数的最高位作为符号位，0 表示正数，1 表示负数。例如，$+18 = 00010010B$，$-18 = 10010010B$。

这种在计算机中使用的、连同符号位一起数字化了的数，称为机器数。

机器数所表示数的真实值称为真值。例如，机器数 10110101 所表示的真值为 -53（十进制数）或 -0110101（二进制数）；机器数 00101010 的真值为 $+42$（十进制数）或 $+0101010$（二进制数）。可见，在机器数中，用 0、1 取代了真值的正、负号。

4. 数的定点表示

在计算机中，用于数值计算的数据表示方法有定点表示法和浮点表示法两种。这里只介绍定点表示法。

在计算机中，对于定点数的表示一般是用编码表示，常用的编码有原码、反码、补码。

（1）原码。

原码是定点数的一种简单的表示法。其中，正数的符号位用 0 表示，负数的符号位用 1 表示，除符号位外，数值位为真值的绝对值。设有一数为 X，则原码表示可记作 $[X]_原$。

例如，当 $X = +84$ 时，若用 8 位二进制编码的原码表示，则 $[X]_原 = [+1010110B]_原 = 01010110B$；若 $X = -70$，同样用 8 位二进制编码的原码表示，则 $[X]_原 = [-1001010B]_原 = 11001010B$。

n 位原码（包括 1 位符号位）所能表示的数值范围为 $-(2^{n-1}-1) \sim (2^{n-1}-1)$。

当用 8 位二进制来表示整数原码时，其表示范围：最大值为 01111111B，其真值为 $+127$；最小值为 11111111B，其真值为 -127。

在原码表示法中，对 0 有两种表示形式：$[+0]_原 = 00000000B$，$[-0]_原 = 10000000B$。

原码的数字部分与其绝对值一致,在做乘除运算时,只需将两数的数字部分直接相乘或相除,而积或商的符号由两个运算数据的符号经逻辑"异或"得到。但做加减运算情况怎样呢? 请读者思考。

(2) 反码。

定点数的反码可由原码得到。如果定点数是正数,则该定点数的反码与原码一样;如果定点数是负数,则该定点数的反码是对它的原码(符号位除外)各位取反而得到的。设有一数 X,则 X 的反码表示记作$[X]_反$。

例如,$X_1 = +1010110B$,$X_2 = -1001010B$,则 $[X_1]_原 = 01010110B$,$[X_1]_反 = 01010110B$,$[X_2]_原 = 11001010B$,$[X_2]_反 = 10110101B$。

当用 8 位二进制来表示整数反码时,其表示范围:最大值为 01111111B,其真值为 $+127$;最小值为 10000000B,其真值为 -127。

在反码表示法中,对 0 有两种表示形式:$[+0]_反 = 00000000B$,$[-0]_反 = 11111111B$。

(3) 补码。

定点数的补码可由原码得到。如果定点数是正数,则该定点数的补码与原码一样;如果定点数是负数,则该定点数的补码是对它的原码(符号位除外)各位取反加 1 而得到的。设有一数 X,则 X 的补码表示记作$[X]_补$。

例如,正整数 $X = 00001011B$ 和负整数 $Y = -00001011B$ 的补码分别为$[X]_补 = 00001011B$、$[Y]_补 = 11110101B$。

补码的特点如下。

(1) 0 的表示唯一:$[+0]_补 = 00000000B$,$[-0]_补 = 00000000B$。

(2) 补码加法的运算法则为

$$[X+Y]_补 = [X]_补 + [Y]_补 \tag{1-5}$$

(3) 补码减法的运算法则为

$$[X-Y]_补 = [X]_补 + [-Y]_补 \tag{1-6}$$

【例 1-4】 求 $68-35$ 的值,令 $Z = 68 + (-35)$,则

$$[Z]_补 = [68]_补 + [(-35)]_补 = 01000100B + 11011101B = 00100001B$$

(4) 补码的求法。

例如

$$[X_1] = +1010110B$$
$$[X_2] = -1001010B$$
$$[X_1]_原 = 01010110B$$
$$[X_1]_补 = 01010110B$$

即

$$[X_1]_原 = [X_1]_补 = 01010110B$$
$$[X_2]_原 = 11001010B$$
$$[X_2]_补 = 10110101B + 1B = 10110110B$$

(5) 8 位二进制表示整数补码的表示范围:最大值为 01111111B,其真值为 $+127$;最小值为 10000000B,其真值为 -128。

【例 1-5】 已知 $[X]_原 = 10011010B$，求 $[X]_补$。

解：

$$[X]_原 = 10011010$$
$$[X]_反 = 11100101$$
$$+) \qquad\qquad\qquad 1$$
$$\overline{[X]_补 = 11100110}$$

【例 1-6】 已知 $[X]_补 = 11100110$，求 $[X]_原$。

解：

$$[X]_补 = 11100110$$
$$[[X]_补]_反 = 10011001$$
$$+) \qquad\qquad\qquad 1$$
$$\overline{[[X]_补]_补 = 10011010 = [X]_原}$$

1.6.2 常用的非数值数据编码

1. BCD 码

BCD 码的完整意义是"用二进制编码的十进制码"，表现形式一般有两种：压缩 BCD 码和非压缩 BCD 码。前者采用 4 位二进制编码表示 1 位十进制数，1 字节表示 2 位 BCD 码，如 10010011B 表示十进制数 93；后者每位 BCD 码用 1 字节表示，高 4 位总是 0000，低 4 位的 0000 ～ 1001 表示 0 ～ 9，如 93 的非压缩 BCD 码表示，则需要用 2 字节：0000100100000011B。

2. ASCII 码

目前国际上通用的是美国信息交换标准码，简称 ASCII 码（取英文单词的第一个字母的组合）。用 ASCII 码表示的字符称为 ASCII 字符。ASCII 码编码表如表 1-1 所示。

表 1-1　ASCII 编码表

低位	高　　位							
	000	**001**	**010**	**011**	**100**	**101**	**110**	**111**
0000	NUL	DLE	SP	0	@	P	、	p
0001	SOH	DC1	!	1	A	Q	a	q
0010	STX	DC2	"	2	B	R	b	r
0011	ETX	DC3	♯	3	C	S	c	s
0100	EOT	DC4	$	4	D	T	d	t
0101	ENQ	NAK	%	5	E	U	e	u
0110	ACK	SYN	&.	6	F	V	f	v
0111	BEL	ETB	'	7	G	W	g	w
1000	BS	CAN	(	8	H	X	h	x

续表

低位	高　位							
	000	**001**	**010**	**011**	**100**	**101**	**110**	**111**
1001	HT	EM	)	9	I	Y	i	y
1010	LF	SUB	*	:	J	Z	j	z
1011	VT	ESC	+	;	K	[	k	{
1100	FF	FS	,	<	L	\	l	|
1101	CR	GS	—	=	M	]	m	}
1110	SO	RS	.	>	N	^	n	~
1111	SI	US	/	?	O	_	o	DEL

3. 汉字编码

前述用 ASCII 码表示的字符通常称为西文字符,汉字称为中文字符。现代计算机的汉字处理能力越来越强,但汉字是一种象形文字,大约有 60 000 个,所以中文字符的处理要比西文字符的处理复杂得多。计算机用于识别汉字的编码有输入码、内码和字形码。

(1) 输入码。

汉字的输入码是从键盘上输入汉字时使用的一种编码。常用的有数字编码、字音编码、字形编码。

数字编码主要有国标区位码。国标区位码字符集共收集 6763 个汉字,将汉字按行(区)、列(位)排列,共 94 行,每行 94 个汉字。编码用 4 位十进制数表示,前两位是区号,后两位是位号。特点是编码无重码,但难记忆。

字音编码是以汉语拼音为基础的编码。特点是编码方法简单、不需记忆,但重码多。

字形编码是用汉字的形状进行编码,常用的是五笔字型输入码。特点是编码方法需记忆,但重码较少。

(2) 内码。

国标 GB 2312—1980 规定,全部国标汉字及符号组成 94×94 的矩阵,在这矩阵中,每行称为一个"区",每列称为一个"位"。这样就组成了 94 个区(01~94 区码),每个区内有 94 个位(01~94 位码) 的汉字字符集。区码和位码简单地组合在一起(即两位区码居高位,两位位码居低位)就形成了区位码。区位码可唯一确定某一个汉字或汉字符号;反之,一个汉字或汉字符号都对应唯一的区位码,如汉字"玻"的区位码为 1803(即在 18 区的第 3 位)。

所有汉字及汉字符号的 94 个区划分成如下 4 个组。

01~15 区为图形符号区,其中,01~09 区为标准区,10~15 区为自定义符号区。

16~55 区为一级常用汉字区,共有 3755 个汉字,该区的汉字按拼音排序。

56~87 区为二级非常用汉字区,共有 3008 个汉字,该区的汉字按部首排序。

88~94 区为用户自定义汉字区。

汉字的内码是从上述区位码的基础上演变而来的。它是在计算机内部进行存储、传输所使用的汉字代码。区码和位码的范围都为 01～94,如果直接用它作为内码就会与基本 ASCII 码发生冲突,因此汉字的内码采用如下的运算规定:

$$国标码＝区位码＋2020H$$

$$内码＝国标码＋8080H$$

在上述运算规则中,加 20H 应理解为基本 ASCII 的控制码;加 80H 意在把最高二进制位置 1,以与基本 ASCII 码相区别,或者说是识别是否是汉字的标志位。

【例 1-7】　将汉字"玻"的区位码转换成机内码。

解:

$$高位内码＝(18)_{10}＋(20)_{16}＋(80)_{16}$$
$$＝(00010010)_2＋(00100000)_2＋(10000000)_2$$
$$＝(10110010)_2＝(B2)_{16}＝B2H$$
$$低位内码＝(3)_{10}＋(20)_{16}＋(80)_{16}$$
$$＝(00000011)_2＋(00100000)_2＋(10000000)_2$$
$$＝(10100011)_2＝(A3)_{16}＝A3H$$
$$内码＝区码＋20H＋80H＋位码＋20H＋80H＝(1011001010100011)_2$$
$$＝B2A3H$$

(3) 字形码。

汉字的字形码是计算机用于输出汉字时使用的一种编码。它是以汉字点阵表示的汉字的字形代码。在字形点阵中,笔画经过的点为 1,笔画不经过的点为 0。所有汉字字符集的字形点阵构成汉字字形库。不同的字体、不同的字形有不同的字形库。显示、打印汉字时,需根据内码向字形库检索出该汉字的字形信息后,再进行输出。

1.7　计算机中数据的运算

1.7.1　算术运算

加减运算是计算机中最基本的运算,是实现算术运算的基础,尽管不同编码形式表示的机器数的运算方法也不同,考虑到目前计算机中机器数一般采取补码表示,这里只考虑补码的加减运算。

1. 运算法则

补码运算是把符号位和数值位一起进行处理,即把符号位当作数据参与运算。由式(1-5)和式(1-6)可知

$$[X \pm Y]_补 ＝ [X]_补 ＋ [\pm Y]_补 \tag{1-7}$$

【例 1-8】　$X＝001111111B,Y＝00100011B$,求 $X＋Y$。

解:

$$[X]_补 ＝ 001111111B, \quad [Y]_补 ＝ 00100011B$$
$$[X＋Y]_补 ＝ [X]_补 ＋ [Y]_补 ＝ 001111111B＋00100011B＝01100010B$$

【例 1-9】 $X=0.001010\text{B}, Y=-0.100011\text{B}$, 求 $[X-Y]_{补}$。

解:

$$[X]_{补}=0.001010\text{B}, \quad [-Y]_{补}=0.100011\text{B}$$

$$[X-Y]_{补}=[X]_{补}+[-Y]_{补}=0.001010\text{B}+0.100011\text{B}=0.101101\text{B}$$

补码加减运算的规则如下。

(1) 参加运算的操作数用补码表示。

(2) 符号位参加运算。

(3) 若进行相加运算,则两个数的补码直接相加;若进行相减运算,则将减数连同符号位一起变反加 1 后与被减数相加。

(4) 运算结果用补码表示。

2. 溢出及处理

(1) 溢出的概念。

【例 1-10】 $X=00111111\text{B}, Y=01010101\text{B}$, 求 $X+Y$。

解:

$$[X]_{补}=00111111\text{B}, \quad [Y]_{补}=01010101\text{B}$$

$$[X+Y]_{补}=[X]_{补}+[Y]_{补}=00111111\text{B}+00100011\text{B}=10010100\text{B}$$

看到这样的结果,人们马上要问:两个正数相加的结果变成了一个负数(符号位为 1)? 出现这种错误结果是由于在相加的过程中产生了溢出,即运算结果已超出所规定的数值范围。如前所述,用 8 位二进制补码来表示带符号的整数时,它所能表示的数值范围是 $-128 \sim +127$。如果运算结果超出了 $+127$,则称为上溢出;若超出 -128,则称为下溢出。

(2) 溢出检测。

溢出意味着数据表示的错误,如果无视这种错误,计算机就会产生错误的处理结果。因此,补码加减运算必须检测运算结果的溢出状态,并将检测结果反馈给处理器。

设最高有效数字位产生的进位为 C_{n-1},符号位产生的进位为 C_n,则有

$$\text{OF}=C_{n-1} \oplus C_n \tag{1-8}$$

式(1-8)指出,当两者相同时,不产生溢出;否则产生溢出。

1.7.2 逻辑运算

用二进制数 0 和 1 表示逻辑关系(0 和 1 分别表示真与假或 YES 与 NO)时,才能参与逻辑运算。基本的逻辑运算有 4 种。

1. 逻辑加(逻辑或)

用符号 OR 或“+”表示对两个二进制数进行逻辑加,就是按位求它们的和,所以逻辑或又称不带进位的逻辑加。

2. 逻辑乘（逻辑与）

对两个二进制数进行逻辑与，就是按位求它们的乘。常用符号 AND 或"·"表示。

3. 逻辑非

逻辑非也称求反，对二进制数进行逻辑非运算，就是按位求它的反，常用符号 NOT 或在其上方加一横线来表示。

4. 逻辑异或

常用符号 XOR 或"$\oplus$"表示。

实验 1　计算机的组装

信息战争是 21 世纪军事斗争的主要发展方向，其核心与依托是计算机。因此，为装备的重组与备份做准备，为部件的修理、撤卸和安装打基础，正确并快捷地安装个人计算机已成为每一位读者必备的技能。

一、实训目的

1. 认识微型计算机硬件系统。
2. 理解微型计算机硬件系统各部件的工作原理。
3. 理解微型计算机内部总线的作用和信号流程。
4. 学会使用微型计算机并理解硬件系统和软件系统之间的层次关系。

二、实训器材

安装有操作系统的 32 位微型计算机一台、32 位微型计算机散件一套、操作系统安装光盘一张(具体版本依机器配置而定)、实验箱一台、应用软件一套(可选)。

三、实训内容及步骤

1. 在 32 位微型计算机散件中分别找出微处理器、存储器、I/O 设备、I/O 接口部件，仔细观察其外形和文字标识，并归类摆放。
2. 将微型计算机各个部件按照微型计算机工作原理连接，组装成一台完整的微型计算机。注意，在组装前，要将手触摸墙壁进行静电放电处理。组装完成后要检查一遍，确认是否安装正确。
3. 确认组装无误后，微型计算机加电，将操作系统安装光盘放入光驱开始安装操作系统。
4. 安装完操作系统以及相关驱动程序后再练习安装应用软件。
5. 打开装有操作系统的微型计算机进入系统，在微型计算机中识别各个内部硬件参数(如 CPU 频率、内存容量等)，并将看到的硬件参数分类记录。

6. 练习通过键盘等 I/O 设备对微型计算机进行输入输出数据,进一步熟悉微型计算机操作。

四、实训报告要求

1. 简述观察到微型计算机内部结构后的体会以及对微型计算机组成原理的理解。

2. 简述对硬件系统和软件系统概念的理解,并画出微型计算机系统结构层次图。

习 题 1

一、选择题

1. 计算机的发展阶段通常是按计算机所采用的(　　)来划分的。
　　A. 内存容量　　　　B. 电子器件　　　　C. 程序设计　　　　D. 操作系统

2. 一个完整的计算机系统通常应包括(　　)。
　　A. 系统软件和应用软件　　　　　　　B. 计算机及其外部设备
　　C. 硬件系统和软件系统　　　　　　　D. 系统硬件和系统软件

3. 下列叙述中,正确的说法是(　　)。
　　A. 编译程序、解释程序和汇编程序不是系统软件
　　B. 故障诊断程序、排错程序、人事管理系统属于应用软件
　　C. 操作系统、财务管理程序、系统服务程序都不是应用软件
　　D. 操作系统和各种程序设计语言的处理程序都是系统软件

4. 用 MB(兆字节)作为 PC 主存容量的计量单位,这里 1MB 等于(　　)字节。
　　A. 2^{10}　　　　　　　B. 2^{20}　　　　　　　C. 2^{30}　　　　　　　D. 2^{40}

5. 已知字母 A 的 ASCII 码为 65,则字母 C 的 ASCII 码为(　　)。
　　A. 63　　　　　　　B. 64　　　　　　　C. 66　　　　　　　D. 67

6. 设 $A=186$,$B=273O$,$C=0BBH$,它们之间的关系是(　　)。
　　A. $A>B>C$　　　B. $A<B<C$　　　C. $A=B=C$　　　D. $A<B=C$

7. 十进制数 14 用压缩 BCD 码表示为(　　)。
　　A. 00000100B　　　B. 00001110B　　　C. 00010100B　　　D. 10000100B

8. 下列 4 组定点数中,执行 $X+Y$ 后,结果有溢出的是(　　)。
　　A. $X=0.0100,Y=0.1010$　　　　　　B. $X=0.1010,Y=1.1001$
　　C. $X=1.0011,Y=1.0101$　　　　　　D. $X=1.0111,Y=1.1111$

9. 按冯·诺依曼结构理论,(　　)不是计算机组成部分。
　　A. 运算器　　　　B. 控制器　　　　C. 存储器　　　　D. 复印机

10. 通常,人们把计算机能直接执行的语言称为(　　)。
　　A. 机器语言　　　B. 汇编语言　　　C. 模拟语言　　　D. 仿真语言

11. 下面关于微处理器的叙述中,错误的是(　　)。
　　A. 微处理器是用单片超大规模集成电路制成的具有运算和控制功能的处理器

B. 一台计算机的 CPU 可能由 1 个、2 个或多个微处理器组成

C. 日常使用的 PC 只有一个微处理器,它就是中央处理器

D. 目前巨型计算机的 CPU 也由微处理器组成

12. 二进制数 00000101 的 BCD 码表示的十进制数是(　　)。

　　A. 3　　　　　　　　B. 4　　　　　　　　C. 5　　　　　　　　D. 6

13. 计算机中(　　)不能直接表示有符号数。

　　A. 原码　　　　　　B. 补码　　　　　　C. 反码　　　　　　D. BCD 码

14. 将高级语言程序翻译成机器码程序的实用程序是(　　)。

　　A. 编译程序　　　　B. 汇编程序　　　　C. 解释程序　　　　D. 目标程序

15. 计算机处理大量的字符均采用统一的二进制编码。目前普遍采用的是(　　)码。

　　A. BCD　　　　　　B. 二进制　　　　　C. ASCII　　　　　D. 十六进制

16. 运算器的主要功能是进行(　　)。

　　A. 逻辑运算　　　　　　　　　　　　　B. 算术运算

　　C. 逻辑运算和算术运算　　　　　　　　D. 只做加法

17. 硬件系统在逻辑上主要由 CPU、内存、外存、输入输出设备以及(　　)组成。

　　A. 运算器　　　　　B. 键盘　　　　　　C. 显示器　　　　　D. 总线

18. 用二进制表示一个 4 位十进制数,至少要(　　)位。

　　A. 12　　　　　　　B. 13　　　　　　　C. 14　　　　　　　D. 15

二、填空题

1. 在冯·诺依曼计算机中,指令和数据以 _____ 的形式表示,计算机按照 _____、程序控制执行的方式进行工作。

2. 计算机自诞生以来到今天,经历了 4 个阶段,它们分别是 _____ 时代、_____ 时代、_____ 时代、_____ 时代,它们是以 _____ 为依据来划分阶段的。

3. DB 是 _____ 的缩写,AB 是 _____ 的缩写,CB 是 _____ 的缩写。

4. 完整的计算机系统应包括 _____、_____。

5. 指令指针寄存器(IR)中存放的是 _____。

6. 8 位补码所能表示的数据范围是 _____。

7. 8086/8088 CPU 中的控制寄存器是 _____、_____ 和 _____。

8. 8 位反码所能表示的数据范围是 _____。

9. 8 位补码对 −128 的表示是 _____。

10. 真值为 −11111111B 的补码为 _____。

11. 计算机中的负数以 _____ 方式表示,这样可以把减法转换为加法。

12. 第一台计算机诞生于 _____,其英文简写为 _____。

13. 字符串 3AB 的 ASCII 码表示为 _____。

14. 把汇编语言源程序翻译成机器语言目标程序由 _____ 完成。

15. 目前微型计算机的基本结构属于 _____。

16. 若$[X]_原=[Y]_反=[Z]_补=90\text{H}$,试用十进制数分别写出其大小,$X=$ _____,$Y=$ _____,$Z=$ _____。

三、判断题

1. 运算器是存储信息的部件,是寄存器的一种。　　　　　　　　　　　（　　）

2. 通常,微处理器的控制部件由程序计数器、指令寄存器、指令译码器、时序部件等组成。　　　　　　　　　　　　　　　　　　　　　　　　　　　　　（　　）

3. 微处理器包括算术逻辑部件、控制部件和寄存器组 3 个基本部分。　（　　）

4. 微型计算机以微处理器为核心,加上由大规模集成电路存储器(ROM 和 RAM)、接口和系统总线组成。　　　　　　　　　　　　　　　　　　　　　　（　　）

5. 程序计数器 PC 存放当前执行指令的地址。　　　　　　　　　　　（　　）

6. Pentium 处理器是 32 位微处理器,因此其内部数据总线是 32 位。　（　　）

四、简答题

1. 简述微型计算机系统的 3 个层次。

2. 简述冯·诺依曼结构计算机的特点。

3. 简述微型计算机系统的主要性能指标。

4. 当两个正数相加时,补码溢出意味着什么? 两个负数相加能溢出吗? 举例说明。

5. 什么是 RISC?

第 2 章

chapter 2

微 处 理 器

本章首先介绍 Intel 系列微处理器的发展,然后着重介绍 Intel 8086/8088、Pentium 和几款高端微处理器产品,对它们的内部结构组成、技术特点和工作方式等做了简要说明。在实训环节,安排读者进行常用的 CPU 性能测试。在此基础上将简单介绍目前 80286 到 Pentium 系列微处理器的发展与特点。

2.1 微处理器的发展

微处理器从最初发展至今已经有 40 余年的历史了,按照其处理信息的字长,CPU 可以分为 4 位微处理器、8 位微处理器、16 位微处理器、32 位微处理器以及最新的 64 位微处理器,可以说个人计算机的发展是随着微处理器的发展而前进的。40 多年的发展,微处理器的发展大致可分为如下几代。

第一代微处理器:1971—1973 年,特点是采用字长是 4 位或 8 位微处理器。典型的是美国 Intel 4004 和 Intel 8008 微处理器。Intel 4004 是一种 4 位微处理器,可进行 4 位二进制的并行运算,它有 45 条指令,速度 0.05MIPS。Intel 8008 是世界上第一种 8 位微处理器。存储器采用 PMOS 工艺。该阶段计算机工作速度较慢,微处理器的指令系统不完整,存储器容量很小,只有几百字节,没有操作系统,只有汇编语言。主要用于工业仪表、过程控制。

第二代微处理器:1974—1977 年。典型的微处理器有 Intel 8080/8085、Zilog 公司的 Z80 和 Motorola 公司的 M6800。与第一代微处理器相比,集成度提高 1~4 倍,运算速度提高 10~15 倍,指令系统相对比较完善,已具备典型的计算机体系结构及中断、直接存储器存取等功能。存储容量达 64KB,配有荧光屏显示器、键盘、软盘驱动器等设备。

第三代微处理器:1978—1984 年。1978 年,Intel 公司率先推出 16 位微处理器 8086,为了方便原来的 8 位微处理器用户,Intel 公司又推出了一种准 16 位微处理器 8088。16 位微处理器比 8 位微处理器有更大的寻址空间、更强的运算能力、更快的处理速度和更完善的指令系统。1982 年,Intel 公司又推出 16 位高级微处理器 80286。微处理器采用短沟道高性能 NMOS 工艺。在体系结构方面吸纳了传统小型机甚至大型机的设计思想,如虚拟存储和存储保护等,时钟频率提高到 5~25MHz。在 20 世纪 80 年代中后期至 1991 年初,80286 一直是微型计算机的驻留 CPU。

第四代微处理器：1985 年，Intel 公司推出了第四代微处理器 80386。它是一种与 8086 向上兼容的 32 位微处理器，具有 32 位数据总线和 32 位地址总线，存储器可寻址空间达 4GB，运算速度达到每秒 300 万～400 万条指令，即 3～4MIPS。CPU 内部采用 6 级流水线结构，使用二级存储器管理方式，支持带有存储器保护的虚拟存储机制。随着集成电路工艺水平的进一步提高，1989 年，Intel 公司又推出了性能更高的 32 位微处理器 80486，在芯片上集成约 120 万个晶体管，是 80386 的 4 倍。80486 由 3 个部件组成：80386 体系结构的主处理器，与 80387 兼容的数字协处理器和 8KB 容量的高速缓存 (cache)。同时，采用了 RISC(精简指令集计算机)技术和突发总线技术，提高了速度。在相同频率下，80486 的处理速度一般比 80386 快 2～4 倍。以这些高性能 32 位微处理器为 CPU 构成的微型计算机的性能指标已达到或超过当时的高档小型机甚至大型机的水平，被称为高档或超级微型计算机。

第五代微处理器：1993 年，Intel 公司推出了第五代微处理器 Pentium(奔腾)。Pentium 微处理器的推出使微处理器的技术发展到了一个崭新的阶段，标志着微处理器完成从 CISC 向 RISC 时代的过渡，也标志着微处理器向工作站和超级小型机冲击的开始。

Pentium 微处理器的特点：亚微米 CMOS 工艺，具有 64 位数据总线和 32 位地址总线，CPU 内部采用超标量流水线设计，芯片内采用双 cache 结构(指令 cache 和数据 cache)，每个 cache 容量为 8KB，数据宽度为 32 位，数据 cache 采用回写技术，大大节省了处理时间。Pentium 微处理器为了提高浮点运算速度，采用 8 级流水线和部分指令固化技术，芯片内设置分支目标缓冲器(BTB)，可动态预测分支程序的指令流向，节省了 CPU 判别分支的时间，大大提高了处理速度。Pentium 微处理器有多种工作频率，工作在 60MHz 和 66MHz 时，其速度可达每秒 1 亿条指令。

第六代微处理器：1996 年 Intel 公司将其第六代微处理器正式命名为 Pentium Pro (高能奔腾)。该处理器的集成电路采用了 $0.35\mu m$ 的工艺，时钟频率为 200MHz，在处理方面，Pentium Pro 引入了新的指令执行方式，其内部核心是 PISC 处理器，运算速度达 200MIPS。Pentium Pro 允许在一个系统里安装 4 个处理器，因此，Pentium Pro 最合适的位置是作为高性能服务器和工作站。

2001 年，Intel 公司发布了 Itanium(安腾)处理器。Itanium 处理器是 Intel 公司第一款 64 位的产品。这是为顶级、企业级服务器及工作站设计的，在 Itanium 处理器中体现了一种全新的设计思想，完全是基于平行并发计算而设计。对于最苛求性能的企业或者需要高性能运算功能支持的应用(包括电子交易安全处理、超大型数据库、计算机辅助机械引擎、尖端科学运算等)而言，Itanium 处理器基本是计算机处理器中唯一的选择。

2002 年，Intel 公司发布了 Itanium 2 处理器。代号为 McKinley 的 Itanium 2 处理器是 Intel 公司的第二代 64 位系列产品，Itanium 2 处理器是以 Itanium 架构为基础建立与扩充的产品，可与专为第一代 Itanium 处理器优化编译的应用程序兼容，并大幅提升了 50%～100% 的效能。Itanium 2 处理器系列以更低成本与更高效能，提供高阶服务器与工作站各种平台与应用支持。

2004 年 2 月 18 日，由清华大学自主研发的 32 位微处理器 THUMP 芯片终于领到了由国家教育部颁发的"身份证"：典型工作频率 400MHz，功耗 1.17MW/MHz，芯片颗粒 40 片，最高工作频率可达 500MHz，是目前国内工作频率最高的微处理器。"这标志着我国在自主研发 CPU 芯片领域迈开了实质性的一大步。"教育部对 THUMP 芯片的诞生给予了较高评价。

目前微处理器设计的发展趋势：完全 32 位内置快速浮点处理器（ALU）和多指令流的流水线式执行方式。微处理器设计的最新进展是 64 位 ALU，预计在下一个 10 年中家用 PC 就会用上这种微处理器。此外，还存在为微处理器添加可高效执行某些操作的特殊指令（例如，MMX 指令）的趋势，以及在微处理器芯片中增加硬件虚拟内存支持和 L1 缓存的趋势。所有这些趋势都进一步增加了晶体管的数量，导致现在的微处理器包含数千万个晶体管。而这些微处理器每秒大约可以执行 10 亿条指令！

正如 Intel 公司的创始人 Gordon Moore（摩尔）预言的那样，微处理器的处理能力每 18 个月将提高一倍。到如今，微处理器的发展走过了 40 多个年头。纵观这 40 多年来的发展，IT 界著名的"摩尔定律"一次又一次被证实。

2.2 微处理器的功能与组成

2.2.1 微处理器的功能

在计算机系统中，微处理器由控制器和运算器两大部分组成。控制器是整个系统的指挥中心，在控制器的控制下，运算器、存储器和输入输出设备等部件构成了一个有机的整体。

计算机的工作过程就是计算机中程序的运行过程。现代计算机的"程序控制"功能主要由控制器来承担。当用计算机解决某个问题时，应当首先编写相应的程序，把程序连同原始数据预先通过输入设备送到主存储器中保存起来。计算机工作时，微处理器按照程序指令的要求进行工作，每条指令都下达一定的数据处理和控制任务。因此，微处理器的主要工作就是按照程序指令的要求，完成所需的数据处理和控制任务。归纳起来，微处理器应具有以下 5 方面的基本功能。

1. 程序控制

程序是指令的有序集合，这些指令的相互顺序不能任意颠倒，程序控制就是程序的执行顺序控制，程序中的指令必须按规定的顺序执行，这样才能正确实现程序的功能。

2. 操作控制

一条指令的功能往往由若干个操作信号的组合实现。因此，微处理器管理并产生每条指令的操作信号，把操作信号送往相应部件，从而控制这些部件按指令的要求进行操作。

3. 时间控制

时间控制就是控制各种操作的实施时间。时间控制有两方面的含义：一是控制各种操作的先后次序；二是控制各种操作的起止时间。计算机的各种操作都必须在严格的时间控制之下进行。

4. 数据加工

数据加工就是对数据进行各类运算，以取得程序所要求的结果。这是人们使用计算机的终极目的。

5. 中断处理

微处理器在正常执行程序的过程中，计算机系统中可能会发生一些突发事件，这些事件往往需要微处理器做出及时的处理，否则可能造成系统运行的错误。由于对这类事件的处理会暂时中断微处理器正在执行的程序，因此称为中断处理。

2.2.2　微处理器的内部组成

目前微处理器的逻辑结构有 3 种组织方法：硬布线控制逻辑法（或称组合逻辑法）、可编程逻辑阵列（PLA）法、微程序控制逻辑法。不论哪种组织方法，其基本的组成部件如下。

1. 指令部件

指令部件是计算机的数据处理中心。主要由算术逻辑单元（arithmetic logical unit，ALU）、通用寄存器组和状态条件寄存器（PSW，也称处理器状态字）组成。其中，ALU 执行所有的算术运算和逻辑运算；通用寄存器组用于向 ALU 提供运算数据和接收运算结果，此外，还可用作寄存器间接寻址，或用作变址或基址寄存器；PSW 是一个特殊寄存器，用于保存各种运算所产生的一些特殊状态标志，如最高位产生的进位/借位标志（C）、运算结果的零状态标志（Z）、运算结果的溢出状态标志（V）、运算结果的符号标志（S）等，以便程序能够根据这些状态标志决定后面所需进行的操作。此外，PSW 中通常还包含一些用来决定 CPU 工作方式的特殊状态标志。

2. 中断系统

CPU 中的中断系统较简单，一般包含中断允许与禁止、接受中断请求和给予中断响应（包括硬件现场保护和转入中断服务）等功能。而更复杂的中断控制逻辑形成专门的中断控制器，作为 CPU 与外部设备的重要接口。有关中断的内容将在第 8 章中有详细描述。

3. 总线接口

总线接口是 CPU 与外部系统总线的接口。CPU 通过这个接口与系统总线相连接，从而能够实现与存储器和外部设备进行信息传送。CPU 需要与存储器和外部设备传送的信息有地址信息、数据信息和控制信息,因此,系统总线由地址总线、数据总线和控制总线组成。CPU 的总线接口主要由存储器地址寄存器(MAR)、存储器数据寄存器(MDR)和总线控制逻辑组成。MAR 与地址总线相连接,CPU 的访存地址必须传送给 MAR,才能对存储器或外部设备进行寻址。MDR 与数据总线相连接,CPU 与存储器或外部设备之间的数据传送都要通过 MDR;也就是说,CPU 从存储器或外部设备读入的数据在 MDR 中,CPU 要向存储器或外部设备输出的数据,也要先存入 MDR。

有关总线的内容详见第 6 章。

4. 内部数据通路

内部数据通路是 CPU 内部的数据传送通路,用于在寄存器之间或寄存器与 ALU 之间传送数据。

5. 外部数据通路

外部数据通路一般借助系统总线,将寄存器(MAR 和 MDR)与存储器和 I/O 模块连接起来。

6. 控制器

控制器是计算机的控制中心,计算机中其他组成部分的工作,都是在控制器的控制下进行。控制器所产生的控制行为由它执行的程序决定。控制器的任务是按照程序的安排,对其中的各条指令依次进行处理,直到程序结束。

为了完成程序的执行,控制器需要有以下主要组成部件。

(1) 程序计数器(PC)。PC 用于提供将要执行的下一条指令的地址,控制器按此地址从存储器取出指令,并分析、执行。PC 的初值为程序第一条指令的地址,由系统根据程序在存储器中的存放位置自动设置。程序执行时,每取出一条指令后,控制器将使 PC 自动增量,顺序形成下一条指令的地址。如果需要改变程序执行的顺序,则通过转移指令强行将转移的目标指令地址置入 PC,从而实现程序的跳跃执行。

(2) 指令寄存器(IR)。IR 用于存放从存储器取出的指令,指令的操作码和地址码将用于其后的指令分析。

(3) 指令译码器(ID)。ID 用于对指令的操作码进行识别,以确定指令的操作功能。ID 所需的操作码来自 IR。

(4) 操作控制器(OC)。操作控制器用来产生计算机运行所需的各种操作信号,一条指令从取指令开始,到执行指令结束所需的全部操作信号都是操作控制器产生的。针对不同的指令,操作控制器根据 ID 的译码结果,PSW 中的有关状态标志以及 CPU 外部其他模块的状态反馈,产生不同的操作信号,来实现不同的指令功能。

(5) 时序产生器。时序产生器用于产生定时信号。定时信号的作用,是对操作控制器产生的操作信号实施时间上的控制,即控制每个操作信号何时发出,何时撤销。严格的时间控制,对保证计算机各部件高速、协调地工作非常重要。操作时间上的错误,将导致部件之间的冲突,并产生错误的操作结果。

操作控制器和时序产生器是密切相关、不可分离的两个部件。根据设计方法不同,控制器可分为硬布线控制器和微程序控制器两种。

图 2-1 为控制器的一般模型,它包含了控制器的全部输入输出信息。

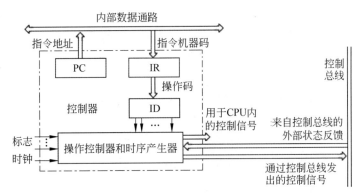

图 2-1　控制器的一般模型

在图 2-1 中,标志是运算类指令产生的各种状态标志,它们可被用来影响当前指令的执行行为。时钟是时序产生器的基本信号源,是具有固定周期的连续脉冲信号,其周期被称为 CPU 时钟周期,是 CPU 内部定时的最基本时间单位,是时序产生器所产生的其他时序信号的时间基础。用于 CPU 内的控制信号包括:寄存器的读写控制信号,内部数据通路的通、断控制信号,ALU 的操作控制信号等。通过系统控制总线发出的控制信号主要有对存储器的控制信号和对 I/O 模块的控制信号。来自系统控制总线的外部状态反馈有中断请求信号、准备就绪信号等。

2.3　80x86 微处理器

尽管现在的微处理器结构与 80x86 相比已经发生了很大的变化,但在概念结构上它们还是基本相似的。不管什么样的微处理器都包括运算器、控制器和寄存器组 3 个重要组成部分。

2.3.1　80x86 的内部结构

目前 80x86 微处理器仍以 8088/8086 为基础,先从 8088/8086 开始介绍,希望通过对 8088/8086 内部结构的了解,可使读者对微处理器的内部结构和工作原理有一个基本的概念。

16 位的 CPU 8086 采用高性能的 N 沟道、耗尽型的硅栅工艺(HMOS)制造,封装在标准 40 条引脚双列直插式(DIP)的管壳内。8086 有 16 条数据线和 20 条地址线,直接寻址的存储空间为 1MB,它可访问 64KB 的输入输出端口。

Intel 公司推出 8086 CPU 的同时,又推出准 16 位的 CPU 8088。推出 8088 的主要

目的是与当时的一整套 Intel 外设接口芯片直接兼容使用。8088 CPU 的内部寄存器、内部运算部件以及内部操作都与 8086 CPU 基本相同,但它们的外部性能是有区别的。8086 外部数据总线为 16 位,而 8088 外部数据总线为 8 位。

1. 8086/8088 CPU 内部编程结构

8086/8088 CPU 的内部结构框图如图 2-2 所示。从功能上分为两大部分,即总线接口单元(bus interface unit,BIU)和执行单元(execution unit,EU)。

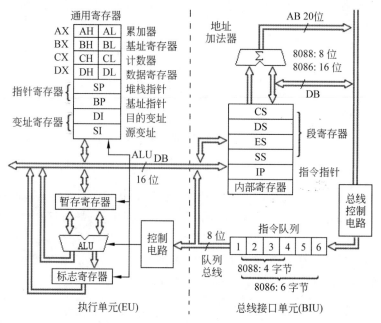

图 2-2 8086/8088 CPU 的内部结构

1) 总线接口单元

总线接口单元的功能是负责完成 CPU 与存储器或 I/O 端口之间的数据传送,即 BIU 要从内存中取指令送到指令队列缓冲器,CPU 执行指令时,总线接口单元要配合执行单元从指定的内存单元或者外设端口中取数据,将数据传送给执行单元,或者把执行单元的操作结果传送到指定的内存单元或外设端口中。

总线接口单元由下列 4 部分组成。

(1) 4 个 16 位段地址寄存器,分别为代码段寄存器 CS,数据段寄存器 DS,附加段寄存器 ES,堆栈段寄存器 SS。

(2) IP: 16 位指令指针寄存器。

(3) 20 位物理地址加法器和总线控制电路。

(4) 6 字节的指令队列缓冲器。

对总线接口单元,做如下两点说明。

(1) 指令队列缓冲器。8086 的指令队列为 6 字节,8088 的指令队列为 4 字节。8086 使用队列装置,采用流水线操作,预取 6 字节的指令代码。不管是 8086 还是 8088 都会在执行指令的同时,从内存中取出下一字节或几字节指令代码,取出的指令代码依次放在指令队列中。这样,一般情况下,CPU 执行完一条指令就可以立即执行下一条指令,而不需要像以往的 8 位 CPU 那样,轮番进行取指令和执行指令的操作。16 位 CPU 这种并行重叠操作的特点,提高了总线的信息传输效率和整个系统的执行速率。

(2) 地址加法器和段寄存器。8086 有 20 根地址线,可寻址 1MB 的存储空间。而 8086 内部寄存器只有 16 位,那么如何用 16 位寄存器实现 20 位地址的寻址呢? Intel 公司设计人员用 16 位的段寄存器与 16 位的偏移量巧妙地解决了这一矛盾,即各个段寄存器分别用来存放各段的起始地址高 16 位。当由 IP 提供或按寻址方式计算出寻址单元的 16 位偏移地址后,将与左移 4 位后的段寄存器的内容同时送到地址加法器进行相加,形成一个 20 位的实际地址(又称物理地址),以对存储单元寻址。图 2-3 指出了 20 位的实际地址的产生过程。例如,一条指令的物理地址是根据 CS 和 IP 的内容得到。具体计算时,要将段寄存器的内容左移 4 位,然后再与 IP 的内容相加。假设 CS = 0EA00H,IP=0800H,此时指令的物理地址为 0EA800H。

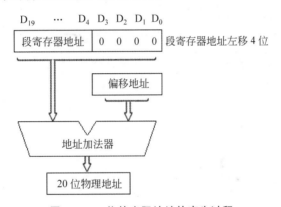

图 2-3　20 位的实际地址的产生过程

2) 执行单元

执行单元不与系统直接相连,它的功能只是负责译码和执行指令,即从 BIU 的指令队列缓冲器中取出相应指令的代码,然后进行译码,执行指令,发出各种各样的控制信号。执行指令的结果或执行指令所需要的数据,由 EU 向 BIU 发出请求,再由 BIU 对存储器或外设进行存取。执行单元由下列各部分组成。

(1) 16 位算术逻辑单元:它可以用于算术和逻辑运算,也可以按指令的寻址方式计算出寻址单元的 16 位偏移量。

(2) 16 位标志寄存器(FLAGS):它反映 CPU 运算的状态特征和存放控制标志。

(3) 通用寄存器组:包括 4 个 16 位数据寄存器 AX、BX、CX、DX,2 个 16 位指针寄存器 SP、BP 和 2 个变址寄存器 SI、DI。

(4) 暂存寄存器:暂存数据。

(5) 控制电路:它是控制、定时与状态逻辑电路,接收从 BIU 中指令队列取来的指令,经过指令译码形成各种定时控制信号,对 EU 的各个部件实现定时操作。

8088 CPU 内部结构与 8086 基本相似,只是 8088 BIU 中指令队列长度为 4 字节,总线控制电路与专用寄存器之间的数据总线宽度是8位。

总线接口单元和执行单元并不按串行方式工作,而按并行方式工作。

(1)每当8086的指令队列中有两个空字节单元,或者8088的指令队列中有一个空字节单元时,总线接口单元就会自动把指令取到指令队列中。

(2)每当执行单元准备执行一条指令时,它会从总线接口单元的指令队列前部取出指令的代码,然后执行指令。

(3)当指令队列已满,而且执行单元对总线接口单元又无总线访问请求时,总线接口单元便进入空闲状态。

(4)在执行转移指令、调用指令和返回指令时,遇到这种情况,指令队列中的原有内容被自动清除,总线接口单元会接着往指令队列中装入另一个程序段中的指令。

(5)指令的提取和执行分别由总线接口单元和执行单元完成。总线控制逻辑和指令执行逻辑之间既互相独立又互相配合。所以在执行指令的同时进行提取指令的操作。在8086/8088中,EU和BIU这种并行的工作方式不仅大大地提高了工作效率,而且也是它们的一大特点。EU和BIU之间通过指令队列相互联系。指令队列可以看成一个RAM区,EU对其执行读操作,BIU又对其执行写操作。

2. 8086/8088 内部寄存器

8086/8088内部寄存器的组成如图2-4所示,它共有13个16位寄存器和1个标志寄存器。

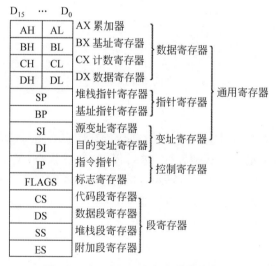

图 2-4　8086/8088 内部寄存器的组成

1)通用寄存器

(1)数据寄存器。

8086/8088 CPU有4个16位数据寄存器:AX、BX、CX和DX。这4个寄存器用于存放参加运算的数据或运算结果。每个数据寄存器分为高字节(H)和低字节(L),并可分别作为两个独立的8位数据寄存器使用。它们的高8位记作AH、BH、CH、DH,低

8 位记作 AL、BL、CL、DL,这给编程带来很大便利。

上述 4 个寄存器一般作为数据寄存器使用,但又有各自的习惯用法。

AX(accumulator):累加器。它是算术运算的主要寄存器。另外,所有的 I/O 指令都使用这一寄存器与外设传送信息。

BX(base):基址寄存器。在计算存储器地址时,常用来存放基准地址。

CX(count):计数寄存器。在循环指令中作为一个计数器使用,在数据串操作指令中用作存放数据串元素的个数。

DX(data):数据寄存器。一般在进行双字运算时,把 DX 和 AX 组合在一起存放一个双字长数,DX 用于存放高位字,AX 用于存放低位字。此外,在寄存器间接寻址的 I/O 指令中存放端口地址。

(2) 指针寄存器和变址寄存器。

指针寄存器 SP、BP 和变址寄存器 SI、DI 都是 16 位寄存器,它们可以像数据寄存器一样,在运算过程中存放操作数,但只能以字(16 位)为单位使用。其中,SP(stack pointer)称为堆栈指针寄存器,BP(base pointer)称为基址指针寄存器,它们都可以与堆栈段寄存器 SS 联用,以确定堆栈中的某一存储单元的地址。SP 用来指示栈顶的偏移地址,BP 可作为堆栈区中的一个基地址以便访问堆栈中的信息。SI(source index)源变址寄存器和 DI(destination index)目的变址寄存器存放当前数据段的偏移地址。在程序中,常使用 SI 存放源操作数偏移地址,DI 存放目标操作数偏移地址。例如,在数据串操作指令中,源数据串偏移地址存放在 SI 中,目标数据串的偏移地址存放在 DI 中。

2) 段寄存器

8086/8088 CPU 具有寻址 1MB 存储空间的能力,但是 8086/8088 指令中给出的寄存器只是 16 位的,使 CPU 不能直接寻址 1MB 空间,为此,8086/8088 用一组段寄存器将这 1MB 存储空间分成若干个逻辑段,每个逻辑段的长度为 64KB,这些逻辑段可被任意设置,在整个存储空间上下浮动。

8086/8088 CPU 有 4 个 16 位段寄存器 CS、DS、SS、ES,用来存放各段的起始地址的高 16 位,它们被称为"段基址"。其中,CS 用来存放程序当前使用的代码段的段基址,CPU 执行的指令将从代码段取得;SS 用来存放程序当前使用的堆栈段的段基址,堆栈操作的数据就存放在这个段中;DS 用来存放程序当前使用的数据段的段基址,一般程序所用的数据放在数据段中;ES 用来存放程序当前使用的附加段的段基址,附加段通常也用来存放数据。

3) 指令指针寄存器和标志寄存器

IP(instruction pointer)是 16 位指令指针寄存器,其功能用于存放代码段中预取指令的偏移地址,并和 CS 联用,以确定指令代码在内存的物理地址。CPU 取指令时总是以 CS 为段地址,以 IP 为段内的偏移地址。每当 CPU 从代码段中取出一字节的指令代码后,IP 则自动加 1,使之指向要取指令的下一字节机器码的地址。用户程序不能直接访问 IP,但可由 BIU 修改。

FLAGS 是 16 位标志寄存器,但只用其中的 9 位,即 6 个状态标志位,3 个控制标志位。标志寄存器是专门用来存放指令执行过程中的结果和特征的。因为在进行算术逻辑运算过程中,运算的结果是 0 或者非 0,运算的结果可能是正或负,可能发生进位、溢出等,这些运算的结果和特征往往需要保留,以便控制程序的走向。FLAGS 状态标志位用来反映、记录算术或逻辑运算的结果和特征,CPU 依据运算结果自动把相应位置 0 或 1,不同的指令对标志位的影响是不相同的。控制标志位由指令专门设置,用来控制 CPU操作,由程序设置或清除,每个控制标志都有一种特定的功能作用。各标志位的位置如图 2-5 所示。

D_{15}	D_{14}	D_{13}	D_{12}	D_{11}	D_{10}	D_9	D_8	D_7	D_6	D_5	D_4	D_3	D_2	D_1	D_0
/	/	/	/	OF	DF	IF	TF	SF	ZF	/	AF	/	PF	/	CF

图 2-5　标志寄存器格式

具体来说,各状态标志位含义如下。

CF(carry flag):进位标志位。进行算术加减运算时,若最高位向前一位发生进位或借位时,则 CF=1;否则,CF=0。

PF(prity flag):奇偶标志位。若运算结果低 8 位中 1 的个数为偶数,则 PF=1;若运算结果低 8 位中 1 的个数为奇数,则 PF=0。

AF(auxiliary flag):辅助进位标志位。在 8 位加减运算中,若低 4 位向高 4 位有进位,则 AF=1;否则 AF=0。DAA 和 DAS 指令在执行时,自动测试这个标志位,用于对BCD 码加减运算的结果进行调整。

ZF(zero flag):零标志位。若算术逻辑运算结果为零,则 ZF=1;否则,ZF=0。

SF(sign flag):符号标志位。若运算结果最高位为 1,则 SF=1;否则 SF=0。

OF(overflow flag):溢出标志位。若算术运算结果超出带符号数补码表示的范围,运算结果是错误的,这种现象称为溢出。若运算结果有溢出,则 OF=1;无溢出,则OF=0。

各控制标志位的含义如下。

TF(trap flag):跟踪标志位。它是为调试程序方便而设置的。若 TF=1,使 CPU 处于单步执行工作方式,每执行一条指令,自动产生一次单步中断,可使用户逐条检查指令运行结果;若 TF=0,则程序正常运行。

DF(direction flag):方向标志位。它用来控制数据串操作指令的步进方向。若DF=1,每次操作后使变址寄存器 SI 和 DI 递减,即串处理从高地址向低地址方向处理;若 DF=0,SI 和 DI 递增,即串处理从低地址向高地址方向处理。

IF(interrupt enable flag):中断允许标志。它是控制可屏蔽中断的标志。若 IF=1,CPU 可以响应可屏蔽中断(INTR)请求;若 IF=0 时,CPU 禁止响应可屏蔽中断请求。IF 的状态对非屏蔽中断和内部中断没有影响。

为了对上述标志位有更具体的了解,下面举例进行说明。

【例 2-1】　设 AL=01111110B,BL=00101000B,执行下面加法指令"ADD AL,BL;",则执行结果 AL=10100110B。

从运算结果得出:最高位没有产生进位,则 CF=0,1 的个数为 4 个,即偶数个 1,则

PF＝1;运算结果不为 0,则 ZF＝0;在运算中第三位向第四位产生进位,则 AF＝1;运算结果最高位为 1,则 SF＝1;在运算中次高位向最高位有进位 1,最高位向更高位无进位 0,故有溢出,OF＝1。该运算结果 CPU 自动填入标志位。

3. 8086/8088 的引脚信号

8086 与 8088 内部结构基本相同,外部采用 40 芯双列直插式封装,图 2-6 所示是 8086/8088 的引脚信号图,它们的 40 条引脚线按功能可分为 5 类。

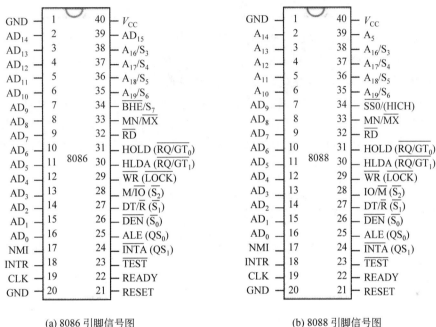

(a) 8086 引脚信号图　　　　　　(b) 8088 引脚信号图

图 2-6　8086/8088 引脚信号图

1) 地址/数据总线(address/data bus)$AD_{15}\sim AD_0$

这是分时复用的地址和数据总线。传送地址时三态输出,传送数据时可双向三态输入输出。这种分时复用的方法能使 8086/8088 用 40 条引脚实现 20 位地址、16 位数据及众多的控制信号和状态信号的传输。不过在 8088 中,由于只能传输 8 位数据,所以,只有 $AD_7\sim AD_0$ 8 条地址/数据总线,$AD_{15}\sim AD_8$ 为地址。

2) 地址/状态线(address/status bus) $A_{19}/S_6\sim A_{16}/S_3$

地址/状态分时复用的引脚,三态输出。作为状态信号时,S_6 恒等于 0,以表示 8086/8088 当前连在总线上。S_5 表明中断允许标志位的状态,$S_5＝1$ 表明 CPU 可以响应可屏蔽中断的请求,$S_5＝0$ 表明 CPU 禁止一切可屏蔽中断。S_4、S_3 的组合表明当前正在使用的段寄存器,如表 2-1 所示。

3) 控制总线(control bus)

(1) NMI(non-maskable interrupt):非屏蔽中断请求信号,输入,上升沿触发。这类中断请求不受 IF 状态的影响,也不能用软件屏蔽,只要此信号出现,就在现行指令结束后引起中断。

表 2-1 S_4、S_3 的代码组合对应的状态

S_4	S_3	状　态
0	0	当前正在使用 ES
0	1	当前正在使用 SS
1	0	当前正在使用 CS 或没使用任何段
1	1	当前正在使用 DS

（2）INTR(interrupt request)：可屏蔽中断请求信号，输入，高电平有效。当 INTR＝1 时表示外设提出了中断请求，8086/8088 在每个指令执行结束采样此信号。当 IF＝1 时，CPU 响应中断，停止执行指令序列，并转去执行中断服务程序。

（3）RESET：系统复位信号，输入，高电平有效。8086/8088 要求复位脉冲宽度不得小于 4 个时钟周期，接通电源时不能小于 $50\mu s$。复位后，CPU 立即停止当前操作，完成内部的复位过程，恢复到机器的起始状态并使系统重新启动。8086/8088 复位后内部寄存器的状态如表 2-2 所示。

表 2-2 复位后内部寄存器的状态

内部寄存器	状态	内部寄存器	状态
FLAGS	0000H	DS	0000H
IP	0000H	SS	0000H
指令队列	清除	ES	0000H
CS	0FFFFH	其余寄存器	0000H

（4）CLK(clock)：系统时钟，输入。通常与 8284 集成电路的时钟发生器的时钟输出相连，该电路提供系统的时钟信号，占空比为 33％（即 1/3 周期为高电平，2/3 周期为低电平）。

（5）$\overline{RD}$(read)：读控制信号，三态输出。当为低电平时，表示 CPU 将要执行一个对存储器或 I/O 端口的读操作。

（6）READY：准备好信号，输入。准备好信号是由被访问的存储器或 I/O 端口发来的响应信号，高电平有效。当 READY 为高电平时，表示被访问的内存或 I/O 设备已准备好，CPU 可以进行数据传送；若内存或 I/O 设备还未准备好，READY 信号为低电平，CPU 采集到低电平 READY 信号后，自动插入等待周期 T_W，直到 READY 变为高电平后，CPU 才脱离等待状态，完成数据传送过程。

（7）$\overline{TEST}$：等待测试信号，输入。它用于多处理器系统中且只有在执行 WAIT 指令时才使用。当 CPU 执行 WAIT 指令时，每隔 5 个时钟周期对该线的输入进行一次测试。若 $\overline{TEST}$ 为高电平时，CPU 将停止取下一条指令而进入等待状态，重复执行 WAIT 指令，直至 $\overline{TEST}$ 为低电平时，等待状态结束，CPU 才继续往下执行被暂停的指令，使

CPU 与外部硬件同步。等待期间允许外部中断。

（8）$\overline{\text{BHE}}/S_7$：高 8 位数据总线有效/状态复用引脚，三态输出。在 8086 中，当 $\overline{\text{BHE}}/S_7$ 引脚上输出 $\overline{\text{BHE}}$ 信号时，表示总线高 8 位 $\text{AD}_{15} \sim \text{AD}_8$ 上数据有效。

（9）$\text{MN}/\overline{\text{MX}}$：最小/最大模式控制信号，输入。高电平时，8086/8088 工作在最小模式；低电平时，8086/8088 工作在最大模式。

4）V_{CC} 和 GND

V_{CC} 为电源线，GND 为地线。

4. 8086/8088 的工作模式

8086/8088 有两种工作方式：最大模式和最小模式。最小模式是单处理器模式，最大模式是多处理器模式。两种方式下，系统配置是不同的。

1）总线接口芯片

由于引脚数目的限制，数据地址信号等引线是分时复用的，构成微型计算机系统必须外接总线配置芯片，使用接口芯片将复用信号加以分离。这些接口芯片包括地址锁存器和双向总线驱动器。

（1）地址锁存器

由于 8086 CPU 地址与数据线分时复用，所以在数据占有总线之前，必须先将总线上的地址码暂存起来。在读写总线周期时，由地址锁存器提供地址信号。

8086 常用 8282 或 74LS373 芯片作为地址锁存器。8282 的图形符号如图 2-7 所示。8282 共 20 个引脚。其内部由 8 个 D 触发器构成，$\text{DI}_7 \sim \text{DI}_0$ 为 8 位数据输入端，$\text{DO}_7 \sim \text{DO}_0$ 为 8 位数据输出端。控制信号有两个，选通信号 STB 由高变低时，输入数据被输入地址锁存器中。STB 保持为低电平，地址锁存器保持原数据。$\overline{\text{OE}}$ 为输出允许信号，当它为低电平时，数据就出现在输出端上；当它为高电平时，输出缓冲器处于高阻态。

（2）双向总线驱动器（总线收发器）

由于数据在 CPU 与存储器或 I/O 接口之间的传送是双向的，所以要求总线驱动器是双向的。能在两个方向上进行发送和接收的驱动器又称总线收发器，8286 是一种三态输出的 8 位同相双向总线驱动器，8287 是 8 位反相总线驱动器。8286 的图形符号如图 2-8 所示。该总线收发器有两组双向传送的数据线，$A_0 \sim A_7$ 为 A 组的 8 根数据线，$B_0 \sim B_7$ 为 B 组的 8 根数据线。输入控制引脚有两个，一个是方向控制端 T，若 T 为高电

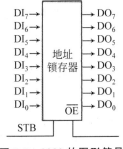

图 2-7　8282 的图形符号

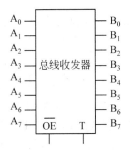

图 2-8　8286 的图形符号

平,则 $A_0 \sim A_7$ 引脚上数据传送至 $B_0 \sim B_7$ 引脚;若 T 为低电平,则 $B_0 \sim B_7$ 引脚上数据传送至 $A_0 \sim A_7$ 引脚。另一个是门控端 $\overline{OE}$,低电平有效。若 $\overline{OE}$ 为 1 时,A 组和 B 组两边都处于高阻态。8286 通常用于数据的双向传送、缓冲和驱动。

2) 最小模式

当 8086/8088 MN/$\overline{MX}$ 信号线接至+5V 时,系统处于最小模式,典型的系统结构如图 2-9 所示,系统主要由地址锁存器 8282 及数据总线收发器 8286 组成。地址锁存信号 ALE 控制 8282 的 STB,用 8286 总线收发器产生缓冲的数据总线。8086 的 $\overline{DEN}$ 信号作为 8286 的输出允许信号,仅当 $\overline{DEN}$ 为低电平时,允许数据经 8286 进行传送。8086 的 DT/$\overline{R}$ 信号用来控制数据传送的方向,接至 8286 的引脚 T。数据线连至内存及 I/O 端口,需用总线收发器驱动。控制总线一般负载较轻,不需要驱动,故直接引出。

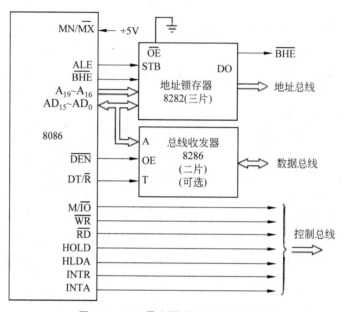

图 2-9　8086 最小模式下的系统结构图

最小模式下,对应 24～31 引脚的信号功能如下。

$\overline{INTA}$(interrupt acknowledge):中断响应信号,输出,低电平有效。用于对外设的中断请求做出响应。CPU 响应外设中断请求时,8086/8088 的 $\overline{INTA}$ 信号发出两个连续的负脉冲,其中第一个负脉冲是通知外设接口,它发出的中断请求已获允许;外设接口收到第二个负脉冲后,往数据总线上放中断类型号,从而使 CPU 得到该中断请求的详细信息。

ALE(address latch enable):地址锁存允许信号,输出,高电平有效。该信号是 8086/8088 提供给地址锁存器的控制信号。

$\overline{DEN}$(data enable):数据允许信号,输出,低电平有效。该信号为总线收发器提供一个控制信号,$\overline{DEN}$ 有效时,表示 CPU 当前准备发送或接收一个数据。

DT/$\overline{R}$(data transmit/receive):数据发送/接收信号,输出。该信号用来控制总线收发器的传送方向。高电平时,CPU 向内存或 I/O 端口发送数据;低电平时,CPU 从内存或 I/O 端口接收数据。

M/$\overline{\text{IO}}$(memory/input and output)：存储器/输入输出控制信号，输出。高电平时，表示 CPU 正与存储器之间进行数据传送；低电平时，表示 CPU 正与输入输出设备之间进行数据传送。8088 中该引脚为 IO/$\overline{\text{M}}$。

$\overline{\text{WR}}$(write)：写信号，输出，低电平有效。当该信号有效时，表示 CPU 当前正在对存储器或 I/O 端口进行写操作。写操作的种类则由 M/$\overline{\text{IO}}$信号决定。

HOLD(hold request)：总线保持请求信号，输入。当 8086/8088 系统中 CPU 之外的一个主模块要求选用总线时，通过该信号向 CPU 发出一个高电平的 HOLD。

HLDA(hold acknowledge)：总线保持响应信号，输出。当 CPU 接收到 HOLD 信号后，便发出高电平有效的 HLDA 信号予以响应，此时，CPU 让出总线控制权，发出 HOLD 信号请求总线主设备获得总线的控制权。

3）最大模式

当 8086/8088 MN/$\overline{\text{MX}}$信号线接地，则系统工作于最大模式。最大模式与最小模式的主要区别是外面增加 8288 总线控制器。最小模式下，控制总线直接从 8086/8088 得到；最大模式下，通过 8288 对 CPU 发出的控制信号进行变换和组合，以得到对存储器和 I/O 端口的读写信号和对地址锁存器 8282 及对总线收发器 8286 的控制信号，使总线控制功能更加完善。最大模式是多处理器模式，需要协调主处理器和协处理器的工作问题及对总线的共享控制问题。为此，要从软件和硬件两方面解决。8288 总线控制器就是因此需要而加在最大模式系统中的。

5. 从 8086 到 80x86 微处理器结构的变化

1）80286

1982 年 2 月 1 日，Intel 公司推出了 80286 微处理器，80286 微处理器官方名称为 iAPX 286，是 Intel 公司的一款 80x86 系列微处理器。80286 芯片集成了 14.3 万个晶体管，机器字长为 16 位时钟频率，由最初的 6MHz 逐步提高到后来的 20MHz。其内部和外部数据总线都为 16 位，地址总线为 24 位。与 8086 相比，它的寻址能力达到了 16MB。可以使用外存储设备模拟大量存储空间，从而大大扩展了 80286 的工作范围，还能通过多任务硬件机构使处理器在各种任务间来回快速切换，实现同时运行多个任务，其运算速度比 8086 提高了 5 倍甚至更多。

80286 有两种工作模式：实模式和保护模式。

在实模式下，80286 与 8086 的工作方式一样，相当于一个快速 8086。在该方式下，80286 直接访问内存的空间被限制在 1MB，更多内存需要通过 EMS 或 XMS 内存机制进行映射才能进行访问。

在保护模式下，80286 提供了虚拟存储管理和多任务的硬件控制，能直接寻址 16MB 主存和 1GB 的虚拟存储器，具有异常处理机制，这为后来微软公司的多任务操作系统 Windows 准备了条件。

2）80386

80386 的出现，将 PC 从 16 位系统时代带入了 32 位系统时代。其具体特点如下。

（1）首次在 80x86 微处理器中实现了 32 位系统。

（2）可配合使用 80387 数字辅助处理器增强浮点运算能力。

（3）首次采用高速缓存（外置）解决内存速度瓶颈问题。由于这些设计，80386 的运算速度比其前代产品 80286 提高了几倍。

（4）80386 DX 的内部和外部数据总线为 32 位，地址总线也为 32 位，可以寻址到 4GB 内存，并可以管理 64TB 的虚拟存储空间。

80386 有 3 种工作模式：真实模式、保护模式和虚拟 86 模式。

真实模式为 DOS 的常用模式，直接内存访问空间限制在 1MB；在保护模式下，80386 DX 可以直接访问 4GB 的内存，并具有异常处理机制；虚拟 86 模式可以同时模拟多 8086 处理器来加强多任务处理能力。

3）80486

几经变迁，Intel 公司推出了 80486 微处理器，其内部通用寄存器、标志寄存器、指令指针寄存器、地址总线和外部数据总线都为 32 位。与之前的微处理器相比，80486 微处理器在性能上有了很大改进，主要表现在以下 4 点。

（1）把浮点数协处理器和一个 8KB 的高速缓存首次集成进了微处理器内部，减小了外部数据传送环节，大大提高了微型计算机的运行速度。

（2）系统首次采用 RISC（精简指令集计算机）设计思想，使得 80486 微处理器既具有 CISC（复杂指令集计算机）类微处理器的特点，又具有 RISC 类微处理器的特点，采用该技术使其核心指令在 1 个时钟周期内就可以完成。

（3）在总线接口部件中没有突发式总线控制和 cache 控制电路，支持突发式总线周期中从内存或外部 cache 高速读取指令或数据。

（4）将 CPU 内部通用寄存器扩展为 32 位，名称为 EAX、EBX、ECX、EDX、ESI、EDI、EBP、ESP，这些寄存器的低 16 位与 8086 兼容，既可以按 32 位使用，也可以按 8086 规定的 16 位或 8 位寄存器使用。段寄存器仍为 16 位，但增加了数据段寄存器 FS 和 GS。

4）Pentium

Pentium（奔腾）微处理器在结构上比 80486 微处理器有较大改进，内部采用 32 位结构，虽然其内部寄存器仍然为 32 位，但其 64 位的外部数据总线及 64 位、128 位、256 位宽度可变的内部数据通道使得 Pentium 微处理器的内外数据传输能力增强很多。它的地址总线仍为 32 位，所以物理寻址范围仍为 4GB。Pentium 微处理器内部采用了先进的超标量流水线结构，拥有两个 ALU，能同时执行两条流水线，从而使 Pentium 微处理器在一个时钟周期内能完成两条指令。在软件方面，它兼容了 80486 微处理器的全部指令且有所扩充。

2.3.2 指令流水线和存储器分段管理

在 8086/8088 的设计中，引入了两个重要的结构概念：指令流水线和存储器分段。这两个概念在以后升级的 Intel 系列微处理器中一直被沿用和发展。

1. 指令流水线

在传统的 8 位微处理器(如 8080A、Z-80)中，取指令操作和分析、执行指令操作是串行进行的，即取第 K 条指令操作码，分析和执行第 K 条指令；再取第 $K+1$ 条指令操作码，分析和执行第 $K+1$ 条指令，以此类推。而在 8086/8088 CPU 中，EU 和 BIU 是两个独立的功能部件，指令队列的存在使它们并行工作，即取指令操作和分析、执行指令操作重叠进行，从而形成了 8086/8088 的两级指令流水线结构，如图 2-10 所示。

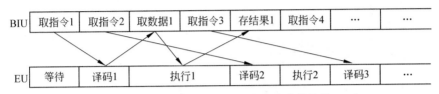

图 2-10　8086/8088 的两级指令流水线结构

通常，当 8088 的指令队列空出 1 字节、8086 的指令队列空出 2 字节时，BIU 就会自动执行一次取指令操作，将新指令送入队列。当 BIU 正在取指令的时候，EU 发出的访问总线的请求必须在 BIU 取指令完毕后才会得到响应。一般情况下，程序是顺序执行的，如果遇到跳转指令，BIU 就使指令队列复位，从新地址取出指令，并立即传送给 EU 去执行。这种流水线技术的引入，减少了 CPU 为取指令而必须等待的时间，提高了 CPU 的利用率，加快了整机的运行速度。另外，该技术也降低了对存储器存取速度的要求。

2. 存储器的组织

8086/8088 有 20 条地址线，它的直接寻址能力为 $2^{20}B=1MB$，地址范围为 00000H～0FFFFFH。存储器按字节组织，每个单元中都可存储一字节，每个存储单元都有一个唯一的 20 位的地址编号，这个地址称为内存单元的物理地址。如图 2-11 所示，8 位数据 0FEH 存放在地址为 82000H 的单元，表示为[82000H]=0FEH。如果在存储器中存放一个字符串(字节序列)，那么字符串的第一字节存放在地址较低的单元中，以后依次存放；任何两个相邻的字节单元可以存放一个 16 位的数据，称为一个字(word)。在一个字中将字的低位字节放在低地址中，高位字节放在高地址中，低位字节的地址作为该数据字的地址。对于存放 16 位数据，其低位字节可以从奇地址开始存放，也可以从偶地址开始存放。当从偶地址开始存放时，称为规则存放，这样存放的字称为规则字；若从奇地址开始存放时，称为非规则存放，这样存放的字称为非规则字。例如，数据 5678H 存放在 82001H 开始的单元中，表示为[82001H]=5678H。

8086 中有访问字节的指令也有访问字的指令，无论是读存储器还是写存储器，每次总是进行 16 位操作。当执行访问字节指令时，只用 8 位，另外 8 位则被忽略。这个 16 位数总是存储器内两个连续单元的内容，其中第一字节的地址是偶地址(规则字)时，可以通过一次访问来实现其功能。然而，对于奇地址字(非规则字)的读写指令，CPU 必须读写两个连续的偶地址字，两次访问存储器，每次都忽略掉不需要的半个字，并对剩下的两字节进行某种形式的字节颠倒。于是，读写偶地址字的指令对操作数的读写操作只需访问一次存储器(一个总线周期);而读写奇地址字的指令则必须两次访问存储器(两个总线周期),分别取它所需要的那半个字,并进行某种形式的字节调整,以形成指令所需要的字。在 8086 程序中,指令只需指出操作数的字节或字的类型,实现上述访问所需要做的一切操作都由 8086 CPU 自动完成。8086 读取字节和字的区别如图 2-11 所示。

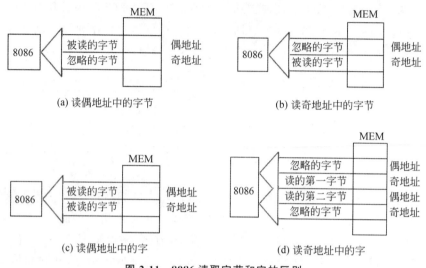

图 2-11 8086 读取字节和字的区别

与 8086 不同,8088 的外部数据总线是 8 位的,所以 8088 总是以字节为单位访问内存。取指令也是一个总线周期读取一字节的指令代码。在 8088 编程时,若把字操作数存放在偶地址开始的存储单元,在运行程序时,与操作数存放在奇地址开始的存储单元一样,但这样的程序移植到 8086 系统中时,将会获得最大的吞吐量,所以字操作数一般存放在偶地址开始的单元中。

3. 存储器的分段管理

在 8086/8088 中,CPU 的 ALU 进行的运算是 16 位的,有关的地址寄存器(如 SP、IP 以及 BP、SI、DI 等)都是 16 位的,因此对地址的运算也只能是 16 位的,对于 8086/8088 来说,各种寻址方式寻找操作数的范围限制在 64KB。而 8086/8088 有 20 条地址线,它的直接寻址能力为 1MB。这样就产生了一个矛盾,即 16 位地址寄存器如何去寻址 20 位存储器的物理地址。解决这个问题的办法是依靠 8086/8088 对存储器采用分段管理结构。整个 1MB 的内存储器以 64KB 为单位分为若干个存储区域,每个区域称为一段,每一段都在一个连续的区域内,容量最大为 64KB。

8086/8088 对每一段的起始地址有所限制,即每一段不能起始于任意地址。8086/8088 规定每一段的起始地址都能被 16 整除,其特征是在十六进制表示的物理地址中,最低位为 0(即 20 位地址的低 4 位为 0)。对存储器进行操作时,内存一般可分成 4 个逻辑段,分别称为代码段、堆栈段、数据段、附加段,每个逻辑段存放不同性质的数据,进行不同的操作。代码段存放指令程序;堆栈段定义了堆栈所在区域,它是一比较特殊的存储区,存放某些特殊的数据,并使用专门的指令按"后进先出"的原则来访问这一区域;数据段存放当前运行的程序的通用数据;附加段是一个辅助数据区。每一段的起始物理地址(20 位)的高 16 位称为段基址,4 个逻辑段的段基址分别放在相应的代码段寄存器 CS、堆栈段寄存器 SS、数据段寄存器 DS 和附加段寄存器 ES 中。程序从 4 个段寄存器给出的逻辑段中存取代码和数据。由于每一段的起始物理地址(20 位)规定能被 16 整除(低 4 位为 0),因此每个逻辑段的起始地址可以用 4 个段寄存器来指明。段寄存器存放的是段基址,一般又称段地址。

若已知当前有效的代码段、堆栈段、数据段和附加段的段基址分别为 0150H、2000H、4200H、5100H。各个段的起始地址的分配方式如图 2-12 所示。

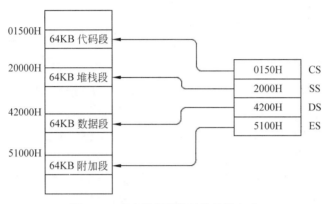

图 2-12　各个段起始地址的分配方式

在 1MB 的存储器里,每一个存储单元都有一个唯一的 20 位地址,称为该存储单元的物理地址。物理地址由段基址和偏移地址两部分构成。偏移地址即某一个存储单元地址距离该段的起始地址偏离的单元数(二者之差),偏移地址为 16 位无符号数(简称偏移量),又称有效地址(EA),其范围是 00000H～0FFFFH。

例如,假定数据段的起始地址为 01500H,则 DS＝0150H,该段的一个存储单元地址为 01688H,这样,该单元对应的偏移地址为 01688H－01500H＝0188H,该单元的地址可用段基址和偏移地址两个参数表示,而且这两个参数都是 16 位的。

在取指令时,CPU 会自动选择代码段寄存器 CS,再加上由 IP 决定的 16 位偏移地址,计算出要取的指令的物理地址;在执行堆栈操作时,CPU 会自动选择堆栈段寄存器 SS,再加上由 SP 决定的 16 位偏移地址,计算出堆栈操作所需的 20 位物理地址。

在寻址一个具体物理地址时,必须要由一个段地址(段基址)左移 4 位再加上 SP 或 IP、BP、SI、DI 等可由 CPU 处理的 16 位偏移地址形成实际的 20 位物理地址。这个段地址(或基址)就由 8086/8088 中的段寄存器提供。每当需要产生一个 20 位物理地址时,一个段寄存器会自动被选择,段寄存器中的 16 位数会自动左移 4 位,然后与 16 位偏移地址相加,产生所需要的 20 位物理地址。20 位物理地址形成公式为

$$20 \text{ 位物理地址} = \text{段基址} \times 16 + 16 \text{ 位偏移地址}$$

显然,每个存储单元只有唯一的物理地址,但它可由不同的段地址和不同的偏移地址组成。

例如,代码段寄存器 CS＝0150H,指令指针寄存器 IP 存放的偏移地址是 0188H,则存储器的物理地址为 01500H＋0188H＝01688H。

*2.4 高端 CPU 简介

2.4.1 龙芯 2F 微处理器

龙芯 2F 微处理器是中国科学院计算机技术研究所研制的 64 位超标量处理器。工作频率为 0.6～1GHz,最高双精度浮点运算速度达到 40 亿次/秒,单精度浮点运算速度达到 80 亿次/秒,是一款兼容 64 位 MIPSⅢ指令集的高性能通用处理器芯片。

1. 四发射动态超标量流水线结构

龙芯 2F 内含两个定点功能部件(ALU_1、ALU_2)和两个浮点功能部件(FPU_1、FPU_2),成四发射动态超标量流水线结构。浮点功能部件通过浮点指令 FMT 域的扩展可以执行 32 位和 64 位定点指令,以及 8 位和 16 位用于媒体加速的 SIMD 指令。

龙芯 2F 的基本指令均分解为取指、预译码、译码、寄存器重命名、调度、发射、读寄存器、执行和提交 9 个基本流水级执行。但对于一些较复杂的指令,如定点乘除法指令、浮点指令以及访存指令,在执行阶段需要多拍。

2. 取指和分支预测

龙芯 2F 的流水操作开始于取指,这一级是用程序计数器 PC 的值去访问指令 cache 和指令 TLB,如果指令 cache 和指令 TLB 都命中,则取 4 条指令(但每次不能跨越 32 字节的指令 cache 行)到指令寄存器 IR;未命中时向二级 cache 发出访问请求。为了降低延迟,在取指阶段还进行标记(tag)比较,但根据 tag 比较结果进行指令选择则在预译码阶段进行。

取指后进入预译码流水级。这一级的主要工作是预测转移指令的跳转方向以及目标地址。对不同的转移指令使用不同的方式进行预测。

3. 指令发射和读寄存器

经寄存器重命名后的指令送到保留站调度执行。龙芯 2F 具有两个独立的分组保留站:定点保留站和浮点保留站。定点保留站用于存放待执行的定点和访存指令;浮点保留站则用于存放待执行的浮点指令。

两个保留站每拍最多可以发射 5 条源操作数准备好的指令到 4 个功能部件(ALU_1、ALU_2、$FALU_1$、$FALU_2$)和访存部件。如果在保留站中同一个功能部件有多个操作数准备好的指令,则选择最老的指令进行发射。保留站用一个年龄域来记录每一条指令在保留站中的年龄。从保留站发射的指令需先到寄存器堆中读取操作数后再送到功能部件执行。

4. 指令执行和功能部件

从寄存器堆中读取指令操作数后,处理器根据指令的类型将指令送往相应的功能部件（ALU_1、ALU_2、$FALU_1$ 和 $FALU_2$）或访存部件执行。其中,定点部件 ALU_1 用于执行定点加减、逻辑运算、移位、比较、自陷和转移指令,ALU_1 的所有运算为全流水操作;定点部件 ALU_2 用于执行定点加减、逻辑运算、移位、比较、乘法和除法指令,除法采用 SRT 算法、非全流水操作,其他运算为全流水操作;浮点部件 $FALU_1$ 用于执行浮点加减、浮点乘法、浮点乘加、取绝对值、取反、精度转换、定浮点格式转换、比较和转移等指令,$FALU_1$ 的所有运算为全流水操作;浮点部件 $FALU_2$ 用于执行浮点加减、浮点乘法、浮点乘加、浮点除法和浮点开平方操作,浮点除法和浮点开平方使用 SRT 算法、非全流水操作,其他运算为全流水操作。

5. 指令提交和重排序队列

在龙芯 2F 中,指令顺序译码和重命名,乱序发射和执行,但均有序结束。重排序队列（reorder queue,ROQ）负责指令的有序结束,它按照程序次序保存流水线中所有已经完成寄存与命名但未提交的指令。指令执行完并写回后,ROQ 按照程序次序提交这些指令。ROQ 最多可同时容纳 64 条指令。

6. 片内高速缓存

龙芯 2F 内含 3 个独立的 cache。

（1）一级指令 cache。容量为 64KB,采用四路组相连结构。

（2）一级数据 cache。容量为 64KB,采用四路组相连结构和回写策略。

（3）二级混合 cache。指令和数据合用,容量为 512KB,采用四路组相连结构和回写策略。

一级 cache 都有它们自己的数据通路,从而可以同时访问两个 cache。其中,一级指令 cache 的读通路是 128 位,回填通路是 64 位;而一级数据 cache 的读写和回填数据通路都是 64 位。

二级 cache 使用的是 256 位的数据通路,它只有在一级 cache 失效时才被访问。二级 cache 和一级 cache 不能同时访问。

2.4.2 ARM10E 微处理器

ARM（Advanced RISC Machines）既可以认为是一个公司的名字,也可以认为是对微处理器的通称,还可以认为是一种技术的名字。ARM 微处理器是一个 32 位元精简指令集计算机处理器架构,其广泛地使用在许多嵌入式系统设计中。

微软公司在 2012 年 10 月 26 日发布的 Windows 8 操作系统也支持 ARM 系列微处理器。在同一天发布的 ARM 架构版本微软 Surface（搭载 Windows RT 操作系统）中,微软公司已经采用了 ARM 微处理器,这款产品或许意味着 Windows 平板计算机已经成为现实。

ARM10E 系列微处理器具有高性能、低功耗的特点,它采用的新体系结构与同等的ARM9 器件相比较,在同样的时钟频率下,性能提高近 50%,同时,ARM10E 系列微处理器采用了两种先进的节能方式,使其功耗极低。ARM10E 系列微处理器包含ARM1020E、ARM1022E 和 ARM1026EJ-S 3 种类型。

1. 主要特点

(1) 支持 DSP 指令集,适合需要高速数字信号处理的场合。

(2) 6 级整数流水线,指令执行效率更高。

(3) 支持 32 位 ARM 指令集和 16 位 Thumb 指令集,指令长度固定。

(4) 支持 32 位的高速 AMBA 总线接口。

(5) 小体积、低功耗、低成本、高性能。

(6) 大量使用寄存器,指令执行速度更快,大多数数据操作都在寄存器中完成。

(7) 寻址方式灵活简单,执行效率高。

(8) 支持 VFP10 浮点处理协处理器。

(9) 全性能的 MMU,支持 Windows CE、Linux、Palm OS 等多种主流嵌入式操作系统。

(10) 数据缓存和指令缓存分开,具有更高的指令和数据处理能力。

(11) 主频最高可达 400MIPS。

(12) 内嵌并行读写(load/store)操作部件。

2. 体系结构

(1) 复杂指令集计算机(complex instruction set computer,CISC)。

在 CISC 的各种指令中,大约有 20% 的指令会被反复使用,占整个程序代码的 80%。而余下的 80% 的指令却不经常使用,在程序设计中只占 20%。

(2) 精简指令集计算机(reduced instruction set computer,RISC)。

RISC 结构优先选取使用频最高的简单指令,避免复杂指令;将指令长度固定,指令格式和寻址方式种类减少;以控制逻辑为主,不用或少用微码控制等。

除此以外,ARM 体系结构还采用了一些特别的技术,在保证高性能的前提下尽量缩小芯片的面积,并降低功耗。

3. 寄存器结构

ARM 微处理器共有 37 个寄存器,被分为若干个组(bank)。

(1) 31 个通用寄存器,包括程序计数器(PC 指针),均为 32 位的寄存器。

(2) 6 个状态寄存器,用于标识 CPU 的工作状态及程序的运行状态,均为 32 位的寄存器,只使用了其中的一部分。

4. 指令结构

ARM 微处理器在较新的体系结构中支持两种指令集:ARM 指令集和 Thumb 指令

集。其中,ARM 指令为 32 位长度,Thumb 指令为 16 位长度。Thumb 指令集为 ARM 指令集的功能子集,但与等价的 ARM 代码相比较,可节省 30%～40%的存储空间,同时具备 32 位代码的所有优点。

ARM10E 系列微处理器主要应用于下一代无线设备、数字消费品、成像设备、工业控制、汽车、通信和信息系统等领域。

2.4.3 FPGA 微处理器

现场可编程门阵列(field programmable gate array,FPGA)是在 PAL、GAL、CPLD 等可编程器件基础上进一步发展的产物。它作为专用集成电路领域中的一种半定制电路而出现,既解决了定制电路的不足,又克服了原有可编程器件门电路数量有限的缺点。

FPGA 一般比专用集成电路的速度慢,实现同样的功能比 ASIC 电路的面积大。但是它们也有很多优点,如可以快速成品,可以改正程序中的错误和造价更便宜。厂商也可能会提供便宜的但是编辑能力差的 FPGA 微处理器。因为这些芯片有比较差的可编辑能力,所以这些设计的开发是在普通的 FPGA 上完成的,然后将设计转移到一个类似于 ASIC 的芯片上。另外一种方法是用复杂可编程逻辑器件(complex programmable logic device,CPLD)。

1. FPGA 的开发

FPGA 的开发相对于传统 PC、单片机的开发有很大不同。FPGA 以并行运算为主,用硬件描述语言来实现;相比于 PC 或单片机(无论是冯·诺依曼结构还是哈佛结构)的顺序操作有很大区别,也造成了 FPGA 开发入门较难。目前,国内有专业的 FPGA 外协开发厂家,如北京中科鼎桥 ZKDQ-TECH 等。FPGA 的开发需要从顶层设计、模块分层、逻辑实现、软硬件调试等多方面着手。

2. FPGA 产品比较

早在 20 世纪 80 年代中期,FPGA 已经在 PLD 设备中扎根。CPLD 和 FPGA 包括一些相对大数量的可编辑逻辑单元。CPLD 逻辑门的密度为几千到几万个逻辑单元,而 FPGA 逻辑门的密度通常为几万到几百万个逻辑单元。

CPLD 和 FPGA 的主要区别是系统结构不同。CPLD 是一个有点限制性的系统结构,这个系统结构由一个或者多个可编辑的结果之和的逻辑组列和一些相对少量的锁定的寄存器组成。因此,它缺乏编辑灵活性,但是却有可以预计的延迟时间和逻辑单元对连接单元高比率的优点;而 FPGA 却有很多的连接单元,这样虽然可以更加灵活的编辑,但是结构却复杂得多。

CPLD 和 FPGA 另一个区别是大多数的 FPGA 含有高层次的内置模块(如加法器和乘法器)和内置记忆体,很多新的 FPGA 支持完全的或者部分的系统内重新配置,允许它们的设计随着系统升级或者动态重新配置而改变,一些 FPGA 可以让设备的一部分重新编辑而其他部分继续正常运行。

CPLD 和 FPGA 还有一个区别：CPLD 下电之后,原有烧入的逻辑结构不会消失;而 FPGA 下电之后,再次上电时,需要重新加载 Flash 里面的逻辑代码,需要一定的加载时间。

3. FPGA 工作原理

FPGA 采用逻辑单元阵列(logic cell array,LCA),内部包括可配置逻辑模块 (configurable logic block,CLB)、输入输出模块(input output block,IOB)和内部连线 (interconnect)3 个部分。FPGA 是可编程器件,与传统逻辑电路和门阵列(如 PAL、GAL 及 CPLD 器件)相比,FPGA 具有不同的结构。FPGA 利用小型查找表(16×1RAM)来实现组合逻辑,每个查找表连接到一个 D 触发器的输入端,触发器再来驱动其他逻辑电路或驱动 I/O,由此构成既可实现组合逻辑功能又可实现时序逻辑功能的基本逻辑单元模块,这些模块间利用金属连线互相连接或连接到 I/O 模块。FPGA 的逻辑是通过向内部静态存储单元加载编程数据来实现的,存储在存储器单元中的值决定了逻辑单元的逻辑功能以及各模块之间或各模块与 I/O 模块之间的连接方式,并最终决定 FPGA 所能实现的功能,FPGA 允许无限次的编程。

4. FPGA 的结构

主流的 FPGA 仍是基于查找表技术的,已经远远超出了先前版本的基本性能,并且整合了常用功能(如 RAM、时钟管理和 DSP)的硬核(ASIC 型)模块。FPGA 芯片主要由 7 部分组成：可编程输入输出单元、基本可编程逻辑单元、数字时钟管理模块、嵌入式块 RAM、丰富的布线资源、底层内嵌功能单元和内嵌专用硬核。

1) 可编程输入输出单元

可编程输入输出单元简称 I/O 单元,是芯片与外界电路的接口部分,完成不同电气特性下对输入输出信号的驱动与匹配要求。FPGA 内的 I/O 单元按组分类,每组都能够独立地支持不同的 I/O 标准。通过软件的灵活配置,可适配不同的电气标准与 I/O 物理特性,可以调整驱动电流的大小,且改变上、下拉电阻。I/O 接口的频率也越来越高,一些高端的 FPGA 通过 DDR 寄存器技术可以支持高达 2Gb/s 的数据传输速率。

外部输入信号可以通过 IOB 的存储单元输入 FPGA 的内部,也可以直接输入 FPGA 的内部。当外部输入信号经过 IOB 的存储单元输入 FPGA 内部时,其保持时间(hold time)的要求可以降低,通常默认为 0。

为了便于管理和适应多种电气标准,FPGA 的 IOB 被划分为若干个组(bank),每个 bank 的接口标准由其接口电压 V_{cco} 决定,一个 bank 只能有一种 V_{cco},但不同 bank 的 V_{cco} 可以不同。只有相同电气标准的端口才能连接在一起,V_{cco} 相同是接口标准的基本条件。

2) 基本可编程逻辑单元

CLB 是 FPGA 内的基本可编程逻辑单元。CLB 的实际数量和特性会依器件的不同而不同,但是每个 CLB 都包含一个可配置开关矩阵,此矩阵由 4 个或 6 个输入、一些选型电路(多路复用器等)和触发器组成。开关矩阵是高度灵活的,可以对其进行配置以便处理组合逻辑、移位寄存器或 RAM。

3）数字时钟管理模块

业内大多数 FPGA 均提供数字时钟管理（DCM），Xilinx 公司的全部 FPGA 均具有这种特性。Xilinx 公司推出最先进的 FPGA 提供数字时钟管理和相位环路锁定。相位环路锁定能够提供精确的时钟综合，且能够降低抖动，并实现过滤功能。

4）嵌入式块 RAM

大多数 FPGA 都具有内嵌的块 RAM，拓展了 FPGA 的应用范围和灵活性。块 RAM 可被配置为单端口 RAM、双端口 RAM、内容可寻址存储器（CAM）以及 FIFO 存储器等常用存储结构。RAM、FIFO 存储器是比较普及的概念，在此不再冗述。CAM 在其内部的每个存储单元中都有一个比较逻辑，写入 CAM 中的数据会和内部的每一个数据进行比较，并返回与端口数据相同的所有数据的地址，在路由的地址交换器中有广泛的应用。除了块 RAM，还可以将 FPGA 中的 LUT 灵活地配置成 RAM、ROM 和 FIFO 存储器等结构。在实际应用中，芯片内部块 RAM 的数量也是选择芯片的一个重要因素。

单片块 RAM 的容量为 18Kb，即位宽为 18b、深度为 1024。可以根据需要改变其位宽和深度，但要满足两个原则：首先，修改后的容量（位宽、深度）不能大于 18Kb；其次，位宽最大不能超过 36b。当然，可以将多片块 RAM 级联起来形成更大的 RAM，此时只受限于芯片内块 RAM 的数量，而不再受限于上面两条原则。

5）丰富的布线资源

布线资源连通 FPGA 内部的所有单元，而连线的长度和工艺决定信号在连线上的驱动能力和传输速度。FPGA 内部有丰富的布线资源，根据工艺、长度、宽度和分布位置的不同而划分为 4 类：①全局布线资源，用于芯片内部全局时钟和全局复位/置位的布线；②长线资源，用于完成芯片 bank 间的高速信号和第二全局时钟信号的布线；③短线资源，用于完成基本可编程逻辑单元之间的逻辑互连和布线；④分布式的布线资源，用于专有时钟、复位等控制信号布线。

在实际中设计者不需要直接选择布线资源，布局布线器可自动地根据输入逻辑网表的拓扑结构和约束条件选择布线资源来连通各个模块单元。从本质上讲，布线资源的使用方法与设计结果有密切、直接的关系。

6）底层内嵌功能单元

内嵌功能单元主要指 DLL（delay locked loop）、PLL（phase locked loop）、DSP 和 CPU 等软核（soft core）。越来越丰富的内嵌功能单元，使得单片 FPGA 成为系统级的设计工具，使其具备了软硬件联合设计的能力，逐步向片上系统（system on chip，SoC）平台过渡。

7）内嵌专用硬核

内嵌专用硬核是相对底层内嵌的软核，指 FPGA 处理能力强大的硬核（hard core），等效于 ASIC 电路。为了提高 FPGA 的性能，芯片生产商在芯片内部集成了一些专用的硬核。例如，为了提高 FPGA 的乘法速度，主流的 FPGA 中都集成了专用乘法器；为了适用通信总线与接口标准，很多高端的 FPGA 内部都集成了串并收发器（SERDES），可以达到几十吉位每秒（Gb/s）的收发速率。

Xilinx 公司的高端产品不仅集成了 PowerPC 系列 CPU,还内嵌了 DSP Core 模块,其相应的系统级设计工具是 EDK 和 Platform Studio,并提出了 SoC 的概念。通过 PowerPC、MicroBlaze、PicoBlaze 等平台,能够开发标准的 DSP 处理器及其相关应用,达到 SoC 的开发目的。

可以说,FPGA 是小批量系统提高系统集成度、可靠性的最佳选择之一。

实验 2 计算机性能检测

CPU-Z 是一款家喻户晓的 CPU 检测软件,是检测 CPU 使用程度最高的一款软件。除了使用 Intel 公司或 AMD 公司的检测软件之外,CPU-Z 是平时使用最多的此类软件。它支持的 CPU 种类非常全面,软件的启动速度及检测速度都很快。另外,它还能检测主板和内存的相关信息,其中就有常用的内存双通道检测功能。当然,对于 CPU 的鉴别最好还是使用原厂软件。

使用这个软件可以查看 CPU 的信息。该软件使用十分简单,下载后直接单击文件就可以看到 CPU 名称、厂商、内核进程、内部和外部时钟、局部时钟监测等参数。选购之前或者购买 CPU 后,如果要准确地判断其超频性能,就可以通过它来测量 CPU 实际设计的前端总线(FSB)频率和倍频。

一、实训目的

1. 鉴定处理器的类别及名称。

2. 探测 CPU 的核心频率以及倍频指数。

3. 探测处理器的核心电压。

4. 超频可能性探测,指出 CPU 是否被超频。

5. 探测处理器所支持的指令集。

6. 探测处理器一、二级缓存信息,包括缓存位置、大小、速度等。

7. 探测主板部分信息,包括 BIOS 种类、芯片组类型、内存容量、AGP 接口信息等。

二、实训器材

安装有操作系统的 32 位微型计算机一台、CPU-Z 安装光盘一张(具体版本依计算机配置而定)。

三、实训内容及步骤

1. CPU-Z 的安装和卸载。①运行安装可执行文件,让它引导安装过程;②卸载,在添加或者删除程序窗口(在"设置"→"控制面板"),或从"开始"菜单→"程序"→CPUID→CPU-Z 选择卸载 CPU-Z。

2. 配置文件。CPU-Z 使用配置文件 cpuz.ini,配置文件必须存放在与 cpuz.exe 同一文件夹下,其内容如下:

```
[CPU-Z]
TextFontName=Verdana
TextFontSize=13
TextFontColor=000060
LabelFontName=Verdana
LabelFontSize=13
PCI=1
MaxPCIBus=256
DMI=1
Sensor=1
SMBus=1Display=1
ShowDutyCycles=0
```

3. 运行 CPU-Z，得到计算机的性能参数。CPU-Z 中文版界面如图 2-13 所示。

图 2-13　CPU-Z 中文版界面

四、实训报告要求

1. 简述观察到的微型计算机的相关性能指标并给出说明。
2. 简述目前高端微处理器的发展现状。

习　题　2

一、选择题

1. 下列 4 组定点数中，执行 $X+Y$ 后，结果有溢出的是(　　)。
  A. $X=0.0100,Y=0.1010$ B. $X=0.1010,Y=1.1001$
  C. $X=1.0011,Y=1.0101$ D. $X=1.0111,Y=1.1111$

2. 默认状态下,在寄存器间接寻址中与 SS 段寄存器对应的寄存器是(　　)。

    A. BX　　　　　　B. BP　　　　　　C. SI　　　　　　D. DI

3. 8086/8088 的存储器组织是将存储器划分为段,(　　)可作为段的起始地址。

    A. 185A2H　　　　B. 00020H　　　　C. 01004H　　　　D. 0AB568H

4. 某存储器分段,一个段最多允许 16B,则表示段内偏移地址的二进制位数至少是(　　)位。

    A. 16　　　　　　B. 15　　　　　　C. 14　　　　　　D. 13

5. 计算机系统中内存容量大小取决于(　　)。

    A. CPU 数据总线的位数　　　　　　　B. CPU 地址总线的位数

    C. CPU 控制总线的位数　　　　　　　D. CPU 数据总线和地址总线的位数

6. 程序设计人员不能直接使用的寄存器是(　　)。

    A. 通用寄存器　　　B. 指令指针寄存器　C. 标志寄存器　　　D. 段寄存器

7. 80x86 用来作为堆栈指针的寄存器是(　　)。

    A. IP　　　　　　B. BP　　　　　　C. SP　　　　　　D. DI

8. 8086/8088 下列部件中与地址形成无关的是(　　)。

    A. ALU　　　　　B. 通用寄存器　　　C. 指令指针寄存器　D. 段寄存器

9. 关于 8086,下列说法错误的是(　　)。

    A. 段寄存器位于 BIU 中　　　　　　　B. 20 位的物理地址是在 EU 中形成的

    C. 复位后 CS 的初值为 0FFFFH　　　　D. 指令队列的长度为 6B

10. 堆栈操作中隐含使用的通用寄存器是(　　)。

    A. AX　　　　　　B. BX　　　　　　C. BP　　　　　　D. SP

11. 指令队列的作用是(　　)。

    A. 暂存操作数地址　　　　　　　　　B. 暂存操作数

    C. 暂存指令地址　　　　　　　　　　D. 暂存预取指令

12. BIU 与 EU 工作方式的正确说法是(　　)。

    A. 并行但不同步工作

    B. 同步工作

    C. 各自独立工作

    D. 指令队列满时异步工作,指令队列空时同步工作

13. 下列说法中,正确的是(　　)。

    A. 8086/8088 标志寄存器共有 16 位,每一位都有含义

    B. 8088/8086 的数据总线是 16 位

    C. 8086/8088 的逻辑段不允许段的重叠和交叉

    D. 8086/8088 的逻辑段空间最大为 64KB,实际应用中可能小于 64KB

14. LOCK 引脚的功能是(　　)。

    A. 总线锁定　　　　B. 地址锁定　　　　C. 数据输入锁定　　D. 数据输出锁定

15. 8086 的堆栈栈顶由(　　)来指示。

    A. CS:IP　　　　　B. SS:IP　　　　　C. SS:SP　　　　　D. CS:SP

二、填空题

1. 8086 CPU 被设计为两个独立的功能部件,它们是_____和_____,两者之间通过_____缓冲。

2. 8086 总线信号线包括_____位双向数据总线和_____位单向地址总线。允许最大的存储空间为_____MB。

3. 8086/8088 CPU 中的控制寄存器是_____、_____和_____。

4. _____是以后进先出的方式工作的存储空间。

5. 决定计算机指令执行顺序的寄存器是_____,它总是指向_____。

6. 任何 CPU 中都有一个寄存器存放程序运行状态的标志信息,在 8086 中,该寄存器是_____。其中,根据运算结构是否为零,决定程序分支走向的位是_____。

7. 在 8086/8088 存储空间中,把_____字节的存储空间称为 1 节。要求各个逻辑段从节的整数开始,即段首址的低 4 位必须是_____。

8. 8086/8088 CPU 中 FLAGS 寄存器中 3 个控制位是_____,其中不可用指令操作的是_____。

9. 逻辑地址由_____和_____两部分组成。

10. 8086 CPU 复位后从物理地址_____开始执行指令。

11. 在 8086/8088 CPU 控制寄存器中,_____寄存器内容始终指向下一条指令的首偏移地址,此时该指令物理地址计算式是_____。

12. 在 8086 CPU 中,数据地址引脚_____采用时分复用。

13. 8086 有两种工作模式,即最小模式和最大模式,它由_____决定。最小模式的特点是_____,最大模式的特点是_____。

14. 8086 CPU 可访问的存储器的空间为 1MB,实际上分奇数存储体和偶数存储体两部分,对于奇数存储体的选择信号是_____,对于偶数存储体的选择信号是_____,对于每个存储体内的存储单元的选择信号是_____。

15. 8086 CPU 从偶地址读写两字节时,需要_____个总线周期,从奇地址读取两字节时,需要_____个总线周期。

16. 8086 CPU 上电复位后,$(CS) = $_____,$(IP) = $_____,$(DS) = $_____,$(FR) = $_____。

三、判断题

1. 当运算结果的最高有效位有进位(加法)或借位(减法)时,进位标志置 1,否则 $CF = 0$。 ( )

2. 若运算结果为 0,则 $ZF = 1$;否则 $ZF = 0$。 ( )

3. 若运算结果最高位为 1,则 $SF = 1$;否则 $SF = 0$。 ( )

4. 当运算结果最低字节中 1 的个数为零或偶数时,$PF = 1$;否则 $PF = 0$。 ( )

5. 运算时 D_3 位(低半字节)有进位或借位时,$AF = 1$;否则 $AF = 0$。 ( )

四、简答题

1. 8086 CPU 由哪两部分组成？它们的主要功能是什么？它们都有什么优点？

2. 8086 CPU 与 8088 CPU 的主要区别是什么？

3. Intel 8086/8088 处理器芯片功能强大，但引脚数有限，为了建立其与外围丰富的信息联系，Intel 8086/8088 处理器引脚采用了复用方式，说明其采用了何种复用方式？

4. 简述一个 8086 CPU 是如何把一字节送到奇地址及偶地址存储单元的，当要送一个字时又是如何操作的？

5. 如果在一个程序段开始执行之前，(CS)＝0A8EH，(IP)＝2A40H，那么该程序段的第一个字的物理地址是什么？指向这一物理地址 CS 的值和 IP 的值是唯一的吗？

6. 有 8 个单字节的数据为 34H、45H、56H、67H、78H、89H、9AH、ABH。假定它们在存储器中的物理地址为 400A5H～400ACH，若当前(DS)＝4002H，求各存储单元的偏移地址。若从存储器中读出这些数据需要访问几次存储器？

7. 什么是 8086 CPU 最小模式、最大模式？它们之间有什么不同？

8. 8086 CPU 预取指令队列有什么好处？8086 CPU 内部的并行操作体现在哪里？

9. 简述 8086 系统中，物理地址的形成过程。8086 系统中的物理地址最多有多少个？逻辑地址最多有多少个？

10. 8086 系统中的存储器为什么采用分段结构？有什么好处？

11. 在 8086 存储器中存放数据字时有"对准字"和"非对准字"，它们的区别是什么？

12. 8086 CPU 中的物理地址和逻辑地址有什么不同？

13. 完成下列补码运算，并根据结果设置标志 SF、ZF、CF 和 OF，指出运算结果是否溢出。

(1) 00101101B＋10011100B　(2) 01011101B－10111010B　(3) 876AH－0F32BH

14. 8086 CPU 是如何解决地址线和数据线的复用问题的？ALE 信号何时处于有效电平？

15. 数据总线和地址总线在结构上有什么不同？如果一个系统的数据和地址合用一套总线或合用部分总线，那么如何来区分地址和数据？

第 3 章

Pentium 系列微处理器指令系统

计算机的指令系统是指计算机能够执行的全部指令的集合,它规定了计算机所能进行的全部处理操作。汇编语言程序就是用指令系统的指令编写。本章以 Pentium 系列微处理器为背景,介绍指令寻址方式、指令语句格式和指令功能。

3.1 指令语句格式

计算机中要执行的各种操作命令称为指令。程序是由完成一个完整任务的一系列有序指令组成的有序集合。计算机所能执行的全部指令的集合即为该计算机的指令系统。每种计算机都有自己固有的指令系统,但同一系列计算机的指令系统是向上兼容的。

计算机的指令通常由操作码(operation code)字段和操作数(operand)字段两部分组成,如图 3-1 所示。

| 操作码 | 操作数 | … | 操作数 |

图 3-1 指令格式

(1) 操作码字段:规定指令的操作类型,说明计算机要执行的具体操作。例如,数据传送操作、乘法操作等。它由一组二进制代码表示,在汇编语言中又用助记符表示。

(2) 操作数字段:用来描述该指令的操作对象,也称地址码。操作数字段可能是参与运算的操作数,也可能是参与运算的数存放的地址。

3.2 指令寻址方式

存储器既可以存放数据,又可以存放指令。因此,当某个操作数或某条指令存放在某个存储单元时,其存储单元的编号就是操作数或指令在存储器中的地址。寻址方式是指形成操作数或指令地址的方式。

执行指令时要用到操作数,操作数可以在指令中直接给出,但大多数情况下,指令中只给出操作数的地址信息,并且地址信息的形成有多种方式,如何计算地址、寻找操作数就是本节要讨论的寻址方式问题。

计算机中操作数的存放有以下 4 种情况。

（1）操作数包含在指令中位于指令操作码后面的操作数部分，这样的数称为立即数。相应的寻址方式称为立即数寻址。

（2）操作数在 CPU 的某一个寄存器中，指令指定寄存器名（机器指令中为寄存器的二进制编码）。相应的寻址方式称为寄存器寻址。

（3）操作数在内存储器中，指令中给出的是操作数在存储器中的地址信息。相应的寻址方式称为存储器寻址。

（4）操作数在某个端口寄存器中，对于端口地址不同的给出方式，形成了不同的端口寻址方式。这类寻址方式，在 6.4.3 节将结合 I/O 指令进行介绍。

8086 微处理器采用多种灵活的寻址方式，基本寻址方式有 6 种。在没有特别说明的情况下，寻址方式一般都是指第 2 个操作数，即源操作数的寻址方式。

1. 立即数寻址

立即数寻址方式在汇编语言格式中表示为

数字表达式

这个数字表达式的值可以是一个 8 位无符号整数，也可以是一个 16 位无符号整数，但不可以是小数。

例如：

```
MOV  AL,150      ;将十进制数 150 送入寄存器 AL,150 是立即数
MOV  AX,'A'      ;将 A 的 ASCII 码送入寄存器 AX,'A'是立即数
MOV  AL,05H      ;将 8 位十六进制数送入寄存器 AX,05H 是立即数
MOV  AX,2346H    ;将 16 位十六进制数送入寄存器 AX,2356H 是立即数
```

注意：立即数寻址方式主要用于给寄存器或存储单元赋值。因为操作数可以从指令中直接获得，不需要运行总线周期，所以指令执行速度快。立即数可以是 8 位，也可以是 16 位。如果立即数是 16 位，汇编后高字节存放在代码段的高地址单元中，低字节存放在代码段的低地址单元中。立即数只能用作源操作数，而不能用作目的操作数。

机器执行立即寻址方式的操作过程如图 3-2 所示。

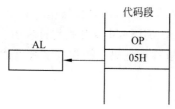

图 3-2 立即寻址方式的操作过程示意图

2. 寄存器寻址

寄存器寻址方式在汇编语言格式中表示为

寄存器名

对于 16 位操作数，可以使用的 16 位寄存器有 AX、BX、CX、DX、SI、DI、BX、BP

等;对于 8 位操作数,可以使用的 8 位寄存器有 AH、AL、BH、BL、CH、CL、DH、DL。

例如:

```
MOV  AX,BX          ;将 16 位寄存器 BX 中的内容送入寄存器 AX
MOV  CL,DL          ;将 8 位寄存器 DL 中的内容送入寄存器 CL
```

其中,AX、BX、CL、DL 就是寄存器寻址方式。

注意:一条指令中,可以对源操作数采用寄存器寻址方式,也可以对目的操作数采用寄存器寻址方式,还可以两者都用。源操作数的字长必须与目的操作数的字长一样。

寄存器寻址如图 3-3 所示。

图 3-3　寄存器寻址示意图

3. 存储器寻址

存储器寻址分为以下 5 部分。

1) 直接寻址

操作数存放在存储器中,逻辑段中存储单元的有效偏移地址 EA 由指令直接给出。操作数地址与操作码一起存放在代码段区域中。直接寻址方式在汇编语言中的格式中可以表示为以下两种:

地址表达式

或

[数字表达式]

注意:当采用直接寻址指令时,如果指令中没有用前缀指明操作数存放在哪一段,则默认使用的段寄存器为数据段寄存器 DS,因此,操作数的物理地址＝DS×16＋EA,或＝DS×10H＋EA。在指令中为了与立即数相区别,必须将有效地址用一个方括号括起来。

例如,假设 BUFF 是在数据段定义的一个字数组的首地址标号,其偏移地址为3000H,则以下两条指令是等效的。

```
MOV  BL,BUFF         ;从偏移地址为 BUFF 的存储单元中取出一个字节送到 BL 中
MOV  BL,[3000H]      ;将数据段中 EA 为 3000H 单元的内容送入 BL
```

其中,BUFF、[3000H]都是直接寻址方式。

当机器执行含有直接寻址方式的指令时,取出地址码字段的值,作为操作数的偏移地址,取出 DS 的值作为操作数的段地址,从而计算出操作数的 20 位物理地址,继而访问存储器得到操作数,如图 3-4 所示。

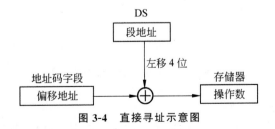

图 3-4　直接寻址示意图

【例 3-1】

MOV AX,[2000 H]

假设(DS)＝6000H,[62000H]＝12H,[62001H]＝34H。则该条指令的功能：将物理地址为 62000H 单元的内容送入 AL,将 62001H 单元的内容送入 AH。指令执行过程如图 3-5 所示。如果要访问其他段中的数据,则必须在指令中用段寄存器名前缀(段超越前缀)予以指明。

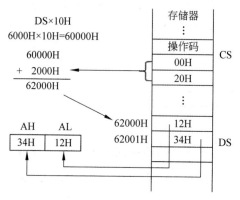

图 3-5 例 3-1 指令执行过程示意图

【例 3-2】

MOV AX,CS:[2000H]

假设(DS)＝6000H,(CS)＝4000H。因为指令在操作数的偏移地址 EA＝2000H 前加了"CS":,这时存储单元所在的段不是 DS,而是超越为段寄存器 CS。由于(CS)＝4000H,则源操作数的物理地址是 4000H×10H＋2000H＝42000H。指令执行过程如图 3-6 所示。

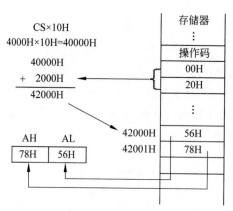

图 3-6 例 3-2 指令执行过程示意图

2) 寄存器间接寻址

指令中的操作数是以寄存器的内容为存储单元的偏移地址,即存储单元的偏移地址存放在寄存器中。这些寄存器可以是 BX、BP、SI 和 DI 之一。

寄存器间接寻址在汇编格式中表示为

［基址寄存器名或变址寄存器名］

例如：

```
MOV  AX,[BX]              ;物理地址=(DS)×10H+(BX)
MOV  BX,[SI]              ;物理地址=(DS)×10H+(SI)
MOV  AL,[DI]              ;物理地址=(DS)×10H+(DI)
```

用 BX、SI、DI 做间接寻址寄存器，则操作数默认在数据段寄存器 DS 中；用 BP 做间接寻址寄存器，则操作数默认在堆栈段寄存器 SS 中。寄存器间接寻址如图 3-7 所示。允许上述寄存器进行段超越前缀。

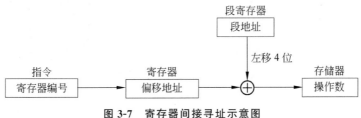

图 3-7　寄存器间接寻址示意图

3）寄存器相对寻址

存储单元的偏移地址由一个基址或变址寄存器与指令中指定的 8 位或 16 位位移量组成。这种寻址方式在汇编格式中可以表示为以下两种形式：

位移量［基址寄存器名或变址寄存器名］

或

［位移量+ 基址寄存器名或变址寄存器名］

例如：

```
MOV  AX,60H[DI]          ;物理地址=(DS)×10H+(DI)+60H(8 位位移量)
MOV  CL,[BP+1000H]       ;物理地址=(SS)×10H+(BP)+1000H(16 位位移量)
MOV  BX,BUFF[BX]
```

利用寄存器 BX、SI、DI 进行间接寻址时，则寻址时默认的段寄存器是数据段寄存器 DS；而利用基址指针寄存器 BP 进行间接寻址时，则寻址时默认的段寄存器是堆栈段寄存器 SS。寄存器相对寻址如图 3-8 所示。

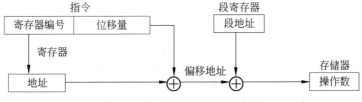

图 3-8　寄存器相对寻址示意图

4）基址、变址寻址

存储单元的偏移地址是一个基址寄存器（BX 或 BP）和一个变址寄存器（SI 或 DI）的内容之和。这种寻址方式在汇编格式中可以表示为以下两种形式：

［基址寄存器名］［变址寄存器名］

或

［基址寄存器名+ 变址寄存器名］

当机器执行这种寻址方式的指令时，依据地址码字段的值访问指定基址寄存器和变址寄存器的值，将其相加之和作为操作数的偏移地址。基址、变址寻址如图 3-9 所示。

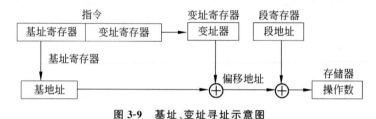

图 3-9　基址、变址寻址示意图

例如：

```
MOV   AX,[BX][SI]              ; 物理地址 = (DS)×10H+ (BX) + (SI)
MOV   AX,[BX+SI]              ; 物理地址 = (DS)×10H+ (BX) + (SI)
MOV   AX,CS:[BX+DI]          ; 物理地址 = (CS)×10H+ (BX) + (DI)
```

【例 3-3】　已知：(SS)＝6000H，(BP)＝2000H，(SI)＝0300H，内存单元[62300H]＝56H，[62301H]＝78H，试问执行"MOV AX,[BP][SI]"指令后累加器 AX 中的数值为多少？

分析：根据题目所给出的已知条件，可以得到寻址的存储单元的物理地址＝(SS)×10H＋(BP)＋(SI)＝6000H×10H＋2000H＋0300H＝62300H。该条指令的功能是将物理地址为 62300H 和 62301H 单元中的内容传送给累加器 AX。

执行结果为(AX)＝7856H。指令执行过程如图 3-10 所示。

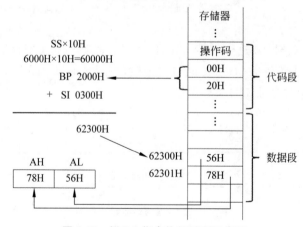

图 3-10　例 3-3 指令执行过程示意图

5）相对基址、变址寻址

存储单元的偏移地址由一个基址寄存器和变址寄存器的内容及指令中指定的 8 位或 16 位位移量的和构成，即地址表达式可以书写为以下两种形式：

位移量[基址寄存器][变址寄存器]

或

[基址寄存器+变址寄存器+位移量]
EA=[BX]/[BP]+[SI]/[DI]+[8/16 位位移量]

例如，以下几条语句是等价的：

```
MOV  AX,[BX+SI]BUFF
MOV  AX,[BX]+[SI]+BUFF
MOV  AX,[BX][SI]BUFF
MOV  AX,BUFF[BX][SI]
MOV  AX,BUFF+[BX]+[SI]
```

其中，物理地址均为(DS)×10H+(BX)+(SI)+BUFF。

【例 3-4】

```
MOV  AX,ES:[DI][BX] BUFF
```

假定(ES)=2000H，(DI)=3000H，(BX)=1000H，BUFF=2500H，内存单元[26500H]=F6H，[26501H]=09H，则指令执行过程如图 3-11 所示。

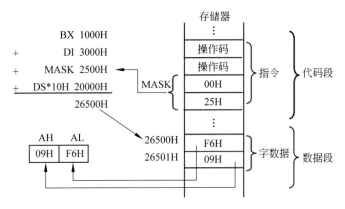

图 3-11　例 3-4 指令执行过程示意图

3.3　80x86 兼容指令

不同的微处理器各自都具有不同的指令系统，8088/8086 的指令系统是一个较为强大的指令系统。按功能又可分为以下 6 类，本节只介绍前 4 类。数据传送类指令、算术运算类指令、逻辑运算类指令、控制转移类指令、串操作指令、处理器控制指令。

3.3.1 数据传送类指令

数据传送类指令的功能是将数据、地址或立即数传送到寄存器或存储单元中,如表 3-1 所示。这类指令又包括通用数据传送指令、堆栈操作指令、地址传送指令、标志寄存器传送指令、累加器专用传送指令。

表 3-1　数据传送类指令

汇 编 格 式	功 能 说 明
MOV DEST,SRC	(DEST)←(SRC)
LEA REG,SRC	(REG)←(SRC)的偏移地址
LDS REG,SRC	(REG)←(SRC),(DS)←(SRC+2)
LES REG,SRC	(REG)←(SRC),(ES)←(SRC+2)
LAHF	(AH)←(FLAGS)低 8 位
SAHF	(FLAGS)低 8 位←(AH)
XCHG DEST,SRC	(DEST)↔(SRC)
XLAT	(AL)←((BX)+(AL))
PUSH SRC	(SP)←(SP)−2,((SP)+1,(SP))←(SRC)
POP DEST	(DEST)←((SP)+1,(SP)),(SP)←(SP)+2
PUSHF	(SP)←(SP)−2,((SP)+1,(SP))←(FLAGS)
POPF	(FLAGS)←((SP)+1,(SP)),(SP)←(SP)+2
IN DEST,SRC	
OUT DEST,SRC	

1. 通用数据传送指令

通用数据传送指令 MOV 是形式最简单、用得最多的指令。

1) MOV 数据传送指令

格式:

```
MOV  DEST,SRC
```

功能:将源操作数送至目的操作数。

其中,DEST 可以是寄存器或存储器,SRC 可以是寄存器、存储器或立即数。

说明:

(1) 指令中两个操作数不能同为存储器操作数。

(2) CS 不能作为目标操作数。

(3) 段寄存器之间不能互相传送。

(4) 立即数不能直接送入段寄存器。

(5) MOV 指令不影响标志位。

MOV 指令允许传送数据的途径如图 3-12 所示。

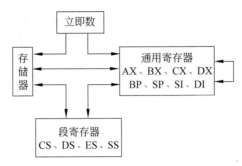

图 3-12　MOV 指令允许传送数据的途径

【例 3-5】　MOV 指令实例。

（1）立即数传送给通用寄存器或存储器。

MOV　AL,20　　　　　　　　　　　;将立即数 20 送入寄存器 AL

（2）通用寄存器之间相互传送。

MOV　AX,BX　　　　　　　　　　　;将基址寄存器 BX 的内容送入累加器 AX

（3）通用寄存器和存储器之间相互传送。

MOV　BX,[3000H]　　　　　　　　;将存储器[3000H]中的内容送入通用寄存器
MOV　[SI],DH　　　　　　　　　　;将通用寄存器 DH 的内容送入存储器

（4）段寄存器与通用寄存器、存储器之间的相互传送。

MOV　DS,AX　　　　　　　　　　　;将通用寄存器 AX 的内容送入段寄存器 DS
MOV　BX,ES　　　　　　　　　　　;将段寄存器 ES 的内容送入通用寄存器 BX
MOV　ES,DATA[BX][SI]　　　　　;将存储器的内容送入段寄存器 ES
MOV　[DI],SS　　　　　　　　　　;将段寄存器 SS 的内容送入存储器

注意：虽然 MOV 指令不能直接实现两个存储单元之间的数据传送，但可以借助 CPU 内部的寄存器，通过两条指令来完成两个存储单元之间的数据传送。

MOV　AL,[SI]
MOV　[1200H],AL

2）XCHG 数据交换指令

格式：

XCHG　DEST,SRC

功能：使源操作数与目标操作数进行交换。

说明：

（1）交换指令的源操作数和目标操作数可以是寄存器或存储器，但两者不能同时为存储器。

（2）DEST、SRC 不允许是段寄存器、立即数和 IP 寄存器。

（3）此指令执行后不影响标志位。

【例 3-6】

```
XCHG  AX,[BX][SI]COUNT
```

如果指令执行前：$(AX)=3B10H$，$(BX)=2000H$，$(SI)=0100H$，$(DS)=3000H$，$COUNT=0060H$，$[32160H]=7856H$。源操作数的物理地址 $=(DS)\times10H+(BX)+(SI)+COUNT=30000H+2000H+0100H+0060H=32160H$。则指令执行后：$(AX)=7856H$，$[32160H]=3B10H$。

3）XLAT 查表指令

格式：

```
XLAT
```

功能：用表格中的一个值(称为换码字节)来置换 AL 中的内容。

说明：该指令是无操作数指令，隐含了两个默认的寄存器 AL 和 BX。使用此指令前，先在数据段建立一个表格，表格首地址存入 BX 寄存器，欲取代码的表内位移量存入 AL 寄存器，偏移地址 $EA=(BX)+(AL)$。指令执行时，将 EA 所对应的内存单元中的一字节送入 AL 中，从而实现了 AL 中的字节变换。

【例 3-7】 已知一个关于 0～9 的数字的 ASCII 码表定义如下：

```
TABLE DB  30H,31H,32H,33H,34H,35H,36H,37H,38H,39H
```

用查表指令 XLAT 求出 5 的 ASCII 码的指令序列如下：

```
MOV  BX,OFFSET  TABLE
MOV  AL,4
XLAT
```

XLAT 指令执行后，表中取得对应的 ASCII 码 34H，替代原来 AL 中的 4。XLAT 指令执行过程如图 3-13 所示。

2. 堆栈操作指令

堆栈是在内存中开辟的一个特定的区域，用于存放 CPU 寄存器或存储器中暂时不用的数据。从堆栈中读写数据，与内存的其他段相比，有如下两个特点。用进栈指令向堆栈中存放数据时总是从高地址开始逐渐向低地址方向增长，而在数据段和附加段存放数据时则相反；堆栈指令遵循"先进后出""后进先出"的原则。

用作堆栈的存储区只有一个数据出入口，由一个专门的地址寄存器来管理，称为堆栈指针。堆栈指针始终指向堆栈中最后存入信息的那个单元，称为栈顶。在信息的存取过程中，栈顶是不断移动的，因此也称它为堆栈区的动端，而堆栈区的另一端则是固定不变的，称其为栈底。在 8086 系统中，堆栈段的段基址由 SS 提供(栈底)，偏移地址由 SP 提供(栈顶)，堆栈必须按字操作，如图 3-14 所示。

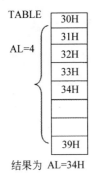

结果为 AL=34H

图 3-13 XLAT 指令执行过程

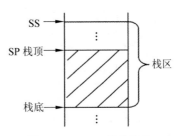

图 3-14 80x86 堆栈结构

1) PUSH 压栈指令

格式：

PUSH SRC

功能：将寄存器或存储器的内容推入堆栈。

SRC 可以是 16 位或 32 位通用寄存器和存储器，也可以是段寄存器。执行进栈指令 PUSH 时，先将当前堆栈指针(SP－2)→SP，然后把源操作数送至 SP 所指堆栈顶部的一个字单元中。

2) POP 出栈指令

格式：

POP DEST

功能：将堆栈中的内容弹出到寄存器或存储器。

DEST 可以是 CPU 内部的通用寄存器、除 CS 之外的段寄存器或存储器操作数。执行出栈指令 POP 时，把当前 SP 指向的堆栈顶部的一个字送至指定的目标操作数，然后修改栈顶指针(SP＋2)→SP，使堆栈指针指向新的栈顶。

说明：

(1) 使用 PUSH 指令时允许立即数寻址方式，而使用 POP 指令时不允许立即数寻址方式。

(2) 堆栈指针 SP 始终指的是栈顶的地址。无论哪一种操作数，其类型必须是字操作数。

(3) 使用堆栈指令传送数据时，PUSH 和 POP 要成对出现，以保持堆栈平衡。

【例 3-8】 设(SS)＝2000H，(SP)＝0040H，(AX)＝1234H，(BX)＝5678H，依次执行下列指令：

PUSH AX
PUSH BX
POP AX

PUSH 和 POP 指令执行过程如图 3-15 所示。

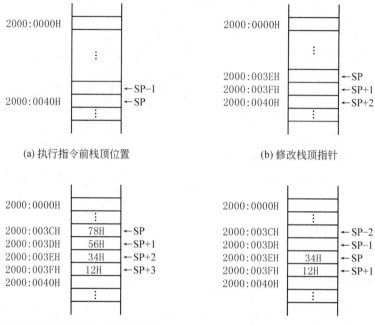

(a) 执行指令前栈顶位置

(b) 修改栈顶指针

(c) PUSH AX, PUSH BX 后栈顶位置

(d) POP AX 后栈顶位置

图 3-15　PUSH 和 POP 指令执行过程

3. 地址传送指令

用于传送存储器操作数的段地址和偏移地址。

1）LEA 偏移地址传送指令

格式：

```
LEA  REG,SRC
```

功能：将源操作数的偏移地址传送到目的操作数。

其中，目的操作数 REG 是一个 16 位的通用寄存器。

说明：

（1）REG 不能是段寄存器。

（2）这条指令不影响标志位。

例如：

```
LEA  AX,20H[BX][SI]            ;将源操作数的偏移地址
EA=(BX)+(SI)+20H               ;送入 AX 寄存器
```

若（BX）＝0024H，（SI）＝0012H，则指令执行后，AX 寄存器值为（AX）＝0024H＋0012H＋20H＝0056H。

【例 3-9】　已知数据段（DS）＝1100H，（DI）＝0300H，某一单元的物理地址及单元中的内容是［11300H］＝3A4BH。试问执行完以下两条指令后，累加器 AX 中的内容为

多少?

```
LEA  AX,[DI]
MOV  AX,[DI]
```

分析:第一条指令是一条 LEA 偏移地址传送指令,其功能是将源操作数[DI]的偏移地址,即 16 位偏移地址传送到目标操作数 AX。所以,(AX)=0300H。

第二条指令是一条 MOV 数据传送指令,其功能是将源操作数[DI]单元中的数据3A4BH 传送到目的操作数 AX。所以,(AX)=3A4BH。

MOV 指令也可用于存储单元的偏移地址,例如以下两条指令的执行效果是完全相同的:

```
MOV  BX,OFFSET BUFFER
LEA  BX,BUFFER
```

其中,OFFSET 是数值运算符,其功能是求存储单元的偏移地址。

2) LDS 地址指针装入 DS 指令

格式:

```
LDS  REG,SRC
```

功能:如果源操作数是存储器,则将源操作数所指定的连续 4 字节存储单元中的数据取出,其中,将高位两字节(表示变量的段地址)的内容送入段寄存器 DS,将低位两字节(表示变量的偏移地址)的内容送入指令中指定的目的寄存器中。如果源操作数是名字,则将名字所在段的首地址送入 DS,将名字的偏移地址送入目标操作数。REG 是一个16 位的通用寄存器。

【例 3-10】

```
LDS  BX,[4130H]
```

将地址为 4130H 和 4131H 的内存单元中的 16 位数据作为偏移地址,送入基址寄存器BX;将地址为 4132H 和 4133H 的内存单元中的 16 位数据作为段地址,送入段寄存器 DS。

3) LES 地址指针装入 ES 指令

格式:

```
LES  REG,SRC
```

功能:与 LDS 相似,只是段地址是附加段寄存器 ES,而不是数据段寄存器 DS。

说明:

(1) LDS 和 LES 指令中的 REG 不允许是段寄存器。

(2) LDS 和 LES 指令均不影响标志位。

4. 标志寄存器传送指令

在 8086 指令系统中有标志寄存器传送指令,通过这些指令的执行可以读出当前标志寄存器中各位的状态,也可以对标志寄存器设置新值。

1）LAHF 读取标志寄存器指令

格式：

LAHF   ;FLAGS 低 8 位→AH(累加器高 8 位)

功能：将标志寄存器的低 8 位，即将符号标志位 SF、零标志位 ZF、辅助进位标志位 AF、奇偶标志位 PF 及进位标志位 CF 分别传送到累加器 AH 的第 7、6、4、2 和 0 位，第 5、3、1 位的内容未定义，可以是任意值。在执行指令后，标志位本身并不受影响。其操作如图 3-16 所示。

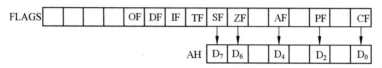

图 3-16　LAHF 指令的操作示意图

2）SAHF 设置标志寄存器指令

格式：

SAHF   ;(AH)→FLAGS 低 8 位

功能：将累加器 AH 的内容传送到标志寄存器的低 8 位。这条指令与 LAHF 的操作相反，如图 3-17 所示。

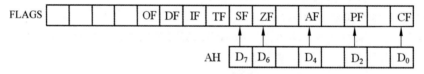

图 3-17　SAHF 指令的操作示意图

3）PUSHF 标志入栈指令

格式：

PUSHF   ;(SP)←(SP-2),将堆栈指针 SP-2,再送到 SP
                ;((SP+1),(SP))←(FLAGS)

功能：将标志寄存器的值推入堆栈，同时，修改堆栈指针，使 SP−2，该条指令执行后对标志位无影响。

4）POPF 标志寄存器出栈指令

格式：

POPF   ;(FLAGS)←((SP+1),(SP))
                        ;(SP)←(SP+2),将堆栈指针寄存器 SP+2,再送到 SP

5. 累加器专用传送指令

1）IN 输入指令

格式：

```
IN  ACC,PORT                  ;[PORT]→ACC
```

功能：将一个端口 PORT 上的数据(一字节或一个字)送到累加器(ACC)，即 CPU
执行如下操作：

```
(I/O 端口)→AL                 ;8 位输入指令
(I/O 端口)→AX                 ;16 位输入指令
```

I/O 端口的寻址规定有两种，即直接寻址和间接寻址。

(1) 直接寻址时，I/O 端口地址以 8 位立即数方式在指令中直接给出，能访问的端口
号是从 00H～FFH(0～255 号端口)，即 256 个端口。

(2) 间接寻址时，I/O 端口地址存放在数据段寄存器 DX 中，可以寻址的 I/O 端口为
2^{16}＝64K 个，寻址范围从 0000H～FFFFH(0～65535 号端口)。当 I/O 端口地址大于
255 时，只能使用 DX 间接寻址。

2) OUT 输出指令

格式：

```
OUT  PORT,ACC                 ; ACC→[PORT]
```

功能：将累加器(ACC)的数据(一字节或一个字)送到端口 PROT 上，即 CPU 执行
如下操作：

```
AL→(I/O 端口)                 ;8 位输出指令
AX→(I/O 端口)                 ;16 位输出指令
```

I/O 端口的寻址规定与输入指令相同。

【例 3-11】　输入输出指令格式举例。

```
IN  AL,80H                    ;从 80H 号端口输入一字节数送入 AL
IN  AX,DX                     ;从 DX 所指端口输入一个 32 位数送入 AX
OUT  83H,AL                   ;将 AL 内容送入 83H 号端口输出
OUT  0F0H,AX                  ;将 AX 内容送入 0F0H 号端口输出
OUT  DX,AX                    ;将 AX 内容送入 DX 所指端口输出
```

3.3.2　算术运算类指令

8086 指令系统中，具有完备的加、减、乘、除运算指令，可以对二进制数和 BCD 码进
行算术运算，参加运算的数可以是字节或字，也可以是有符号数或无符号数。

1. 加法指令

1) ADD 不带进位加法指令

格式：

```
ADD  DEST,SRC
```

功能：完成两个操作数求和运算，并把结果送到目的操作数中。

说明：源操作数可以是立即数、寄存器或存储器。目的操作数可以是寄存器或存储器，但不能是立即数。源操作数和目的操作数不能同时为存储器。

例如：

```
ADD  AL,BL                ;(AL)+(BL)→(AL)
```

ADD 指令影响 CF、OF、AF、SF、ZF 和 PF 标志位。例如：

```
MOV  AL,46H               ;(AL)=46H
MOV  BX,9A4DH             ;(BX)=9A4DH
ADD  AL,0C5H              ;(AL)+0C5H→(AL)
```

"ADD AL,0C5H"指令执行后，对标志位的影响如下。

	二进制	运算	无符号数	有符号数
(AL)=46H=	0 1 0 0 0 1 1 0		70	+70
+ 0C5H=	1 1 0 0 0 1 0 1		197	−59
自然丢掉	1 0 0 0 0 1 0 1 1		267	+11

SF=0,CF=1,ZF=0,AF=0,OF=0,PF=0

一般来说，CF 标志位用来判断无符号数的溢出，OF 标志位用来判断符号数的溢出。CF 标志位是根据最高有效位是否有向高位的进位来设置的，有进位时 CF=1，无进位时 CF=0，而 OF 标志位则是根据操作数的符号及其变化情况来设置的，若两个操作数的符号相同，而结果的符号与之相反时 OF=1，否则 OF=0。

2）ADC 带进位加法指令

格式：

```
ADC  DEST,SRC            ;DEST←(DEST)+(SRC)+(CF)
```

功能：将"目的操作数＋源操作数＋进位标志位 CF"的结果送入目的操作数。

说明：源操作数可以是立即数、寄存器或存储器。目的操作数可以是寄存器或存储器，但不能是立即数。源操作数和目的操作数不能同时为存储器。

例如：

```
ADC  AX,BX              ;AX←(AX)+(BX)+CF
```

【例 3-12】 假定要实现 BX 和 AX 中的 4 字节数字与 DX 和 CX 中的 4 字节数字相加，其结果存入 BX 和 AX 中，则多字节加法的程序段如下：

```
ADD  AX,CX
ADC  BX,DX
```

3）INC 自增指令

格式：

```
INC  DEST
```

功能：将操作数 DEST 加 1，结果再送回 DEST。

说明：

(1) INC 指令影响 OF、AF、SF、ZF 和 PF 等标志位，但不影响进位标志位 CF。

(2) DEST 可以是寄存器(但不能是段寄存器)或存储器，但不允许是立即数。

INC 指令常常用于循环程序中修改地址。

例如：

```
INC   SP                        ;(SP)←(SP)+1
INC   BYTE  PTR[BX+100H]        ;把数据段中由 BX+100H 寻址的存储单元的字节内容加 1
INC   WQRD  PTR[DI]             ;把数据段中由 DI 寻址的存储单元的字内容加 1
INC   BUFF                      ;把数据段中 BUFF 存储单元的内容加 1
```

2. 减法指令

1) SUB 减法指令

格式：

```
SUB   DEST,SRC                  ;DEST←(DEST-SRC)
```

功能：将目的操作数减源操作数，结果送回目的操作数。

说明：源操作数可以是立即数、寄存器或存储器。目的操作数可以是寄存器或存储器，但不能是立即数。源操作数和目的操作数不能同时为存储器。指令影响 SF、ZF、AF、PF、CF 和 OF 标志位。

【例 3-13】　已知(DS)=2000H，(DI)=0260H，(COUNT)=40H，[202A0H]=5758H，试分析执行以下指令后 AL 及标志位的值是多少？

```
SUB   WORD  PTR [DI+ COUNT],3746H
```

分析：上述指令的功能是将存储单元[DI+COUNT]的数减去 3746H，然后将结果送回存储单元[DI+COUNT]。

```
      [DI+COUNT]      5758    0101011101011000
   ─      3746H       3746    0011011101000110
                      2012    0010000000010010      [202A0H]=2012H
```

运算结果最高位(符号位)为 0，所以 SF=0；运算结果为 2012H，不等于零，所以零标志位 ZF=0；低 8 位向高 8 位没有进位，所以辅助进位标志 AF=0；结果中有奇数(3)个 1，所以奇偶标志位 PF=0；最高位没有产生进位，所以进位标志位 CF=0；对于溢出标志位 OF，由于两个操作数的符号相同，且结果的符号也与之相同，所以 OF=0。

2) SBB 带借位减法指令

格式：

```
SBB   DEST,SRC                  ;DEST←(DEST)-(SRC)-(CF)
```

功能：将"目的操作数-源操作数-进位标志位 CF"的结果送回目的操作数。

说明：SBB 指令的说明与 SUB 指令相同。带借位减法指令主要用于多字节的减法。

3) DEC 自减指令

格式：

```
DEC  DEST                    ;DEST←(DEST)-1
```

功能：将目的操作数减 1,然后送回目的操作数。

说明：同 INC 指令。

4) NEG 取反指令

格式：

```
NEG  DEST      ;DEST←0-(DEST)
```

功能：对指令中给出的操作数 DEST 求相反数,再将结果送回 DEST。因为对一个数取相反数相当于用 0 减去这个数,所以 NEG 指令执行的也是减法操作。

说明：操作数的类型可以是寄存器或存储器,可以对 8 位数或 16 位数求补。求补指令对大多数标志位有影响,如 SF、ZF、AF、PF、CF 及 OF。

【例 3-14】

```
MOV  AX,0FF64H
NEG  AL
```

$$
\begin{array}{r}
01100100 \quad (做补码运算) \\
10011011 \\
+ \qquad 1 \\
\hline
10011100
\end{array}
$$

(AX)=0FF9CH,OF=0,SF=1,ZF=0,PF=1,CF=1。

5) CMP 比较指令

格式：

```
CMP  DEST,SRC                ;DEST-SRC
```

功能：将目的操作数减源操作数,但结果不送回目的操作数,且两个操作数的内容均保持不变,其结果反映在标志位上。

说明：源操作数可以是立即数、寄存器或存储器。目的操作数可以是寄存器或存储器,但不能是立即数。源操作数和目的操作数不能同时为存储器。指令影响 SF、ZF、AF、PF、CF 和 OF 标志位。

【例 3-15】 假如要将 CL 的内容与 78H 做比较,当 CL≥78H 时,则程序转向存储器地址 SUBER 处继续执行。

其程序段如下。

```
CMP  CL,78H          ;CL 与 78H 做比较
JAE  SUBER           ;如果高于或等于则跳转
```

其中,JAE 为一条高于或等于的条件转移指令。

3. MUL/IMUL 乘法指令

乘法指令用来实现两个二进制操作数相乘,包括两条指令:无符号乘法指令 MUL 和有符号乘法指令 IMUL。

格式:

```
MUL/IMUL  SRC        ;AX←(AL)×(SRC)字节乘法
                     ;(DX:AX)←(AX)×(SRC)字乘法
```

功能:将累加器中的无符号数/有符号数与源操作数中的无符号数/有符号数相乘。如果两个数是字节相乘,乘积存放在 AX 中(高 8 位送到 AH,低 8 位送到 AL);如果两个数是字相乘,乘积存放在 DX 和 AX 中(高 16 位送到 DX,低 16 位送到 AX)。

说明:

(1) MUL 指令和 IMUL 指令只提供一个源操作数,可以是除立即数外的任何寻址方式,另一个操作数隐含为累加器 AL 或 AX。两个 8 位数相乘结果存于 AX 中;两个 16 位数相乘结果存于 DX、AX 中,DX 存放高 16 位,AX 存放低 16 位,如图 3-18 所示。

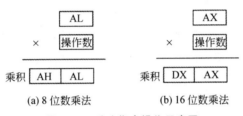

(a) 8 位数乘法　　　　(b) 16 位数乘法

图 3-18　乘法指令操作示意图

(2) 对 CF 和 OF 以外的标志位无定义(即指令执行后,标志位的状态不确定)。对于 MUL 指令,若乘积的高半部分为 0(字节相乘后 AH=0,或字相乘后 DX=0),则 OF=CF=0,否则 OF=CF=1;对于 IMUL 指令,若乘积的高半部分有为效数字(不是符号扩展),则 CF=OF=1,否则 CF=OF=0。

【例 3-16】　设(AL)=96H,(BL)=12H,求单独执行以下指令的结果。

```
MUL  BL
IMUL BL
```

分析:指令 MUL　BL 是将 AL 和 BL 中的两个无符号数相乘,执行后:(AX)=96H×12H=0A8CH,CF=OF=1。

指令 IMUL　BL 是将 AL 和 BL 中的两个有符号数相乘,此时 AL 中的补码 96H 对应的真值为:−6AH,即指令执行的是−6AH×12H=−774H。

用 16 位补码表示结果为 0F88CH,所以该指令执行后,(AX)=0F88CH,CF=OF=1。

4. DIV/IDIV 除法指令

同乘法指令相同,8086 提供了对无符号数和有符号数的除法指令。

格式：

```
DIV/IDIV  SRC          ;字节除法(AX)/(SRC)的商送入 AL,余数送入 AH
                       ;字除法(DX:AX)/(SRC)的商送入 AX,余数送入 DX
```

功能：对两个无符号/有符号二进制数进行除法操作。源操作数可以是字或字节。

说明：

（1）源操作数可以是寄存器或存储器。DIV 指令对所有标志位均无定义。

（2）除法指令执行后，若商超出了表示范围，即字节除法超出了 AL 范围，字除法超出了 AX 范围，就会引起 0 类型中断，在 0 类型中断处理程序中，对溢出进行处理。

【例 3-17】　设(AX)=0400H,(BL)=0B4H。求单独执行以下指令的结果。

```
DIV   BL
IDIV  BL
```

"DIV　BL"执行无符号数除法即 0400H/0B4H。执行后的结果：

```
(AL)=05H               ;0400H/0B4H 的商
(AH)=7CH               ;0400H/0B4H 的余数
```

若将 AX、BL 视为有符号数，则 AX、BL 的真值分别为：+0400H 和−4CH。

这时，IDIV　BL 指令执行的除法是 0400H/−4CH。执行后的结果：

```
(AL)=0F3H              ;0400H/-4CH 的商
(AH)=24H               ;0400H/-4CH 的余数
```

5. 符号扩展指令

在算术运算中，有时会遇到两个长度不等的数进行加、减运算，此时，应将长度短的数的位数扩展，以使两个数的长度一致，只有这样，才能保证参加运算的两个操作数的类型是一致的。对于一个无符号数来说，这种扩展是简单的，只要将其高位补 0 即可；但对于一个有符号数来说就不一样了，高位扩展时，补 0 还是补 1 取决于该数的符号位。当被扩展数为正数时高位应补 0，为负数时高位应补 1。

8086 CPU 提供 CBW 和 CWD 两条符号扩展指令，它们都是无操作数指令，并且不影响标志位。对于无符号数，符号扩展指令直接将 AH 或 DX 清零；而对于有符号数，经过扩展以后，数的大小不变，仅将符号位扩展。

1）CBW 字节扩展指令

格式：

```
CBW
```

功能：将 AL 中字节的符号位扩展到 AH 中，这时 AH 被称为是 AL 的符号扩充。

如果 AL 的最高位是 0，则扩展以后 AH=0；如果 AL 的最高位是 1，则扩展以后 AH=0FFH。

2）CWD 字扩展指令

格式：

```
CWD
```

功能：将 AX 中字的符号位扩展到数据寄存器 DX 的所有位中。

如果 AX 的最高位是 0，则扩展以后 DX＝0；如果 AX 的最高位是 1，则扩展以后 DX＝0FFFFH。

【例 3-18】　设 a、b、c 和 S 为有符号的字变量，编写计算表达式：S＝(a×b|c)/a 的程序段，结果的商存入 S，余数则不计。

假定变量 a、b、c 和 S 已定义，则完成该表达式计算的程序段如下：

```
MOV    AX,a
IMUL   b                  ;计算 a×b,结果在 DX:AX 中
MOV    CX,DX              ;将 DX:AX 内容保存至 CX:BX
MOV    BX,AX
MOV    AX,c
CWD                       ;将变量 c 等值扩展为 32 位操作数存于 DX:AX 中
ADD    AX,BX              ;计算 a×b+c,结果在 DX:AX 中
ADC    DX,CX
IDIV   a                  ;计算(a×b+c)/a,商在 AX 中,余数在 DX 中
MOV    S,AX              ;商送入变量 S
```

3.3.3　逻辑运算类指令

逻辑运算类指令对字节或字操作数进行按位操作，这类运算指令可分为逻辑运算指令、移位指令和循环移位指令 3 类。这类指令同前面介绍的算术运算类指令的主要差别：按位运算，且不考虑位之间的进位和借位以及运算结果的溢出。

1. 逻辑运算指令

逻辑运算指令的汇编格式及功能说明如表 3-2 所示。

表 3-2　逻辑运算指令的汇编格式及功能说明

汇 编 格 式	功 能 说 明
AND DEST,SRC	逻辑与,(DEST)←(DEST)∧(SRC)
OR DEST,SRC	逻辑或,(DEST)←(DEST)∨(SRC)
NOT DEST	逻辑非,(DEST)中各位取反
XOR DEST,SRC	逻辑异或,(DEST)←(DEST)⊕(SRC)
TEST DEST,SRC	逻辑测试,(DEST)∧(SRC)置各标志位

1）AND 逻辑与指令

格式：

```
AND  DEST,SRC;DEST←(DEST)∧(SRC)
```

功能：将目的操作数和源操作数按位进行逻辑"与"运算，并将结果送回目的操作数。

说明：目的操作数可以是寄存器或存储器，源操作数可以是立即数、存储器或寄存器。但两个操作数不能同时是存储器。执行 AND 逻辑与指令后源操作数不变，标志位 CF 和 OF 被清零，影响标志位 ZF、SF 和 PF（根据运算结果而定），AF 未定义。

【例 3-19】

```
AND  AX,ALPHA
```

设当前(CS)＝2000H,(IP)＝0400H,(DS)＝1000H,(AX)＝0F0F0H。ALPHA 是数据段中偏移地址为 0500H 和 0501H 地址中的字变量 7788H 的名字，则执行该指令后，将累加器 AX 中的 F0F0H 与物理地址 10500H 和 10501H 中的数据字 7788H 进行逻辑"与"运算后，得到结果为 7080H，并把它送回累加器 AX 中。

AND 指令可以使某些位清零，某些位不变。例如：

```
AND  AL,0FH                ;使 AL 的高 4 位清零,低 4 位保持不变
```

若指令执行前(AL)＝37H，则上述指令执行后(AL)＝07H。

2）OR 逻辑或指令

格式：

```
OR  DEST,SRC              ;DEST←(DEST)∨(SRC)
```

功能：将目的操作数与源操作数按位进行逻辑"或"运算，并将结果送回目的操作数。

说明：同 AND 逻辑与指令相同。

OR 指令可以使某些位置 1，某些位不变。例如：

```
OR  AL,80H                ;使 AL 的最高位置 1,其余位保持不变
```

若指令执行前(AL)＝56H，则上述指令执行后(AL)＝0D6H。

3）NOT 逻辑非指令

格式：

```
NOT  DEST
```

功能：将操作数求反。

说明：只有一个目的操作数，其操作数可以是 8 位寄存器或存储器，也可以是 16 位寄存器或存储器，但不能是立即数。它不能对一个立即数执行逻辑"非"操作。NOT 指令对标志位无影响。

4）XOR 逻辑异或指令

格式：

```
XOR  DEST,SRC            ;DEST←(DEST)⊕(SRC)
```

功能：将目的操作数与源操作数按位进行逻辑"异或"运算，并将结果送回目的操作数。XOR 操作数的类型与 AND 相同。

说明：与 AND 逻辑与指令相同。

利用逻辑异或指令可以将指定的寄存器或存储器中某些特定位求反，其余位保持不变。还可以利用逻辑异或指令将寄存器内容清零的同时清标志位 CF 和 OF。例如：

```
XOR   AL,0F0H          ;使 AL 的高 4 位求反,低 4 位不变
XOR   AX,AX            ;使 (AX)=0,CF=OF=0
```

若指令执行前（AL）＝78H，则上述指令执行后（AL）＝88H。

5）TEST 测试指令

格式：

```
TEST  DEST,SRC          ;DEST∧SRC
```

功能：将目的操作数与源操作数进行逻辑"与"运算，但结果不送回目的操作数。源操作数和目的操作数内容不变。

说明：同 AND 逻辑与指令相同。

TEST 指令可以用来判断某位是否为 0 或为 1。例如，要测试 AL 寄存器内容的最低位是否为 0，只需执行指令：

```
TEST  AL,01H
```

若执行后，ZF＝1，则表明最低位为 0，否则不为 0。如果要测试某位是否为 1，只需将操作数用 NOT 指令取反，再执行以上操作即可。

【例 3-20】　已知寄存器 DX：AX 的内容为 32 位有符号数，编写程序使 DX：AX 的内容成为原来数据的绝对值。

这时要测试数据寄存器 DX 的最高位（符号位），若最高位为 0，表明是正数，DX：AX 内容不变；若最高位为 1，表明是负数，这时要对 DX：AX 内容求补。程序段如下：

```
        TEST  DX,8000H           ;测试符号位,DX 值保持不变
        JZ    EXIT               ;为正数,DX:AX 不变
        NEG   DX                 ;0-(DX:AX)→(DX:AX),求负数绝对值
        NEG   AX
        SBB   DX,0
EXIT:   HLT
```

2. 移位指令

这类指令能够对寄存器或存储器中的字或字节操作数进行算术移位或逻辑移位，移位次数由指令中的计数值指出。这类指令共 6 条，如表 3-3 所示。

1）SHL/SAL 逻辑左移/算术左移指令

格式：

```
SHL/SAL DEST,1
```

表 3-3　移位指令

	汇 编 格 式	功 能 说 明
移位指令	SAL/SHL　DEST,COUNT5	算术左移/逻辑左移
	SAR　DEST,COUNT	算术右移
	SHR　DEST,COUNT	逻辑右移
循环移位指令	ROL　DEST,COUNT	循环左移
	ROR　DEST,COUNT	循环右移
	RCL　DEST,COUNT	带进位的循环左移
	RCR　DEST,COUNT	带进位的循环右移

或

```
SHL/SAL DEST,CL
```

功能：将目的操作数顺序向左移一位或移寄存器 CL 中指定的位数。左移时,操作数的最高位移入进位标志 CF,最低位补 0。

2）SHR 逻辑右移指令

格式：

```
SHR DEST,1
```

或

```
SHR DEST,CL
```

功能：将目的操作数顺序向右移一位或移寄存器 CL 中指定的位数。右移时,操作数的最低位移入进位标志 CF,最高位补 0。

3）SAR 算术右移指令

格式：

```
SAR DEST,1
```

或

```
SAR DEST,CL
```

功能：将目的操作数逐位向右移一位或移寄存器 CL 中指定的位数,最低位放在标志位 CF 中。它与逻辑右移指令的不同：算术右移时最高位不是补 0,而是保持原来数值不变。

说明：

(1) 移位指令影响标志位 CF、PF、SF、ZF、OF。OF 的设置方法：如果移位后最高位发生了变化，则 OF＝1，否则 OF＝0。其余标志位根据移位后的值来确定，对 AF 无定义。

(2) SAL 指令和 SHL 指令是一条机器指令的两种汇编指令表示。

(3) 对于 SAL/SHL 指令，若目的操作数为无符号数，且移位后值小于 255(字节移位)或小于 65 535(字移位)，则左移一位，相当于数值乘 2；若目的操作数是有符号数，移位后不溢出，则执行一次 SAL 指令相当于带符号数乘 2。

(4) SAR 指令可用于用补码表示的有符号数的除 2 运算。

(5) SHR 指令可用于无符号数的除 2 运算。

【例 3-21】　设(AX)＝8CFFH。则

```
SAL/SHL  AX,1      ;执行后,(AX)=19FEH,CF=1,SF=0,ZF=0,OF=1,PF=0
SAR  AX,1          ;执行后,(AX)=C67FHH,CF=1,SF=1,ZF=0,OF=0,PF=0
SHR  AX,1          ;执行后,(AX)=467FH,CF=1,SF=0,ZF=0,OF=1,PF=0
```

3. 循环移位指令

循环移位指令把操作数从一端移到操作数的另一端，使操作数中的数据不会丢失，必要时可以恢复。

1) ROL 循环左移指令

格式：

```
ROL  DEST,1
```

或

```
ROL  DEST,CL
```

功能：将目的操作数向左循环移动一位或移动由寄存器 CL 指定的位数，最高位移到进位标志 CF。同时，最高位移到最低位形成循环，进位标志 CF 不在循环回路之内。指令的操作如表 3-3 所示。

2) ROR 循环右移指令

格式：

```
ROR  DEST,1
```

或

```
ROR  DEST,CL
```

功能：将目的操作数向右循环移动一位或移动由寄存器 CL 指定的位数，将最低位移到进位标志 CF 的同时，将最低位移到最高位。指令的操作如表 3-3 所示。

3) RCL 带进位循环左移指令

格式：

```
RCL   DEST,1
```

或

```
RCL   DEST,CL
```

功能：将目的操作数连同进位标志 CF 一起向左循环移动一位或移动由寄存器 CL 指定的位数，最高位移入进位标志 CF，而 CF 移入最低位。指令的操作如表 3-3 所示。

4）RCR 带进位循环右移指令

格式：

```
RCR   DEST,1
```

或

```
RCR   DEST,CL
```

功能：将目的操作数连同进位标志 CF 一起向右循环移动一位或移动由寄存器 CL 指定的位数，最低位移入进位标志 CF，原来的 CF 则移入最高位。指令的操作如表 3-3 所示。

说明：循环移位指令只影响标志位 CF 和 OF，不影响其他标志位。CF 根据移位后的值来设置；OF 的设置方法是如果移位前后最高位的值发生了变化，则 OF＝1，否则 OF＝0。

例如：

```
MOV  AL,46H
MOV  CL,2
ROL  AL,CL              ;(AL)=19H,CF=1,OF=0
```

【例 3-22】 试编写用移位和加法指令完成（AX）×9/4 的程序段。

解：$(AX) \times 9/4 = [(AX) \times 8 + (AX)]/4$。

```
MOV      BX,AX          ;保存 AX
MOV      CL,3           ;3→CL
SAL/SHL  AX,CL          ;(AX)×8→AX
ADD      AX,BX          ;(AX)×8+(AX)→AX
MOV      CL,2           ;2→CL
SAR/SHR  AX,2           ;(AX)×9/4→AX
```

3.3.4　控制转移类指令

控制转移指令可以改变程序的执行顺序，引起程序的转移，执行结果不影响标志位。这类指令包括无条件转移指令、条件转移指令、循环控制指令、子程序调用和返回指令以及中断指令。

1. JMP 无条件转移指令

格式：

JMP　DEST

功能：将指令指针不附加任何条件而转移到目的操作数所规定的地址去执行指令。

说明：目的操作数可以是标号、立即数、寄存器，也可以是存储器。无条件转移指令是在执行地址转移时不附加任何条件而转移到指令所规定的地址的指令。

目的地址可以和 JMP 指令在同一个逻辑段内，也可以在不同的逻辑段内。在同一个逻辑段内的转移称为段内转移，转移到不同的逻辑段称为段间转移。无论是段内转移还是段间转移，都有两种寻址方式：直接寻址和间接寻址。因此，形成了不同目的地址格式的无条件转移。表 3-4 给出了 JMP 指令的 5 种方式。

表 3-4　JMP 指令的 5 种方式

汇 编 格 式	功 能 说 明
JMP　SHORT　DEST	(IP)←(IP)＋8 位位移量
JMP　NEAR　PTR　EST	(IP)←(IP)＋16 位位移量
JMP　DEST	(IP)←(EA)，EA 为由 DEST 指定的偏移地址
JMP　FAR　PTR　DEST	(IP)←目标地址的偏移地址 (CS)←目标地址的段地址
JMP　DWORD PTR DEST	(IP)←(EA)，EA 为由 DEST 指定的偏移地址 (CS)←(EA)＋2

1）段内直接短转移

在这种寻址方式中，目的地址与 JMP 指令在同一个代码段内，并且与当前 IP 指针的位移量在 $-128\sim +127$，可以用一字节补码来表示。当位移量为负时表示向后转移，位移量为正时表示向前转移。

格式：

JMP　SHORT　DEST

其中，DEST 为 8 位位移量。发生转移时，IP＝IP＋8 位位移量，CS 的值不变。

2）段内直接近转移

段内直接近转移与段内直接短转移的差别仅在于位移量是 16 位的，即转移范围是 $-32\,768\sim +32\,767$，可以转向段内任一位置。

格式：

JMP　NEAR　PTR　DEST

其中，DEST 为 16 位位移量。发生转移时，IP＝IP＋16 位位移量，CS 的值不变。

3）段内间接转移

段内间接转移指令中给出的不是转移地址本身，而是存放转移地址的单元，其寻址方式可以是除立即数外的任一种方式。

格式:

```
JMP  DEST
```

由于是段内转移,转向的目的地址与 JMP 指令在同一个代码段中,存放转移地址的单元只需 16 位(即只存转移地址的偏移地址),因此,DEST 可以是一个 16 位的寄存器,也可以是内存单元中的一个字。该寄存器或存储单元中存放目的地址的偏移地址 EA,在 JMP 指令执行过程中,机器将计算并获得的这个偏移地址 EA 送给 IP 寄存器。

段内间接转移也可以表示为以下两种格式:

```
JMP  16 位寄存器名
JMP  WORD  PTR 存储器寻址方式
```

或

```
JMP 存储器寻址方式
```

这种转移方式也称绝对转移。

4) 段间直接转移

在这种寻址方式中,要转向的目的地址与 JMP 指令处于不同的代码段,指令中直接给出目的地址。

格式:

```
JMP  FAR  PTR  DEST
```

其中,DEST 为目的地址的标号。

例如,可设置如下段间直接远转移指令:

```
CODE1  SEGMENT
     JMP  FAR  PTR  NERTC
CODE1  ENDS
CODE2  SEGMENT
   NEXTC: ADD  AL,BL
CODE2  ENDS
```

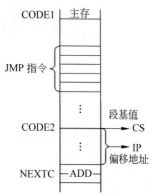

图 3-19   段间直接远转移过程

段间直接远转移过程如图 3-19 所示。

5) 段间间接转移

在段间间接转移中,不仅要存放转向地址的偏移地址,而且要存放转向地址的段地址,因此存放转向地址的单元必须是一个双字类型的变量。

格式:

```
JMP  DWORD  PTR  DEST
```

目的操作数 DEST 是一个双字类型的变量,可以使用任何一种存储器寻址方式。在这种寻址方式中,转向的目的地址与 JMP 指令在不同的代码段。指令给出一个指向连续 4 个字节单元的存储器偏移地址 EA,JMP 指令将前两字节内容送给 IP,后两字节内容送给 CS,形成新的指令执行地址 CS：IP,从而实现程序转移。

例如：

```
JMP  DWORD  PTR  [BX][SI]
```

JMP 指令常用的形式：

```
JMP  100H                   ;段内直接转移,转移地址 IP+偏移地址
JMP  SHORT  LABEL           ;段内直接转移,转移地址为短标号地址
JMP  NEAR  LABEL            ;段内直接转移,转移地址为近标号地址
JMP  FAR  LABEL             ;段间直接转移,转移地址为远标号地址
JMP  CX                     ;段内间接转移,偏移地址为寄存器中的内容
JMP  WORD  PTR  [BP][DI]    ;段内间接转移,偏移地址为存储器中的内容
JMP  DWORD  PTR  [ BX ]     ;段间间接转移,转移地址为存储器连续 4 个字节单元内容
```

【例 3-23】　段内直接转移。

```
      JMP  NEXT
      AND  AL,7FH
NEXT: XOR  AL,7FH
```

NEXT 是本段内的一个标号,在执行 JMP　NEXT 后,不去执行"AND AL,7FH",而是转移到地址为标号 NEXT 代表的地址上去执行"XOR　AL,7FH"。

2. JCC 条件转移指令

格式：

```
JCC  SHORT  LABEL
```

功能：如果满足指令转移(短标号)条件,则转移到指令指定的转向地址执行程序;如果不满足指令转移(短标号)条件,则继续执行下面的程序。

条件转移指令能够对一个或几个状态标志位进行测试,判定是否满足转移条件,如果条件满足,就转移到指令指出的目的地去执行指令,否则顺序执行程序。通常是根据上一条指令执行时所设置的状态标志位来形成转移与否的条件。

条件转移指令的格式及转移条件与标志位的关系如表 3-5 所示。

【例 3-24】　计算 $|X-Y|$ (绝对值),X 和 Y 为存放于 X 单元和 Y 单元的 16 位操作数,结果存入 RESULT。

```
        MOV  AX,X
        SUB  AX,Y
        JNS  NONNEG
        NEG  AX              ;NEG 是求补指令
NONNEG: MOV  RESULT,AX
```

表 3-5　条件转移指令的格式及转移条件与标志位的关系

分　类	汇编格式	功能说明
简单条件 转移指令	JC DEST	CF=1,有进位/有借位转移
	JNC DEST	CF=0,无进位/无借位转移
	JS DEST	SF=1,是负数转移
	JNS DEST	SF=0,是正数转移
	JO DEST	OF=1,有溢出转移
	JNO DEST	OF=0,无溢出转移
	JZ/JE DEST	ZF=1,相等/为 0 转移
	JNZ/JNE DEST	ZF=0,不相等/不为 0 转移
	JP/JPE DEST	PF=1,有偶数个 1 转移
	JNP/JPO DEST	PF=0,有奇数个 1 转移
无符号数 条件转移指令	JA/JNBE DEST	CF=0 且 ZF=0,高于/不低于或等于转移
	JAE/JNB DEST	CF=0 或 ZF=1,高于或等于/不低于转移
	JB/JNAE DEST	CF=1 且 ZF=0,低于/不高于或等于转移
	JBE/JNA DEST	CF=1 或 ZF=1,低于或等于/不高于转移
带符号数 条件转移指令	JG/JNLE DEST	SF=OF 且 ZF=0,大于/不小于或等于转移
	JGE/JNL DEST	SF=OF 或 ZF=1,大于或等于/不小于转移
	JL/JNGE DEST	SF≠OF 且 ZF=0,小于/不大于或等于转移
	JLE/JNG DEST	SF≠OF 或 ZF=1,小于或等于/不大于转移

【例 3-25】　比较 AX 和 BX 中两个有符号数的大小,将较大的数存放在 AX 中。

```
    CMP   AX,BX          ;比较 AX 和 BX
    JNL   NEXT           ;若 AX≥BX,转移
    XCHG  AX,BX          ;若 AX<BX,交换
NEXT: ...
```

【例 3-26】　在缓冲区以 BUFFER 为首地址的 2 个单元中存放有两个有符号数,试编程序,将两者中较大的数送入 BUFFER 单元,较小的数放入 BUFFER+1 单元。

分析:依据题意取出第一个数与第二个数,比较大的数存放在 BUFFER 单元中,较小的数送到 BUFFER+1 单元。因为是有符号数比较大小,所以应使用"JG,JGE/JNL"等指令。

```
DATA  SEGMENT
      BUFFER DB  0AH,39H
DATA  ENDS
      MOV  AL,BUFFER
```

```
        CMP   AL,BUFFER+1
        JG   AA1
        XCHG  AL,BUFFER+1
        MOV   BUFFER,AL
AA1:   HLT
```

3. 循环控制指令

循环控制指令位于循环程序的首部或尾部,控制程序的走向,实现循环过程。循环控制指令都是具有 SHORT 属性的段内相对转移。循环控制指令均不影响任何标识。

1) LOOP 循环指令

格式:

```
LOOP   短标号
```

功能:当 CX≠0 时,循环执行标号与该指令之间的一段程序。

在循环体的外部,必须把循环体执行的次数事先送入 CX。该指令执行过程如下。

(1) CX←CX−1。

(2) 判断是否 CX≠0? 若 CX≠0,则执行循环体;否则结束该循环体的执行,执行 LOOP 指令的下一条指令。

说明:LOOP 指令转移只能在段内循环不能在段间循环。LOOP 指令对标志位没有影响。

一条 LOOP 指令还可以用下面两条指令来完成:

```
DEC   CX
JNZ   标号
```

2) LOOPE/LOOPZ 循环指令

格式:

```
LOOPE   短标号
```

或

```
LOOPZ   短标号
```

功能:当 CX≠0 且 ZF=1 时,循环执行标号与该指令之间的一段程序。

在循环体的外部,必须把循环体执行的次数事先送入 CX。该指令执行过程如下。

(1) CX←CX−1。

(2) 判断是否 CX≠0 且 ZF=1? 若 CX≠0 且 ZF=1,则执行循环体;若 CX=0 或 ZF=0,则执行 LOOP 指令的下一条指令,结束该循环体的执行。

【例 3-27】　在数据段以 BUFFER 开始的内存单元中存放了 100 字节的字符,试编程查找该数据段中第一个不为 0 的数据地址,并将该地址存入 ADD1。

分析:这是一个在数据段中寻找字符的问题,将 100 字节的字符中第一个不为 0 的地址存于变量 ADD1 存储单元中。依据题意所编程序如下:

```
          ...
          BUFFER  DB  00,00,38,…           ;100字节的字符
          ...
          ADD1  DB  4  DUP  (?)
          ...
          LEA  SI,BUFFER                   ;送BUFFER偏移地址
          LEA  DI,ADD1                     ;送ADD1偏移地址
          MOV  CX,64H                      ;送循环次数
     AA1: CMP  BYTE  PYR[SI],00H           ;与0比较
          LOOPE  AA2                       ;CX≠0,且ZF=1,循环
          JNZ  AA3                         ;找到第一个不为0的数
          JMP  AA4                         ;转移到AA4
     AA2: INC  SI                          ;修改指针
          JMP  AA1                         ;转移到AA1
     AA3: MOV  [DI],SI                     ;第一个不为0的地址存入ADD1
     AA4: HLT
```

3) LOOPNE/LOOPNZ 循环指令

格式:

```
LOOPNE   短标号
```

或

```
LOOPNZ   短标号
```

功能:当 CX≠0 且 ZF=0 时,循环执行标号与该指令之间的一段程序。

在循环体的外部,必须把循环体执行的次数事先送入 CX。该指令执行过程如下。

(1) CX←CX-1。

(2) 判断是否 CX≠0 且 ZF=0? 若 CX≠0 且 ZF=0,则执行循环体;若 CX=0 或 ZF=1,则执行 LOOP 指令的下一条指令,结束该循环体的执行。

4) JCXZ 跳转指令

格式:

```
JCXZ   标号
```

功能:若 CX=0,则转移到指令中标号所指定的标号处执行程序;否则,顺序执行程序,该指令不修改 CX 的值。

【例 3-28】 若在存储器的数据段中有 100 字节构成的数组,要求从该数组中找出 $ 字符,然后将 $ 字符前面的所有元素相加,结果保留在寄存器 AL 中。完成此任务的程序段如下:

```
          MOV  CX,100
          MOV  SI,00FFH          ;初始化
     LL1: INC  SI
          CMP  BYTE  PTR  [SI],'$'
```

```
     LOOPNE  LL1
     SUB  SI,0100H
     MOV  CX,SI
     MOV  SI,0100H
     MOV  AL,[SI]
     DEC  CX
LL2: INC  SI
     ADD  AL,[SI]
     LOOP LL2
     HLT
```

4. 子程序调用和返回指令

为便于模块化设计和程序共享,在程序设计时,通常将具有独立功能的部分程序段编写成子程序,供其他程序在需要时进行调用。调用子程序的程序称为主程序,也称父程序或调用程序。主程序在调用子程序时,将控制转移到子程序去执行,子程序执行完后,再回到主程序调用语句的下一条语句接着执行。

1) CALL 调用指令

格式:

`CALL 目标操作数`

功能:实现对子程序的调用。

被调用的子程序执行完后,还要返回到主程序中 CALL 指令的下一条指令接着执行,当前 CS、IP 指示的指令地址称为断点。而调用时,CS、IP 的值已被重新赋值,指向子程序,为了能正确返回主程序,在调用时应该将断点压入堆栈加以保存,返回时再从堆栈中弹出断点信息,返回主程序。

例如:

```
CALL  LABEL          ;IP←(IP)+DISP16,段内直接调用
CALL  BX             ;IP←(BX),段内间接调用
```

2) RET 返回指令

格式:

```
RET                  ;IP←[(SP+1),SP]
                     ;SP←(SP+2),改变堆栈指针
```

功能:从被调用的子程序返回调用程序。返回指令从堆栈中弹出断点,恢复原来的 CS 和 IP。

5. 中断指令

中断是指计算机在执行正常的程序过程中,由于发生了某些事件,需要计算机暂时停止执行当前的程序,而转到处理事件程序(中断程序)去执行,当执行处理事件程序完

毕后再返回到当前程序继续执行程序的过程。引起中断的原因称为中断源。

1) INT 软中断指令

格式：

```
INT  n
```

功能：将标志寄存器的内容压入堆栈,清除中断标志 IF 和单步标志 TF,然后将在代码段寄存器 CS 中断点的段首地址和在指令指针寄存器 IP 中断点的偏移地址压入堆栈,再将中断类型号 n 乘 4,得到中断向量的地址,并将中断向量高地址的两字节内容送入代码段寄存器 CS,低地址的两字节内容送入指令指针寄存器 IP。于是 CPU 转到相应的中断程序去执行。执行中断时的操作：

```
[(SP+1),SP]←FLAGS
        SP←(SP-2)
        IF←0,TF←0
        [(SP+1),SP]←CS
        [(SP+3),(SP+2)]←IP
        SP←(SP-4)
        IP←(n×4)
        CS←(n×4+2)
```

说明：INT n 指令除了将 IF 和 TF 清零外对其他标志位没有影响,n 为中断类型号,值为 0~255。

2) INTO 溢出中断

格式：

```
INTO
```

功能：当溢出标志 OF＝1 时则启动中断程序,即将标志寄存器的内容压入堆栈,清除中断标志 IF 和单步标志 TF,将断点的基地址 CS 和偏移地址 IP 压入堆栈。然后将 00010H 和 00011H 的两字节内容送入指令指针寄存器 IP,将 00012H 和 00013H 的两字节内容送入代码段寄存器 CS 之后,CPU 转到溢出中断程序去执行。当溢出标志 OF＝0 时,则不执行中断程序,而继续执行现行程序。

注意：INTO 指令为 1 字节指令。该指令的中断类型号 n＝4,即中断向量为 4×4＝16＝10H。

3) IRET 中断返回指令

格式：

```
IRET
```

功能：将压入堆栈断点的段地址和偏移地址分别弹入代码段寄存器 CS 和指令指针寄存器 IP,并返回到原来发生中断的地方,同时恢复标志寄存器的内容。

执行中断时的操作：

```
IP←[(SP+1),SP]
```

```
SP←(SP+2)
CS←[(SP+1),SP]
SP←(SP+2)
FLAGS←[(SP+1),SP]
SP←(SP+2)
```

3.3.5　DOS 和 BIOS 调用

DOS 或 MS-DOS 是磁盘操作系统(disk operation system)的简称,操作系统是系统软件的核心,它负责管理计算机的所有资源,协调计算机的各种操作。操作系统和编辑程序、汇编程序、编译程序、链接程序、调试程序等一系列的系统实用程序组成微型计算机的系统软件。

DOS 和 ROM BIOS 各为用户提供了一组例行子程序,用于完成基本 I/O 设备、内存、文件和作业的管理,以及时钟、日历的读出和设置等功能。为了方便程序员使用,DOS 和 BIOS 把这些例行子程序编写成相对独立的程序模块而且编上号。访问或调用这些子程序时,用户不必过问其内部结构和细节,也不必关心硬件 I/O 接口的特性,只需在累加器 AH 中给出子程序的功能号,然后直接用一条软中断指令(INT n)调用即可。

系统软件中提供的功能调用有两种:一种称为 DOS 功能调用(也称高级调用);另一种称为 BIOS(basic input and output system),即基本输入输出系统功能调用(也称低级调用)。用户程序在调用这些系统服务程序时,不是用 CALL 命令,而是采用软中断指令(INT n)来实现。

另外,用户程序也不必与这些服务程序的代码连接,因为这些系统服务程序在系统启动时已被加载到内存中,程序入口地址也被放到了中断向量表中。用 DOS 和 BIOS 功能调用,会使编写的程序简单、清晰、可读性好且代码紧凑、调试方便。

8086/8088 微型计算机的中断系统保留了中断类型码为 20H～3FH 的软中断由DOS 使用,这些软中断的服务子程序均由 DOS 提供,因此称为系统调用。

1. DOS 功能调用

DOS 每一个功能都对应一个可以直接调用的子程序,而每个子程序对应一个功能号,所有的系统功能调用的格式是一致的。在 DOS 软中断中,功能最强的是 INT 21H,它提供了一系列的 DOS 功能调用。DOS 版本越高,给出的 DOS 功能调用越多,DOS 6.2 包含了 100 多个功能调用。可以说 INT 21H 的中断调用几乎包括了整个系统的功能,用户不需要了解 I/O 设备的特性及接口要求就可以利用它们编程,对用户来说非常有用。DOS 功能号不需要死记,在编程时可查阅附录。

DOS 功能调用分别实现设备管理、文件读写、文件管理和目录管理等功能。DOS 功能调用方法如下。

(1) 在寄存器 AH 中设置调用子程序的功能号。

(2) 根据需要调用的功能号设置入口参数。

(3) 用 INT　21H 指令转入子程序入口。

（4）在程序运行完毕后，可根据有关功能调用的说明取得出口参数。

在 DOS 功能调用中有的功能子程序不需要入口参数，但大部分需要把参数送入指定位置。

下面介绍几个常用的功能调用。

1）带显示的单字符键盘输入（1 号功能）

格式：

```
MOV  AH,功能号
INT  21H
```

功能：从键盘输入一个字符，并将其 ASCII 码值送入寄存器 AL 中，同时在屏幕上显示该字符。

入口参数：无

出口参数：AL＝输入字符的 ASCII 码

【例 3-29】 从键盘输入字符并在屏幕上显示，用 1 号功能实现程序如下：

```
MOV  AH,1          ;功能号 1 送入 AH
INT  21H           ;执行 INT 21 H 指令
```

执行上述命令后，系统扫描键盘等待有键按下，若有键按下，就将键值（ASCII 码）读入，先检查是否为 Ctrl＋Break 键，如果是就执行退出命令，否则将键值送寄存器 AL 并在屏幕上显示此字符。

2）输出单字符（2 号功能）

格式：

```
MOV  DL,入口参数
MOV  AH,功能号
INT  21H
```

功能：在屏幕上显示输出寄存器 DL 中的字符。

入口参数：DL＝输出字符

出口参数：无

【例 3-30】 用功能号为 02H 的系统功能调用在屏幕显示一个字母'A'的程序如下：

```
MOV  DL,'A'        ;字符 A 的 ASCII 码送入 DL
MOV  AH,2          ;功能号 2 送入 AH
INT  21H           ;执行 INT 21 H 指令
```

3）字符串输入（0AH 号功能）

格式：

```
MOV  DX,缓冲区偏移地址
MOV  AH,0AH
INT  21H
```

功能：从键盘输入一串字符到内存缓冲区，输入的字符串以 Enter 键结束。缓冲区的第 1 个字节内容由用户设置,设置为所能接受的最大字符个数(1~255);第 2 个字节预留,由系统填充实际输入的字符个数(Enter 键除外);从第 3 个字节开始,存放从键盘输入的字符。

入口参数:DS:DX=缓冲区首址

[DS:DX]=缓冲区最大字符个数

出口参数:[DS:DX+1]=实际输入的字符个数

[DS:DX+2]单元开始存放实际输入的字符

【例 3-31】 将从键盘输入的字符串存入数据区 BUFF 中。

```
BUFF  DB  40,0,40  DUP  (?)
…
MOV  DX,OFFSET  BUFF
MOV  AH,0AH
INT  21H                      ;字符串按 Enter 键结束
```

4) 字符串输出(9 号功能)

格式:

```
MOV  DX,字符串偏移地址
MOV  AH,9
INT  21H
```

功能:在屏幕上显示输出字符,要求要显示的字符串以 $ 结尾,并事先将字符串所在段的偏移地址送入寄存器 DX。

入口参数: DX=字符串的段内偏移地址

出口参数: 无

【例 3-32】 在屏幕上显示 HOW ARE YOU?。

```
DATA  SEGMENT
BUFF  DB'HOW ARE YOU? $'
DATA  ENDS
     …
MOV  DX,OFFSET  BUFF
MOV  AH,9
INT  21H                ;显示 HOW ARE YOU?
MOV  AH,4CH
INT  21H
```

5) 返回操作系统(4CH 号功能)

格式:

```
MOV  AH,4CH
INT  21H
```

功能：结束当前正在运行的程序，并把控制权交给调用的程序，返回 DOS，屏幕出现 DOS 提示符，如 C:>等待 DOS 命令。

注意：此功能调用无入口参数。

2. BIOS 中断调用

在使用 BIOS 时，编程者可以直接用指令设置参数，然后中断调用 BIOS 中的程序。由于 BIOS 提供的字符 I/O 功能直接依赖于硬件，因而调用它们比调用 DOS 字符 I/O 功能速度更快。利用 BIOS 功能编写的程序简洁，可读性好，而且易于移植。BIOS 采用模块化结构，每个功能模块的入口地址都存放在中断向量表中。

在有些情况下，BIOS 中断和 DOS 中断有相同功能，在有些情况下 BIOS 中断具有的功能 DOS 中断没有。DOS 中断功能只能在 DOS 环境下运行。BIOS 中断的调用方法与 DOS 功能调用方法相似。

下面介绍几种常用的 BIOS 中断调用。

1）键盘中断调用

格式：

```
MOV   AH,功能号
INT   16H
```

功能：调用键盘子程序，对键盘进行操作，调用返回后，从指定寄存器中读出对应内容。

2）显示中断调用

格式：

```
MOV   AH,功能号
INT   10H
```

功能：用于控制显示器显示，主要包括设置显示方式，设置 CRT 屏幕光标的大小与位置，显示字符及图形，设置调色板等。

3.4 Pentium 系列微处理器新增指令

从 Pentium 微处理器开始，新增了一种系统管理方式，并用一种模型专用寄存器（MSR）代替了 80386/80486 测试寄存器（TR）的功能。相应地，指令系统也增加了一组系统管理指令。

其后，随着一代代 Pentium 微处理器的推出，相继增加了一些多媒体增强（MMX）指令和流式单指令多数据扩展（SEE）指令。Pentium 系列微处理器新增的指令类型及主要指令情况如表 3-6 所示。

表 3-6 Pentium 系列微处理器新增指令

指令类型	指令格式	功　能
系统管理指令	CMPXCHG8B 存储器	8 字节比较交换指令
	CPUID	根据 EAX 预先装入值,读 CPU 标识码和其他信息
	RDTSC	EDX:EAX←时间标记计数器
	RSM	从系统管理方式(SMM)返回原来的实模式或保护方式
	RDMSR	读模型专用寄存器
	WRMSR	写模型专用寄存器
MMX 指令	MOVQ MMXREG,存储器	装载 MMX 寄存器
	PMADDWD MMXREG,存储器	将 MMX 寄存器与存储器操作数相乘和相减
	PADDD 累加器,MMXREG	将结果加入累加器
SEE 指令	cache 控制指令	改进通过 cache 的数据流,并可越过 cache 直接向内存写数据
	SIMD 浮点运算指令	使处理器能同时执行 4 个浮点操作
	新的 MMX 指令	将 MMX 技术和 SEE 有机结合,以改进驱动程序和应用程序的性能,增强语音识别能力
SEE2 指令	128 位 SIMD 整数运算指令	将 SEE 指令扩展为 128 位,属第二代高级浮点与多媒体运算指令集
	128 位双精度浮点运算指令	可提高语音、视频、图像编辑和加密等处理的速度

实　验　3

一、算术运算类指令应用编程

1) 实验任务

设 X、Y、Z 和 S 为带符号的字变量,编写计算表达式: $S=(X \times Y+Z)/X$ 程序,将结果保存在 S 中,余数则不计。

2) 实验目的

学习算术运算指令的用法。

3) 实验分析

首先需要在数据段中定义变量 X、Y、Z 和 S。X 和 Y 相乘时乘积为 32 位,Z 需要扩展为 32 位再与乘积相加。相加时要用带进位的加法,把 D_{15} 位(最低位为 D_0)相加产生的进位加上。

4）参考程序

```
DATA  SEGMENT
      X  DW  1234H
      Y  DW  5678H
      Z  DW  2345H
      S  DW  ?
DATA  ENDS
CODE  SEGMENT
          ASSUME  CS:CODE,DS:DATA
START: MOV AX,DATA
      MOV  DS,AX
      MOV  AX,X
      IMUL Y              ;计算 X×Y,结果在 DX:AX 中
      MOV  CX,DX          ;将 DX:AX 内容保存至 CX:BX
      MOV  BX,AX
      MOV  AX,Z
      CWD                 ;将变量 Z 等值扩展为 32 位操作数存于 DX:AX 中
      ADD  AX,BX          ;计算 X×Y+Z,结果在 DX:AX 中
      ADC  DX,CX
      IDIV X              ;计算 (X×Y+Z)/X,商在 AX,余数在 DX 中
      MOV  S,AX           ;商送变量 S
      MOV  AH,4CH
      INT  21H
CODE  ENDS
          END  START
```

5）思考题

设 X、Y、Z 和 S 为带符号的字节变量,编写程序计算表达式：$S=(X\times Y+Z)/X$。

二、逻辑运算类指令应用编程

1）实验任务

设 X 和 S 为无符号字变量,用移位和加法指令编写计算表达式：$S=X\times 9/4$ 的程序,将结果保存在 S 中。

2）实验目的

学习逻辑运算指令的用法。

3）实验分析

表达式可写为 $X\times 9/4=(X\times 8+X)/4$。左移一位相当于操作数乘以 2,左移 n 位相当于操作数乘以 2^n。右移移一位相当于操作数除以 2,右移 n 位相当于操作数除以 2^n。

4）参考程序

```
DATA  SEGMENT
   X  DW  34H
   S  DW  ?
DATA  ENDS
CODE  SEGMENT
      ASSUME  CS:CODE,DS:DATA
START: MOV  AX,DATA
       MOV  DS,AX
       MOV  AX,X
       MOV  BX,AX          ;保存 AX
       MOV  CL,03H
       SAL/SHL  AX,CL      ;(AX)×8→AX
       ADD  AX,BX          ;(AX)×8+(AX)→AX
       MOV  CL,02H
       SAR/SHR  AX,CL      ;(AX)×9/4→AX
       MOV  S,AX           ;商送变量 S
       MOV  AH,4CH
       INT  21H
CODE  ENDS
      END  START
```

三、控制转移类指令应用编程

1）实验任务

编写一程序段,BUF 单元有一单字节无符号数 X,编程计算 Y(仍为单字节),如下结果保留在累加器中。

$$Y = \begin{cases} X - 20 & X \geqslant 20 \\ 3X & X < 20 \end{cases}$$

2）实验目的

学习控制转移类指令的用法。

3）实验分析

首先将 X 与 20 比较(做减法),若无借位,则表明 $X \geqslant 20$,Y 值为 $X-20$;若有借位,则表明 $X < 20$,Y 值为 3,表达式可写为 $Y = 2X + X$。

4）参考程序

```
       ...
       MOV  AL,BUF         ;BUF内容(X)→AL
       CMP  AL,20          ;与 20 比较
       JNC  NEXT           ;X≥20,转去执行 X-20
       MOV  BL,AL          ;Y=3X=2X+X
       SHL  AL,1
```

```
        ADD  AL,BL
        JMP  EXIT                    ;跳过计算 Y=X-20 的指令
NEXT: SUB  AL,20
EXIT: HLT
```

习 题 3

一、选择题

1. 寄存器间接寻址方式中,要寻找的操作数位于(　　)中。
    A. 通用寄存器　　　　　B. 段寄存器　　　　　　C. 内存单元　　　　　　D. 堆栈区

2. 下列传送指令中正确的是(　　)。
    A. MOV　AL,BX　　　　　　　　　　B. MOV　CS,AX
    C. MOV　AL,CL　　　　　　　　　　D. MOV [BX],[SI]

3. 下列 4 个寄存器中,不允许用传送指令赋值的寄存器是(　　)。
    A. CS　　　　　　B. DS　　　　　　C. ES　　　　　　D. SS

4. 将 AX 清零并使 CF 位清零,下面指令错误的是(　　)。
    A. SUB AX,AX　　　　　　　　　　B. XOR AX,AX
    C. MOV AX,0　　　　　　　　　　　D. AND AX,0000H

5. 指令"MOV [SI+BP],AX"目的操作数的隐含段为(　　)。
    A. 数据段　　　　　B. 堆栈段　　　　　C. 代码段　　　　　D. 附加段

6. 设(SP)=1010H,执行 PUSH　AX 后,SP 中的内容为(　　)。
    A. 1011H　　　　　B. 1012H　　　　　C. 100EH　　　　　D. 100FH

7. 对两个带符号整数 A 和 B 进行比较,要判断 A 是否大于 B,应采用指令(　　)。
    A. JA　　　　　B. JG　　　　　C. JNB　　　　　D. JNA

8. 已知(AL)=80H,(CL)=02H,执行指令"SHR　AL,CL"后的结果是(　　)。
    A. (AL)=40H　　　　　　　　　　B. (AL)=20H
    C. (AL)=C0H　　　　　　　　　　D. (AL)=E0H

9. 当执行完下列指令序列后,标志位 CF 和 OF 的值是(　　)。

```
MOV AH,85H
SUB  AH,32H
```

    A. 0,0　　　　　B. 0,1　　　　　C. 1,0　　　　　D. 1,1

10. JMP　SI 的目标地址偏移地址是(　　)。
    A. SI 的内容　　　　　　　　　　B. SI 指向内存字单元之内容
    C. IP+SI 的内容　　　　　　　　D. IP+[SI]

二、填空题

1. 计算机指令通常由_____和_____两部分组成;指令对数据操作时,按照数据的存放位置可分为_____、_____、_____。

2. 寻址的含义是_____;8086 指令系统的寻址方式按照操作数的存放位置可分为_____、_____;其中寻址速度最快的是_____。

3. 若指令操作数保存在存储器中,操作数的段地址隐含放在_____中;可以采用的寻址方式有_____。

4. 指令"MOV AX,ES:[BX + 0200H]"中,源操作数位于_____;读取的是_____存储单元内容。

5. 堆栈是一个特殊的_____,其操作是以_____为单位按照_____原则来处理;采用_____来指向栈顶地址,入栈时地址变化为_____。

6. I/O 端口的寻址有_____、_____两种方式;采用 8 位数时,可访问的端口地址为_____;采用 16 位数时,可访问的端口地址为_____。

三、判断题

1. 各种 CPU 的指令系统是相同的。 （ ）
2. 在指令中,寻址的目的是找到操作数。 （ ）
3. 指令"MOV AX,CX"采用的是寄存器间接寻址方式。 （ ）
4. 条件转移指令可以实现段间转移。 （ ）
5. 串操作指令只处理一系列字符组成的字符串数据。 （ ）
6. LOOP 指令执行时,先判断 CX 是否为 0,如果为 0 则不再循环。 （ ）

四、分析题

1. 分析下列指令的正误,并说明正确或错误的原因。

(1) MOV DS,AX
(2) MOV [2100],12H
(3) MOV [2200H],[2210H]
(4) MOV 1200H,BX
(5) MOV AX,[BX+BP+0110H]
(6) MOV CS,AX
(7) POP BL
(8) PUSH WORD PTR [SI]
(9) OUT CX,AL
(10) IN AL,[50H]

2. 已知寄存器保存内容(DS)=3200H,(BX)=1234H,(SI)=3456H,(3668AH)=7FH,执行指令"MOV AL,[BX][SI]",分别计算操作数的偏移地址 EA 和物理地址 PA,说明该指令执行后的操作结果。

3. 给定寄存器和存储单元内容如下,写出下列每条指令的操作功能,分析每条指令执行后的结果。

(DS)=3000H,(AX)=2248H,(BX)=1120H,(SI)=1040H;(31040H)=E9H,(32120H)=FFH,(32121H)=00H。

(1) SHR AX,1
(2) ADD BL,[SI]
(3) AND AL,[BX+1000H]

4. 根据以下要求写出相应的汇编语言指令。

（1）把寄存器 BX 和 DX 的内容相加，结果存入寄存器 DX 中。

（2）用 BX 和 SI 的基址变址寻址方式，把存储器中的一字节与 AL 内容相加，并保存在寄存器 AL 中。

（3）用寄存器 BX 和位移量 21B5H 的变址寻址方式把存储器中的一个字和 CX 相加，并把结果送回存储器单元中。

（4）用位移量 2158H 的直接寻址方式把存储器中的一个字与数 3160H 相加，并把结果送回该寄存器中。

（5）把数 25H 与 AL 相加，结果送回寄存器 AL 中。

5. 写出将首地址为 BLOCK 的字数组的第 6 个字送到寄存器 CX 的指令序列，要求分别使用以下几种寻址方式。

（1）以 BX 的寄存器间接寻址。

（2）以 BX 的寄存器相对寻址。

（3）以 BX、SI 的基址变址寻址。

第 4 章

汇编语言程序设计

汇编语言程序设计是开发微型计算机系统软件的基本功,在程序设计中占有十分重要的地位。本章着重讨论 8086/8088 汇编语言的基本语法和程序设计的基本方法,和掌握一般汇编语言程序设计的初步技术。

程序设计语言是专门为计算机编程配置的语言。它们按照形式与功能的不同可分为机器语言、汇编语言和高级语言。

机器语言(machine language)是由 0、1 二进制代码书写和存储的指令与数据,它的特点是能为机器直接识别与执行,程序所占内存空间较少。其缺点是难认、难记、难编、易错。

汇编语言(assembly language)是在机器语言的基础上直接发展出来的一种计算机语言。它是用指令的助记符、符号地址、标号等书写程序的语言。汇编语言克服了机器语言不容易记忆、不便使用的缺点,能利用 CPU 的指令系统以及相应的寻址方式,编写出占用内存少、运行速度快的程序。它还能直接利用计算机的硬件提供的寄存器、标志和中断,对寄存器、内存以及 I/O 端口进行各种操作。但汇编语言不能为计算机直接识别。

高级语言(high language)是脱离具体机器(即独立于机器)的通用语言,不依赖于特定计算机的结构与指令系统。用同一种高级语言写的源程序,一般可以在不同计算机上运行而得同一结果。

高级语言源程序也必须经过翻译程序或解释程序编译或解释生成机器码目标程序后方能执行。它的特点是简短、易读。其缺点是编译程序或解释程序复杂,占用内存空间大,且产生的目标程序也比较长,因而执行时间就长;同时,目前用高级语言处理接口技术、中断技术还比较困难。所以,它不适合于实时控制。

由汇编语言写成的语句,必须遵循严格的语法规则。现将与汇编语言相关的几个名词介绍如下。

汇编源程序:按严格的语法规则用汇编语言编写的程序称为汇编语言源程序,简称汇编源程序或源程序。

汇编(过程):将汇编语言源文件翻译成机器语言可执行文件的过程称为汇编过程,简称汇编。

汇编程序：为计算机配置担任把汇编语言源程序翻译成机器语言可执行文件的一种系统软件。

汇编语言程序的上机与处理过程如图 4-1 所示。

图 4-1 汇编语言程序的上机与处理过程

4.1 汇编语言源程序基本结构

为了较好地说明汇编语言程序格式，在此首先给出汇编语言的一般结构形式如下：

```
DATA    SEGENT              ;定义数据段
        ⋮                   ;数据定义伪指令序列
DATA    ENDS                ;数据段结束
CODE    SEGMENT             ;定义代码段
    ASSUME CS:CODE,DS:DATA   ;段寄存器说明
START:MOV  AX,DATA          ;取数据段基址
      MOV  DS,AX            ;建立数据段的可寻址性
      MOV  AX,STACK
      MOV  SS,AX
        ⋮                   ;核心程序段
      MOV  AH,4CH           ;返回 DOS
      INT  21H
CODE    ENDS
        END START
```

该标准源程序框架具有以下结构特点。

（1）一个源程序一般要包括代码段、数据段、堆栈段等若干逻辑段，各逻辑段有伪指令定义和说明。

（2）每个段都有一个段名，并以 SEGMENT 作为本段开始，以 ENDS 作为本段结束，整个源程序以 END 结束。

（3）每个逻辑段由语句序列组成，各语句可以是指令语句、伪指令语句、宏指令语句等。

（4）一个源程序具有数据段、附加段、堆栈段和代码段。堆栈段、数据段、附加段可以没有，而代码段是必不可少的，每个程序至少必须有一个。

（5）在定义的代码段中，第一条语句必须是段寄存器说明语句 ASSUME，用于说明各段寄存器与逻辑段的关系。但它并没有设置段寄存器的初值，所以在源程序中，除代码段外，其他所有定义的段寄存器的初值都要在程序代码段的起始处由用户自己设置，

以建立这些逻辑段的可寻址性。

（6）每个源程序在其代码段中都必须含有返回到 DOS 的指令语句，以保证程序执行完后能返回 DOS。

4.2　汇编语言源程序语法

4.2.1　常用伪指令

伪指令是构成汇编语言源程序的一种重要语句。它不像机器指令是在程序运行期间由计算机来执行的，而是在汇编期间由汇编程序处理的操作。伪指令在汇编期间告诉汇编程序：如何为数据项分配内存空间，如何设置逻辑段，段寄存器和各逻辑段的对应关系以及源程序的结束位置等信息，以便指导汇编程序分配内存、汇编源程序、指定段寄存器。在最后形成的目标代码及可执行程序中，伪指令已经不存在。也就是说，伪指令不产生相应的机器代码。根据功能的不同，可将伪指令分为符号定义伪指令、数据定义伪指令等，下面分别进行介绍。

1. 符号定义伪指令

有时程序中多次出现同一个表达式，为方便起见，可以用符号定义伪指令给表达式赋予一个名字。符号定义伪指令可用一个符号名表示一个常量或表达式，经过赋值的符号名在程序中可代替常量或表达式使用。

1）赋值伪指令 EQU

格式：

符号名 EQU 表达式

功能：用来给变量、标号、常数、表达式等定义一个符号名，程序中用到 EQU 左边的变量、标号时可用右边的常数值或表达式代替，但一经定义，在同一个程序模块中不能重新定义。

例如：

```
COUNT   EQU   100              ;常数 100 赋给符号名 COUNT
DATA    EQU   COUNT+2          ;表达式值赋给符号名 DATA
A1      EQU   [BX+SI]          ;将存储单元内容赋给符号名 A1
B1      EQU   OFFSET  A1       ;将 A1 偏移地址值赋给符号名 B1
```

2）等号伪指令＝

格式：

符号名=表达式

功能：等号伪指令与 EQU 伪指令具有相同的功能，它们之间的区别是 EQU 伪指令中的表达式名是不允许重复定义的,而等号伪指令则允许重复定义。

例如:

```
CON=5
VAR=200H
VAR=VAR+10H                 ;重新定义 VAR
```

与 EQU 相似,等号伪指令也可以作为赋值操作使用。

2. 数据定义伪指令

数据定义伪指令用来为操作数分配存储单元,并将变量与存储单元相联系。

格式 1:

［变量名］　助记符　［操作数,…］［;注释］

功能:将操作数存入变量名指定的存储单元,其类型为伪指令助记符指定的类型。

格式 2:

［变量名］　助记符　　n　DUP(操作数,…)［;注释］

功能:将操作数复制 n 次存入变量名指定的存储单元,其类型为伪指令助记符指定的类型。

其中,变量名字段是可有可无的,它用符号地址表示,其作用与指令语句前的标号相同,但它的后面不跟冒号。如果语句中有变量,则在汇编程序中该变量为分配单元的第一个字节的偏移地址。

注释字段用来说明该伪指令的功能,它也是可有可无的。

助记符字段说明所用伪指令的助记符,说明所定义的数据类型。常用的有以下3 种。

(1) 定义字节伪指令 DB:用来定义字节,其后的每个操作数都占有一字节(8 位)。

(2) 定义字伪指令 DW:用来定义字,其后的每个操作数占有一个字(16 位,其低位字节在第一个字节地址中,高位字节在第二个字节地址中)。

(3) 定义双字伪指令 DD:用来定义双字,其后的每个操作数占有两个字(32 位,也按低字节在高位地址存放)。

【例 4-1】　操作数是常数或表达式(假设 DA1 的偏移地址为 1000H)

```
DA1   DB   10H,52H              ;变量 DA1 中装入 10H,52H
DA2   DW   1122H,34H            ;变量 DA2 中装入 22H,11H,34H,00H
DA3   DD   5 * 20H,0FFEEH       ;变量 DA3 中装入 A0H,00H,00H,00H
                                ;EEH,FFH,00H,00H
DA4   DB   2  DUP (2,5,?)       ;变量 DA4 中装入 02H,05H,?,02H,05H,?
DA5   DB   50  DUP (?)          ;变量 DA5 中装入 50 个?
```

汇编后 DA1～DA5 在存储器中的分布情况如图 4-2 所示。

4.2.2 段定义伪指令

8086 的内存是分段的,一个程序允许使用代码段、数据段、堆栈段和附加段 4 个段,程序的不同部分应放在确定的段中。例如,程序中可执行的代码放在代码段中,程序使用的数据放在数据段中等,即程序必须按段来组织和利用存储器。

完整段定义伪指令就是为程序的分段而设置的。它包括段定义伪指令、段寄存器指派伪指令和移动地址指针伪指令等。

1. 段定义伪指令 SEGMENT 和 ENDS

格式:

段名 SEGMENT [定位类型][组合类型]['类别']

段名 ENDS

功能:定义了一个逻辑段,给逻辑段赋予一个段名,其中段名为段的标识符,用来指出该段的基址(起始地址)。

其中,段名由用户自己定义;定位类型、组合类型、类别分别确定段名的属性;方括号表示这 3 部分不是必需的,可视需要选取。

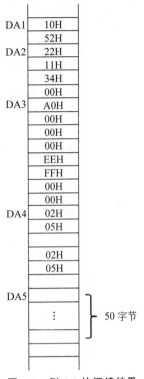

图 4-2 例 4-1 的汇编结果

1)定位类型

定位类型用于指定段的起始地址在内存中所取的位置。它可以是 PARA、PAGE、WORD 和 BYTE 4 种类型。

(1) PARA 是默认类型,表示段起始边界地址的低 4 位为 0,即段的起始地址总是 16 的倍数。

(2) PAGE 表示段起始边界的地址的低 8 位为 0,即段的起始地址总是 256 的倍数。

(3) WORD 表示段从一个字边界地址开始,即段地址必须是偶数。当多个目标程序段要连接在同一个物理段时,各源程序的段首说明中选用 WORD,以节省内存。

(4) BYTE 表示段可以从任何地址开始。

2)组合类型

组合类型用于告诉链接程序该段与其他段的链接关系。一个程序的源程序可以分为若干部分编写,每个部分中都可能有代码段、数据段等。源程序经汇编后还需链接才能成为可执行的程序,链接时需要将分散在不同部分而又有共同特征的段进行组合,如将某些代码段组合在一起构成统一的代码段等,组合类型用于确定源程序中各段的链接关系。

组合类型有 NONE、PUBLIC 等多种类型。例如,NONE 类型表示该段与其他段无任何关系,各自有自己的段基址,NONE 是默认的设置。PUBLIC 表示该段与其他同名、同类别段链接成一个物理段时,所有这些段有一个共同的段基址。

3）类别

程序在链接时只将同类别的段链接并放在一个连续的存储区构成段组,类别就是给这个段组命名的。类别可以是任何合法的名称,必须用单引号括起来。例如,'CODE'、'STACK'等。

2. 段寄存器指派伪指令 ASSUME

格式：

ASSUME 段寄存器：段名［,段寄存器：段名,…］

功能：确定汇编程序源程序中的各段名与段寄存器之间的对应关系。

段定义语句确定了其语句中的变量、标号以及语句的段属性,而它们属于一个程序 4 个段中的哪一个还有待确认。只有建立段名和段寄存器的联系,各个段在程序中的作用才能完全确定,汇编时才能够得到正确的目标代码。指令中的段名必须由 SEGMENT 定义过,段寄存器则是 CS、DS、SS 和 ES。由于不同的段可以彼此分离、重叠或完全重叠,因此,不同的段名可以指派不同的段寄存器,也可指派同一个段寄存器。应当注意,段寄存器指派仅仅是建立段名与段寄存器的联系,而除 CS 外,DS、ES 和 SS 中的段地址还要在程序中通过 MOV 指令装入。

3. 移动地址指针伪指令 ORG

格式：

ORG　数值表达式

功能：用来指出其后的程序段或数据块存放的起始地址的偏移地址。

当 ORG 指定了新的地址指针之后,其后的程序和数据就从此指针指示的起始地址开始存放。例如：

ORG　100H

则从此语句起,其后的指令或数据从当前段的 100H 处开始存放。

在源程序的汇编过程中,汇编程序有一个地址计数器用于保存当前正在汇编的指令的地址,这个地址指针用 $ 表示。在 ORG 语句中若使用含有 $ 的表达式,如"ORG $＋5",则表示地址指针从当前地址跳过 5 字节。

4.2.3　常量、变量和标号

1. 常量

常量指在程序运行过程中不变的量。8086 汇编语言允许的常量如下。

（1）数值常量。汇编语言中的数值常量可以是二进制、八进制、十进制或十六进制数，书写时用加后缀的方式标明，后缀字符 H 表示十六进制，O 或 Q 表示八进制，B 表示二进制，D 表示十进制。对于十进制数可以省掉后缀。对于十六进制数，当以 A～F 开头时，前面加数字 0，以避免和名字混淆。

（2）字符串常量。包含在单引号''中的若干个字符形成字符串常量，字符串常量在计算机中存储的是相应字符的 ASCII 码。如'A'的值是 41H，'AB'的值是 4142H 等。

例如：

```
MOV  AL,'9';(AL)=9 的 ASCII 码值=39H
```

（3）符号常量。常量用符号名来代替就是符号常量。用 COUNT EQU 3 或 COUNT＝3 定义后，COUNT 就是一个符号常量，与数值常量 3 等价。

2. 变量

变量是数据或数据块所存放单元的符号化地址，这些数据在程序运行期间可以随时修改。变量在数据段、附加段或堆栈段中定义，后面不跟冒号。它也可以用 LABEL 或 EQU 伪操作来定义。变量经常在操作数字段出现。变量有以下 3 种属性。

（1）段属性：定义变量的段起始地址，此值必须在一个段寄存器中。

（2）偏移属性：从段的起始地址到定义变量的位置之间的字节数，即段内偏移地址。在当前段内给出的变量的偏移值等于当前地址计数器的值，当前地址计数器的值可以用 $ 表示。

（3）类型属性：表示变量占用存储单元的字节数。如 BYTE（DB,1B 长）、WORD（DW, 2B 长）、DWORD（DD, 4B 长）、FWORD（DF, 6B 长）、QWORD（DQ, 8B 长）、TBYTE（DT, 10B 长）。

在同一个程序中，同样的标号或变量的定义只允许出现一次，否则汇编程序会指示出错。

3. 标号

标号是某条指令存放单元的符号化地址，在代码段中定义，后面跟着冒号，它也可以用 LABEL 或 EQU 伪操作来定义。此外，它还可以作为过程名来定义。标号经常在转移指令或 CALL 指令的操作数字段出现，用于表示转向地址。

标号有以下 3 种属性。

（1）段属性：定义标号的段起始地址，此值必须在一个段寄存器中，而标号的段总在寄存器 CS 中。

（2）偏移属性：标号的偏移地址是从段的起始地址到定义标号的位置之间的字节数。

（3）类型属性：用来指出该标号是在本段内引用的还是在其他段中引用的。如果是在段内引用的，则称为 NEAR；如在其他段中引用的，则称为 FAR。

4.3　汇编语言程序设计基本方法

4.3.1　汇编语言程序开发过程

从建立汇编语言源程序到生成机器语言可执行文件要经历编辑、汇编和链接 3 个阶段。

1. 汇编语言程序的上机环境

汇编语言源文件是使用符号语言编写的文本文件，不能被 CPU 识别，必须将其翻译成 CPU 能识别的机器语言，这个过程称为汇编。能把用户编写的汇编语言源程序翻译成机器语言可执行文件的程序系统，称为汇编程序。

汇编程序的主要功能是汇编和链接。汇编能将源程序翻译并把它转换成用二进制代码表示的目标文件(obj)。在汇编的过程中，首先对源程序进行语法扫视，检查源程序的错误，若存在错误，则给出错误提示帮助对源程序的修改。无错误的源程序即可转换为目标文件。

目标文件还要经过链接才能成为机器语言可执行文件。链接能把多个模块的目标文件或目标文件与库文件链接成一个统一的模块，在此过程中还要为代码分配内存，形成能由操作系统将其装入内存并运行的程序。

能够完成汇编工作的汇编程序有多种，常用的是 Microsoft 公司的 ASM 和 MASM。其中 ASM 具有进行源文件的错误检查并给出错误提示、数制转换、表达式计算、翻译和内存的分配等汇编的基本功能，因此又称基本汇编。而 MASM 除具有基本汇编功能外，还允许使用宏指令、结构和记录等高级汇编功能，因此 MASM 又称宏汇编。本节主要介绍基本汇编程序的主要语句和基本汇编程序的使用方法。

2. 运行汇编语言程序的步骤

编写能在计算机上运行的程序，应经历如下步骤。

(1) 利用文本文件编辑工具编辑源文件(asm)。

汇编语言的源程序是文本文件，任何文本文件的编辑工具都可以用来编写源程序。例如 MS-DOS 自带的文本编辑程序 EDIT、WPS 的非文本文件编辑方式、CCED 等。应当注意，汇编语言源程序文件的扩展名是 asm。

(2) 用汇编程序将源文件(asm)转换为目标文件(obj)。

在汇编过程中若发现源程序有语法错误，则显示出有错误的语句的行号和错误的原因，以及错误的总数。此时，可根据错误提示，分析错误原因，并对源程序进行修改。修改后重新汇编，直到没有错误为止。

汇编错误提示有两类：警告错误(warning errors)和严重错误(severe errors)。警告错误指示源程序存在的一般性错误，这类错误存在时，虽然可以继续汇编并生成目标文件，但以后的程序运行将出现错误；严重错误的存在将使汇编无法正确地进行。只有当没有任何错误存在时,汇编才算结束。

（3）用链接程序将目标文件（obj）转换为可执行文件（exe）。

目标文件的链接有两个作用：一是将多个目标文件、库文件等多个模块链接成统一的程序；二是将目标文件中的浮动地址转换成能将程序装入内存的地址。

链接使用 LINK.exe 程序文件。在 LINK 命令之后可直接给出要链接的目标文件名,否则将提示用户输入它。若链接过程有错误,则显示错误信息,修改程序后,再重新汇编、链接,直到没有错误为止。若链接程序给出 No STACK segment 一般性的警告错误,并不影响程序的运行。

（4）生成可执行文件后,在 DOS 状态下直接输入文件名就可执行该文件。

汇编过程如图 4-3 所示。

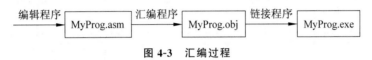

编辑程序 → MyProg.asm → 汇编程序 → MyProg.obj → 链接程序 → MyProg.exe

图 4-3　汇编过程

4.3.2　基本结构程序设计

在汇编语言源程序设计中,一般用到 3 种程序结构：顺序结构、分支结构、循环结构。对任何一个复杂问题的设计,基本上都可以由这 3 种基本逻辑结构综合而成。

1. 顺序结构程序设计方法

顺序结构程序又称简单程序,其特点是程序按指令的顺序执行,在程序中没有分支、没有转移、没有循环,每执行一条指令,指令指针 IP 内容自动增加。顺序结构如图 4-4 所示。

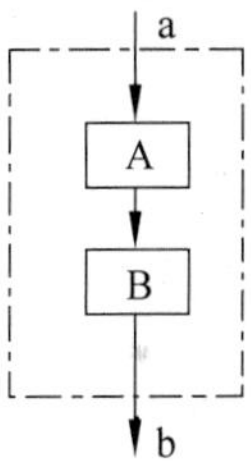

图 4-4　顺序结构图

【例 4-2】　编程序计算：

SUM=3 * (X+Y)+(Y+Z)/(Y-Z)

其中,X、Y、Z 都是 16 位无符号数,要求结果存入 SUM 单元。假设运算过程中间结果都不超出 16 位二进制数的范围。程序片段如下：

```
MOV  AX,X          ;取 X
ADD  AX,Y          ;AX←X+Y
MOV  CX,3
MUL  CX            ;DX:AX←3 * (X+Y)
MOV  CX,AX         ;CX←3 * (X+Y)保存
MOV  AX,Y          ;取 Y
ADD  AX,Z          ;AX←Y+Z
XOR  DX,DX         ;DX←0
MOV  BX,Y          ;取 Y
SUB  BX,Z          ;BX←Y-Z
```

```
DIV   BX              ;AX←(Y+Z)/(Y-Z)的商
ADD   AX,CX           ;AX←3*(X+Y)+(Y+Z)/(Y-Z)
MOV   SUM,AX          ;存结果
```

2. 分支结构程序设计方法

在程序设计中不是所有的程序都是顺序程序结构,还会遇到需要根据各种条件判断和比较进行操作的情况,满足条件做一种操作,不满足条件做另一种操作。每一种操作程序称为一个分支,一次判断产生两个分支:只有一次判断的称为单重分支程序;多次判断产生多个分支,称为多重分支程序。分支结构程序框图如图 4-5 所示。

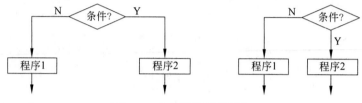

图 4-5　分支结构程序框图

【例 4-3】　编程序实现符号函数。

$$Y = \begin{cases} 1 & X > 0 \\ 0 & X = 0 \quad (-128 \leqslant X \leqslant +127) \\ -1 & X < 0 \end{cases}$$

程序中要求对 X 的值进行判断,根据 X 的不同值,给 Y 单元赋予不同的值。绘制程序流程图如图 4-6 所示。

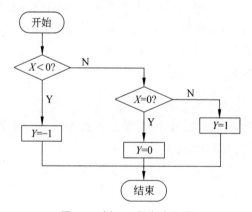

图 4-6　例 4-3 程序流程图

程序部分如下:

```
CMP  X,0
JL   PNUM            ;X<0 转移到 PNUM
JZ   ZERO            ;X=0 转移到 ZERO
MOV  Y,1
```

```
        JMP  EXIT            ;X>0
PNUM:  MOV  Y,-1
        JMP  EXIT            ;X<0
ZERO:  MOV  Y,0             ;X=0
EXIT:  ⋮
```

3. 循环结构程序设计方法

1）循环结构程序

凡要重复执行的程序段都可按循环结构设计。采用循环结构,可简化程序书写形式,缩短程序长度,减少占用的内存空间。注意,循环结构并不简化程序的执行过程,相反,增加了一些循环控制环节,使总的程序执行语句和执行时间不仅无减,反而有增。

循环结构程序一般包括下面 4 部分。

（1）初始化。设置循环初值,即为循环做准备。包括对地址指针寄存器、循环次数的计数初值的设置,以及其他为能使循环体正常工作而设置的初始状态等。

（2）循环体。重复执行的程序段,是循环结构程序的核心部分。

（3）循环修改。当程序循环执行时,对一些参数如地址、变量等进行有规律的修正。

（4）循环控制部分。用于判断循环结构程序是否结束,若结束则退出循环结构程序,否则修改地址指针和计数器值,继续进行循环结构程序。

常用的循环结构程序有两种形式:DO-UNTIL(直到型循环)和 DO-WHILE(当型循环),如图 4-7 所示。DO-UNTIL 结构形式是先执行循环体程序,然后再判断循环控制条件是否满足。若不满足则再次执行循环体程序;否则退出循环。DO-WHILE 结构形式是先判断循环控制条件是否满足,满足则执行循环体程序;否则退出循环。

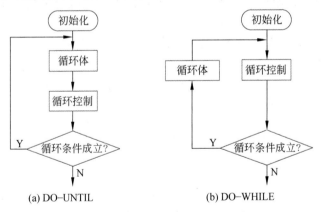

(a) DO-UNTIL　　　　　　　　(b) DO-WHILE

图 4-7　循环结构程序的两种形式

2）循环控制方法

循环的结束判断是循环程序的一个重要部分,控制循环的执行并判断是否结束循环的方法主要有 3 种:计数控制、条件控制和逻辑尺控制。

（1）计数控制。这是一种最常用的循环控制方法,适用于事先已知循环次数的情况。可用循环指令 LOOP 实现,也可用条件转移指令实现。

【例 4-4】　在首地址为 BUFF 的内存缓冲区中,存放着 20H 个有符号的字数据。要求找出其中的最小值,并将最小值存入 MIN 单元。

分析:对于这个问题,要找最小值就要逐个比较这 20H 个数据,所以可用循环结构程序重复比较过程。比较的方法可以先假定第一个数据就是最小值(当前最小值),然后和其余数据比较,如果比当前最小值大,则不处理;否则将该数据置换为当前最小值,直至所有的数据都比较完。显然,这个循环的循环次数是 1FH。

程序片段如下:

```
        LEA  SI,BUFF           ;设地址指针
        MOV  CX,20H            ;CX←循环次数
        MOV  AX,[SI]           ;AX←第一个数据
        INC  SI               ;SI 指向第二个数
        DEC  CX
AGAIN:  CMP  AX,[SI]
        JLE  NEXT             ;小于或等于时转移
        MOV  AX,[SI]
NEXT:   INC  SI
        INC  SI               ;修改地址指针指向下一个数
        LOOP AGAIN
        MOV  MIN,AX
```

(2)条件控制。条件控制适用于事先不知道循环次数的情况,但可以用给定的某种条件来判断是否结束循环。

【例 4-5】　编程统计寄存器 AX 中 1 的个数,并将结果存入 SUM 单元。

分析:要统计二进制数中 1 的个数,最方便的方法是将这个数的各位依次移入 CF 标志,通过检测 CF 的值来判断该位是否为 1,统计所含 1 的个数。这是一个重复记数的过程,可以用循环程序实现。对循环的控制,可以用记数方法,共检测 16 次,还可以通过判断移位后二进制数是否变为 0 作为循环结束的条件。当二进制数的后几位全部为 0 时,用这种方法可以提前结束循环,提高程序的运行效率。程序流程图如图 4-8 所示。

程序片段如下:

```
        MOV  BL,0             ;记数单元 BL 清零
AGAIN:  OR   AX,AX           ;测试 AX=0?
        JZ   EXIT            ;若 AX=0,则转移到结束点
        SHL  AX,1            ;将 AX 最高位移至 CF
        JNC  NEXT            ;CF=0,转去 AGAIN 继续
        INC  BL              ;CF≠0,BL 加 1
NEXT:   JMP  AGAIN
EXIT:   MOV  SUM,BL
```

(3)逻辑尺控制。有时候,循环体内的处理任务在每次循环执行时并无规律,但确实需要连续运行。此时,可以给各处理操作标不同的特征位,所有特征位组合在一起,就形成了一个逻辑尺。

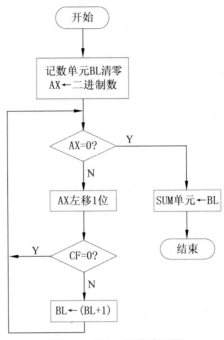

图 4-8　例 4-5 程序流程图

【**例 4-6**】　在数据段中有两个数组 X 和 Y,每个数组含有 10 个双字节数据元素。现将两个数组的对应元素进行下列计算,形成一个新的数组 M。假定数组的对应元素计算后,结果不产生溢出。

$M_1 = X_1 + Y_1$　　$M_2 = X_2 + Y_2$　　$M_3 = X_3 - Y_3$　　$M_4 = X_4 + Y_4$　　$M_5 = X_5 - Y_5$

$M_6 = X_6 - Y_6$　　$M_7 = X_7 - Y_7$　　$M_8 = X_8 + Y_8$　　$M_9 = X_9 + Y_9$　　$M_{10} = X_{10} - Y_{10}$

很显然,这个问题可以用循环实现,而且循环次数确定为 10 次。但每次循环的操作是进行加还是减,无规律可循。为此,可以为每一次操作设置一个特征位,即 0 表示加,1 表示减,总共构成一个 16 位的逻辑尺,存放于寄存器 DX 中。本例逻辑尺如下:

0010111001000000

从左到右依次为数组元素 1~10 的特征位。每次将逻辑尺左移一位,根据移入 CF 的特征位,判断本次循环体所进行的操作。程序流程图如图 4-9 所示。

程序片段如下:

```
        MOV   BX,0              ;设数组下标指针
        MOV   CX,10             ;设循环计数器
AGAIN:  MOV   AX,X[BX]
        SHL   DX,1
        JC    SUBB             ;若当前特征位为 1,则做减法;否则做加法
        ADD   AX,Y[BX]
        JMP   NEXT
SUBB:   SUB   AX,Y[BX]
NEXT:   MOV   M[BX],AX          ;送结果
        INC   BX
```

```
INC  BX
LOOP AGAIN
```

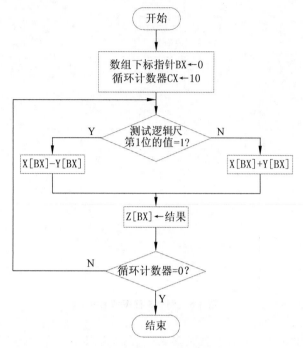

图 4-9　例 4-6 程序流程图

4.3.3　程序设计举例

【例 4-7】　试编程对两个无符号二进制数存放在 AA1 和 AA2 单元中的 24C7H 和 79ACH 进行求和,并把结果放入 BUF。

分析:这是一个多字节求和任务,此任务应从低字节开始求和,在进行高字节求和时应考虑低字节的进位位。所以,低字求和时可以用 ADD 指令,但高字节求和时应用 ADC 指令。流程图如图 4-10 所示。

编写程序如下:

```
DATA  SEGMENT                    ;定义数据段
    AA1  DB  C7H,24H             ;定义被加数
    AA2  DB  ACH,79H             ;定义加数
BUF  DW  2  DUP(?)               ;定义结果存放区
DATA  ENDS                       ;数据段结束
CODE  SEGMENT                    ;定义代码段
    ASSUME  CS: CODE,DS:DATA     ;确定段和段寄存器之间的关系
START: MOV  AX,DATA
       MOV  DS,AX                ;初始化 DS
       LEA  SI,AA1               ;被加数的偏移地址送 SI
       LEA  DI,AA2               ;加数的偏移地址送 DI
       LEA  BX,BUF               ;存放结果的偏移地址送 BX
```

```
        XOR   AX,AX              ;清 OF、CF、AX
        MOV   AL,[SI]            ;取被加数低 8 位
        MOV   DL,[DI]            ;取加数低 8 位
        ADD   AL,DL              ;被加数低 8 位和加数低 8 位相加
        INC   SI                 ;修改地址
        INC   DI                 ;修改地址
        MOV   AH,[SI]            ;取被加数高 8 位
        MOV   DH,[DI]            ;取加数高 8 位
        ADC   AH,DH              ;被加数高 8 位和加数高 8 位相加
        MOV   [DI],AX            ;结果送入 SUM 单元中
CODE    ENDS
        END   START             ;源程序结束
```

【**例 4-8**】 有 3 个无符号数 X、Y、Z,其值均小于 0FFH,存于 SUM 开始的单元中。试编程找出 X、Y、Z 中数值为中间的一个,将其存入 SUM1 单元中。

分析:要完成题目要求采用比较判断方法。①先取出 X、Y、Z,假设存于寄存器 AL、BL、CL 中;②采用两数比较换位法,即 AL 中的数和 BL、CL 分别进行比较,在 AL 中总是存放中间值。程序流程图如图 4-11 所示,程序如下:

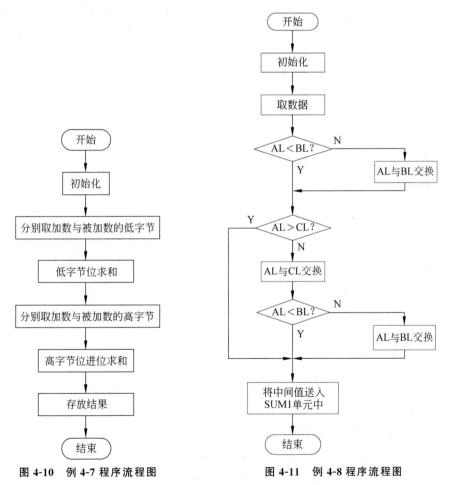

图 4-10 例 4-7 程序流程图   图 4-11 例 4-8 程序流程图

```
        DATA  SEGMENT
            SUM   DB  X,Y,Z
            SUM1  DB  2 DUP(?)
        DATA  ENDS
        CODE  SEGMENT
            ASSUME  CS:CODE,DS:DATA
        START: MOV  AX,DATA
               MOV  DS,AX
               LEA  SI,SUM            ;无符号数的偏移地址送 SI
               LEA  DI,SUM1           ;存放结果的偏移地址送 DI
               XOR  AX,AX             ;清 OF、CF、AX
               MOV  AL,[SI]           ;取第 1 个无符号数
               MOV  BL,[SI]+1         ;取第 2 个无符号数
               MOV  CL,[SI]+2         ;取第 3 个无符号数
               CMP  AL,BL             ;第 1 个无符号数与第 2 个无符号数比较
               JB   AA1               ;第 1 个无符号数小于第 2 个无符号数转移到 AA1
               XCHG AL,BL             ;否则第 1 个无符号数与第 2 个无符号数交换
        AA1:   CMP  AL,CL             ;第 1 个无符号数与第 3 个无符号数比较
               JAE  AA2               ;第 1 个无符号数大于第 3 个无符号数转移到 AA2
               XCHG AL,CL             ;否则第 1 个无符号数与第 3 个无符号数交换
               CMP  AL,BL             ;第 1 个无符号数与第 2 个无符号数比较
               JB   AA2               ;第 1 个无符号数小于第 2 个无符号数转移到 AA2
               XCHG AL,BL             ;否则第 1 个无符号数与第 2 个无符号数交换
        AA2:   MOV  [DI],AL           ;将中间值存入 SUM1 单元中
               MOV  AH,4CH
               INT  21H
        CODE  ENDS
               END  START
```

【例 4-9】 从 BUFF 开始的内存单元中,顺序存放着 100 个有符号字节数据,编写程序从中查找最大数和最小数。

分析:查找最大数和最小数的方法是先假定第一个有符号数是当前最大数或最小数,然后从第二个有符号数开始,依次取出数据与当前最大数或最小数进行比较。若数据大于当前最大数,则用数据替换当前最大数;否则,若数据小于当前最小数,则用数据替换当前最小数。最后,直到所有数据比较完毕。程序流程图如图 4-12 所示,程序如下:

```
DATA  SEGMENT                     ;定义数据段
    BUFF  DB  100,-99,124,…,-56,89
    CNT   EQU  $-BUFF             ;计算数据区长度
DATA  ENDS
CODE  SEGMENT                     ;定义代码段
    ASSUME  CS:CODE,DS:DATA       ;确定段和段寄存器之间的关系
START: MOV  AX,DATA
       MOV  DS,AX                 ;初始化 DS
       LEA  DI,BUFF               ;取数据块首址
       MOV  AL,[DI]
```

```
        INC   DI
        MOV   MAX,AL              ;第一个有符号数当作最大数
        MOV   MIN,AL              ;第一个有符号数当作最小数
        MOV   CX,CNT-1            ;置循环次数
AGAIN:  MOV   AL,[DI]             ;取一字节数据
        CMP   AL,MAX              ;与当前最大数比较
        JLE   NEXT                ;小于或等于,跳过
        MOV   MAX,AL              ;替换当前最大数
        JMP   DONE
NEXT:   CMP   AL,MIN              ;与当前最小数比较
        JGE   DONE                ;大于或等于,跳过
        MOV   MIN,AL              ;替换当前最小数
DONE:   INC   DI                  ;调整指针指向下一字节数据
        LOOP  AGAIN
        MOV   AH,4CH
        INT   21H
CODE    ENDS
        END   START
```

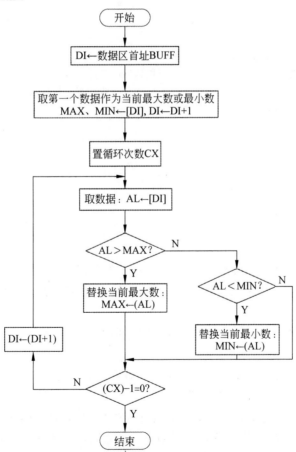

图 4-12   例 4-9 程序流程图

实　验　4

一、汇编程序设计环境

1）实验任务

显示字符串"Hello World!"。

2）实验目的

掌握汇编语言程序编写、汇编、链接和执行的方法。

3）实验分析

采用 09H 号功能调用，将以 $ 字符结束的字符串输出到显示器。

4）参考程序

```
DATA   SEGMENT

STRING   DB   'HELLO, EVERYBODY!',0DH,0AH
DATA   ENDS
CODE   SEGMENT
    ASSUME   CS: CODE,DS: DATA
START: MOV   AX, DATA            ;取数据段基址
       MOV   DS,AX               ;建立数据段的可寻址性
       MOV   DX,OFFSET   STRING
       MOV   AH,09H
       INT   21H
       MOV   AH, 4CH             ;返回 DOS
       INT   21H                 ;程序结束
CODE   ENDS
       END   START
```

5）实验步骤

汇编语言程序从编写到能在机器上运行，必须经过以下 4 个步骤。

（1）编辑源程序。可以使用文本编辑器，如 Edit、记事本等，编写汇编语言源程序，扩展名为 asm 或 txt。

（2）调用汇编程序对源程序进行汇编。使用汇编程序对源程序进行汇编，产生目标文件，扩展名为 obj。

（3）对目标文件进行链接。采用链接程序对目标文件进行链接，生成在操作系统中可以直接运行的可执行文件，扩展名为 exe。

（4）运行可执行文件并调试。如在汇编过程中出现语法错误，根据错误的信息提示（如错误位置、错误类型、错误说明），可用编辑软件重新调入程序进行修改。

6）实验报告

汇编、链接及调试时产生的错误，其原因及解决方法。

二、顺序结构程序设计

1）实验任务

编写程序用查表法求 0～F 这 16 个十六进制数对应的 ASCII 码。

2）实验目的

掌握汇编语言程序的一般结构，掌握顺序结构程序设计方法。

3）实验分析

实现此任务需要事先在数据段中定义一个表，用于存放十六进制数对应的 ASCII 码，然后用 BX 指向表首，将待转换的十六进制数送入 AL，查表指令执行后，AL 内容即为相应的 ASCII 码。

4）参考程序

```
DATA    SEGMENT
    X    DB   6     ;X初值为一个十六进制数,查表后存放该数的ASCII码
    TABLE  DB   30H,31H,32H,33H,34H        ;ASCII码表'0'~'4'
           DB   35H,36H,37H,38H,39H        ;ASCII码表'5'~'9'
           DB   41H,42H,43H,44H,45H,46H    ;ASCII码表'A'~'F'
DATA    ENDS
CODE    SEGMENT
    ASSUME  CS: CODE, DS: DATA
START: MOV  AX,DATA
        MOV  DS,AX
        MOV  AL,X
        LEA  BX,TABLE
        XLAT
        MOV  X,AL
        MOV  AH,4CH
        INT  21H
CODE    ENDS
        END  START
```

5）实验报告

（1）调试程序时产生的错误，其原因及解决方法。

（2）将任务改成查表法求变量 $X (0 \leqslant X \leqslant 15)$ 的平方值，程序该如何修改？

三、分支结构程序设计

1）实验任务

编程实现符号函数。

$$Y = \begin{cases} 1 & X > 0 \\ 0 & X = 0 \\ -1 & X < 0 \end{cases}$$

设输入数据为 X,输出数据为 Y,且皆为字节变量。

2)实验目的

(1)掌握分支程序的结构。

(2)掌握分支程序的设计和调试方法。

3)实验分析

这是典型的分支结构程序问题,适合用比较指令和条件转移指令实现。

4)参考程序

```
DATA  SEGMENT
    X  DB  -25
    Y  DB  ?
DATA  ENDS
CODE  SEGMENT
    ASSUME  CS: CODE,DS: DATA
START: MOV  AX,DATA
       MOV  DS,AX          ;初始化
       MOV  AL,X           ;X取到AL中
       CMP  AL,0           ;AL中内容和0比较
       JGE  BIG            ;大于或等于0,转BIG
       MOV  BL,-1          ;否则为负数,-1送入BL
       JMP  EXIT           ;转到结束位置
BIG:   JE   EE             ;AL中内容是否为0,为0转EE
       MOV  BL,1           ;否则为大于0,1送入BL
       JMP  EXIT           ;转到结束位置
EE:    MOV  BL,0           ;0送BL
EXIT:  MOV  Y,BL           ;BL中内容送入Y单元
       MOV  AH,4CH
       INT  21H            ;程序结束
CODE  ENDS
       END  START
```

5)实验报告

(1)调试程序时产生的错误,其原因及解决方法。

(2)如果将任务改成为如下计算分段函数

$$Y = \begin{cases} 3X \\ X - 20 \end{cases}$$

其中,X 和 Y 为无符号字节数,程序应该如何修改?

四、循环结构程序设计

1)实验任务

编程对给定的若干字节单元中的字符进行分类统计,统计数字字符'0'~'9'、英文字符

（包括大小写）、其他字符的个数，分别存放于变量 NUM、LET 和 OTH 中。

2）实验目的

（1）加深对循环结构的理解。

（2）掌握循环程序的设计方法。

3）实验分析

数字字符、英文字符和其他字符都是用 ASCII 码表示的。可以看出'0'～'9'的 ASCII 码为 30H～39H，'A'～'Z'的 ASCII 码为 41H～5AH，'a'～'z'的 ASCII 码为 61H～7AH。本程序的关键就是要判断一个字符对应的 ASCII 码在哪个范围内。注意，此任务中要用无符号数的条件转移指令。

4）参考程序

```
DATA  SEGMENT
    BUF  DB  '1','2','3','4','5'
         DB  'a','b','c','d','A'
         DB  '*','% ','q','<',','
    NUM  DB  0
    LET  DB  0
    OTH  DB  0
DATA  ENDS
CODE  SEGMENT
    ASSUME  CS: CODE,DS: DATA
START: MOV  AX,DATA
       MOV  DS,AX          ;初始化
       LEA  SI,BUF         ;BUF 的偏移地址送 SI
       MOV  CX,NUM- BUF    ;计算出 BUF 中数据元素个数
AGAIN: MOV  AL,[SI]        ;取出 SI 所指向的字符送入 AL
       CMP  AL,30H         ;AL 中内容和'0'比较
       JB   OTHR           ;低于,说明不是数字字符
       CMP  AL,39H         ;拿 AL 中内容和'9'比较
       JA   ULET           ;高于,说明不是数字字符
       INC  NUM            ;否则是一个数字字符,NUM+1
       JMP  NEXT
ULET:  CMP  AL,41H         ;拿 AL 中内容和'A'比较
       JB   OTHR           ;低于,说明是其他字符
       CMP  AL,5AH         ;拿 AL 中内容和'Z'比较
       JA   LLET           ;高于,说明是小写字母或其他字符
       INC  LET            ;否则是一个大写字母,LET+1
       JMP  NEXT           ;0 送 BL
LLET:  CMP  AL,61H         ;拿 AL 中内容和'a'比较
       JB   OTHR           ;低于,说明是其他字符
       CMP  AL,7AH         ;拿 AL 中内容和'z'比较
```

```
        JA    OTHR              ;高于,说明是其他字符
        INC   LET               ;否则是一个小写字母,LET+1
        JMP   NEXT
OTHR:   INC   OTH
NEXT:   INC   SI                ;取下一个字符
        LOOP  AGAIN
        MOV   AH,4CH
        INT   21H               ;程序结束
CODE    ENDS
        END   START
```

5）实验报告

画出本程序的流程图。

习　题　4

一、填空题

1. 汇编语言的基本程序结构有_____、_____、_____。

2. 循环程序组成部分包括_____、_____、_____、_____。

3. DOS 功能调用与 BIOS 中断调用都通过_____实现。在中断调用前需要把_____装入寄存器 AH。

二、判断题

1. 一个汇编源程序必须定义一个数据段。　　　　　　　　　　　　　（　　）

2. 伪指令是在汇编中用于管理和控制计算机相关功能的指令。　　　　（　　）

3. 程序中的 $ 可指向下一个所能分配存储单元的偏移地址。　　　　　（　　）

4. LOOP 指令可实现循环参数不固定的循环程序结构。　　　　　　　（　　）

三、简答题

1. 简述汇编程序的概念。

2. 简述下列两条语句有何区别：

```
AA1 EQU 2300H
DD1=2000H
```

3. 已知数据段的物理地址从[1000H：0000H]处开始,定义如下：

```
DATA  SEGMENT
    ORG   2000H
    ADD1  DD   2  DUP (7,1,?)
    ADD2  DB   10  DUP(1,4,5  DUP(5),7)
```

```
    COUNT  EQU  10
    ADD3  DW  COUNT  DUP(?)
DATA  ENDS
```

说明变量 ADD1、ADD2、ADD3 的段基址、偏移地址、类型。并用示意图说明该数据段的存储单元分配情况。

4. 已知数据段定义如下：

```
DATA  SEGMENT
    ADD1  DB  2,18
    ADD2  DW  569AH
         DB  'AB'
DATA  ENDS
```

用示意图说明该数据段的分配情况。

5. 什么是程序结构？程序的基本结构分为哪 4 种？

6. 简述循环结构程序的组成及各部分的功能。

7. 已知数据定义语句为 ADD1 DB 10 DUP (5,2 DUP(?))，其中 ADD1 的偏移地址为 0100H，分析 ADD1 占有多少字节，将内容用存储器示意图表示出来。

8. 编写一个程序，完成 32 位符号数除以 9（其中 32 位符号数存放在 ADD1 中）将商放入 BUF1 中，余数放入 BUF2 中。

9. 写出计算 $Y = A \times B + C - 18$ 的程序。A、B、C 分别为 3 个带符号的 8 位二进制数。

10. 编程实现以下操作：从键盘输入两个 10 以上的数字，然后求它们的和，并把结果显示在屏幕上。

11. 已知有一个长 300 个字的数据块，存放在以 21000H 开始的存储区域内。编写一个完整的汇编语言程序，将该数据块复制到以 5800H 开始的存储区内。

12. 编写一个完整的源程序，将数据段 ADD1 中存放的正数和负数的个数分别统计出来存放在 BUF1 和 BUF2 为首地址的数据缓冲区中。

13. 存储器中一串字符串首地址为 BUF，字符串长度 N 小于 256，要求分别计算出其中数字'0'～'9'，字母'A'～'Z'和其他字符的个数，并分别将它们的个数存放到此字符串的下面 3 个单元中。

14. 编写一个程序，完成在 ADD1 开始的 100 个字节单元中存放着 100 个字母，将大写字母转换成相应的小写字母，将小写字母转换成相应的大写字母，转换后仍存放在它们原先的单元中。

15. 在当前数据段（DS 决定），偏移地址为 DATAB 开始的顺序 80 个单元中，存放着某班 80 个同学某门考试的成绩。

（1）编写程序统计不小于 90 分，80～89 分，70～79 分，60～69 分，小于 60 分的人数各为多少，并将结果放在同一数据段、偏移地址为 BTRX 开始的顺序单元中。

（2）编写一个程序，求该班这门课的平均成绩是多少，并放在该数据段的 LEVT 单元。

16. 设 ADD1 字单元的值为 X，ADD2 字单元的值为 Y，按以下函数要求编程给 Y 赋值。

$$Y = \begin{cases} 2 & X > 30 \\ 0 & 30 \geqslant X \geqslant 1 \\ -2 & X < 1 \end{cases}$$

第 5 章

存 储 器

    存储器是计算机系统必不可少的基本组成部分,用于存放计算机工作所必需的程序和数据。计算机工作的本质就是执行程序的过程,因此计算机工作的大部分时间需要与存储器打交道,存储器性能的好坏在很大程度上影响着计算机系统的性能。本章在介绍当今高档微型计算机系统的存储器体系结构、存储器芯片的选用原则和接口特性的基础上,重点介绍内存的构成原理,并简要介绍高速缓存、外存储器和虚拟存储器的工作原理等。

5.1 存储器体系结构

    目前,高性能的计算机系统中,存储器是一个层次式的存储体系。

5.1.1 分级存储器体系

    微型计算机系统对存储器的基本要求是信息存取正确可靠,同时,也对存储器提出了容量大、速度快和成本低的要求。单片半导体存储器正向大容量、高速和低成本方向发展。同时在计算机发展初期人们就意识到,只靠单一结构的存储器来扩大存储器容量是不现实的。它至少需要两种存储器:主存储器(简称主存)和辅助存储器(简称辅存)。通常把存储容量有限而速度较快的存储器作为主存储器(内存),而把容量很大但速度较慢的存储器作为辅助存储器(外存)。显然,主存-辅存的体系结构解决了存储器的大容量和低成本之间的矛盾。

    在性能较高的微型计算机系统中,要求更高的存储速度,因此在主存与 CPU 之间增加了高速缓存(cache)。cache 虽然容量较小,但存取速度与 CPU 工作速度相当。这样,在 CPU 运行时,机器自动地将要执行的程序和数据从内存送入 cache 就可以取得所需的信息,只有当所需的信息不在 cache 时才访问内存。不断地用新的信息段更新 cache 的内容,就可以使 CPU 大部分时间是在访问 cache,从而减少了对慢速主存的访问,大大提高了 CPU 的效率。cache-主存的办法解决了存储器速度与成本之间的矛盾。这样,目前的微型计算机构成了 CPU 寄存器-cache-主存-辅存的塔形存储器结构,其分级结构示意图如图 5-1 所示。

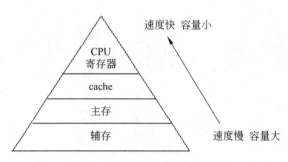

图 5-1　存储器分级结构示意图

由图 5-1 可看出,CPU 中的寄存器可以看成是最高层次的存储部件,它容量最小,速度最快,但对寄存器的访问不按存储地址进行,而按寄存器名进行,这是寄存器与存储器的重要区别。寄存器以下是 cache、主存(内存)、辅存(外存)等层次。外存是最底层的存储器,通常用磁盘、磁带、光盘等构成,其特点是容量大、速度慢、成本低。显然,从图 5-1 可以看出,自上到下存在如下规律:价格依次降低,容量依次增加,访问时间依次增加,CPU 访问的频率依次减少。

使用这样的存储体系,从 CPU 看,存储速度接近最上层,容量和成本接近最下层,大大提高了微型计算机的性能价格比。

5.1.2　高速缓存

一般而言,在较短的时间段内,由程序产生的地址往往集中在存储器逻辑地址空间很小的范围内,指令地址的分布又是连续的,加上循环程序段和子程序段的重复执行,对这些地址的访问,自然具有时间上集中分布的倾向。数据分布的集中倾向不如指令那么明显,但对数组的存储和访问以及工作单元的选择都可以使存储器地址相对集中。

上述这种程序访问的局部性,导致了对局部范围的存储器地址访问频繁,对其他地址访问较少的现象。这样,就可以使用高性能的 SRAM 芯片组成 cache,使用价格低廉、集成度更高、容量更大的 DRAM 芯片组成内存,而在 cache 中放着一部分副本(内存中一部分内容)。当 CPU 发出存储器读取指令后,先在 cache 中查找并执行,若找不到,则直接从内存中取出,同时写入 cache 中,此后,CPU 查找该信息时就可以只访问 cache,而不必访问低速的内存。由于程序访问的局限性,就可以保证 CPU 读取 cache 中数据的概率比较高,这就缩短了相应的存取时间,从而提高了微型计算机整体的运行速度。

事实上,在带有 cache 的微型计算机中,一开始 cache 中并没有数据和程序代码。当CPU 访问内存时,从内存读取的数据或代码在写入寄存器的同时也写入 cache 中。在以后的访问中,若访问的内容已经存于 cache 中,就直接访问 cache 而不必到内存访问。访问内存的数据或代码已存于 cache 内的情况称为 cache 命中,cache 命中的统计概率称为cache 命中率。同样,访问内存的数据或代码不在 cache 内的情况称为不命中或失效,相应地,其不命中的统计概率称为失效率。为提高 cache 的命中率,将内存中数据或代码写入 cache 时,一般也把该数据前后相邻的数据或代码一起写入 cache,即从内存到 cache

的数据或代码的传送是以数据块为单位进行。这样,提高了传输的效率,又提高了 cache 的命中率。微型计算机 cache 的容量通常在 16～256KB,与内存传输的数据块容量一般在 4～128B,命中时间一般为 1 个时钟周期,失效率一般在 1%～20%。

cache 与内存以块为单位交换信息,为方便传输,内存与 cache 中块的大小相同,但因 cache 的存储容量要小得多,所以块的数目也不多。这样,为了把信息存放到 cache 中,必然应用某种函数把内存地址映射到 cache 中,称为地址映射。当信息按这种关系装入 cache 后,执行程序时,应将内存地址变换成 cache 地址,这个变换过程称为地址变换,地址的映像和变换是密切相关的。

5.1.3 虚拟存储器技术

物理存储器是 CPU 可访问的存储器空间,其容量由 CPU 的地址总线宽度所决定;而虚拟存储器是程序占有的空间,它的容量由 CPU 内部结构决定。

由于程序的指令和数据可以存放在外存中,用户的程序就不受实际内存空间的限制,好像微型计算机系统向用户提供了一个容量极大的主存。而这个大容量的主存是靠大容量的辅存作为后援存储器的扩充而获得的,在对存储器的操作过程中,人们感觉不到内存、外存的区别,故称为虚拟存储器。

虚拟存储器是为了给用户提供更大的随机存取空间而采用的一种存储技术。它将内存与外存结合使用,好像有一个容量极大的内存储器,工作速度接近内存,每位成本又与外存相近,在整机形成多层次存储系统。

虚拟存储器由硬件和操作系统自动实现存储信息调度和管理。它的工作过程包括 6 个步骤。

(1)中央处理器访问内存的逻辑地址分解成组号 a 和组内地址 b,并对组号 a 进行地址变换。即将逻辑组号 a 作为索引,查地址变换表,以确定该组信息是否存放在内存中。

(2)如该组号已在内存中,则转而执行(4);如果该组号不在内存中,则检查内存中是否有空闲区,如果没有,便将某个暂时不用的组调出送往辅存,以便将这组信息调入内存。

(3)从辅存读出所要的组,并送到内存空闲区,然后将空闲的物理组号 a 和逻辑组号 a 装载到地址变换表中。

(4)从地址变换表读出与逻辑组号 a 对应的物理组号 a。

(5)从物理组号 a 和组内地址 b 得到物理地址。

(6)根据物理地址从内存中存取必要的信息。

调度方式有页式、段式、段页式 3 种。页式调度是将逻辑地址和物理地址空间都分成固定大小的页。内存按页顺序编号,而每个独立编址的程序空间有自己的页号顺序,通过调度外存中程序的各页可以离散装入内存中不同的页面位置,并可根据表一一对应检索。页式调度的优点是页内零头小,页表对编程者是透明的,地址变换快,调入操作简单;缺点是各页不是程序的独立模块,不便于实现程序和数据的保护。段式调度是按程序的逻辑结构划分地址空间,段的长度是随意的,并且允许伸长,它的优点是消除了内存零头,易于实现存储保护,便于程序动态装配;缺点是调入操作复杂。将这两种方法结合起来便构成段页式调度,在段页式调度中把物理空间分成页,程序按模块分段,每个段再分成与物理空间页同样大小的页面。段页式调度综合了段式和页式的优点。其缺点是增加了硬件成本,软件也较复杂。大型通用计算机系统多数采用段页式调度。

虚拟存储器地址变换基本上有 3 种形式:全联想变换、直接变换和组联想变换。任何逻辑空间页面能够变换到物理空间任何页面位置的方式称为全联想变换。每个逻辑空间页面只能变换到物理空间一个特定页面的方式称为直接变换。组联想变换是指各组之间是直接变换,而组内各页之间则是全联想变换。

替换规则用来确定替换内存中哪一部分,以便腾空部分内存,存放来自外存要调入的那部分内容。常见的替换算法有以下 4 种。

(1) 随机算法:用软件或硬件随机数产生器确定替换的页面。

(2) 先进先出:先调入内存的页面先替换。

(3) 近期最少使用算法:替换最长时间不用的页面。

(4) 最优算法:替换最长时间以后才使用的页面。这是理想化的算法,只能作为衡量其他各种算法优劣的标准。

5.2　存储器的分类

存储器是微型计算机系统的重要组成部分。任何 CPU 构成的微型计算机系统必须配备一定存储容量的存储器。存储器按其在计算机系统中的位置可分成两大类。

第一类是内存,由半导体存储器构成,是计算机主机的组成部分之一,用来存放当前运行的程序和数据。第二类是外存。外存放在主机外,用来存放当前暂时不参加运行的程序和数据,以及某些需要永久保存的信息。5.4 节将详细地介绍计算机中常见外存,本节只介绍半导体存储器。

5.2.1　半导体存储器的分类

微型计算机内存采用半导体存储器。半导体存储器的特点:存取速度快,存取速度为纳秒级;集成化,存储器的译码控制电路及存储单元都集成在同一个芯片中;非破坏性的读出,特别是静态半导体存储器,不仅读操作不破坏原存储器的信息,而且不需要刷新再生,读写周期短,控制操作简化。

1. 按存储器制造工艺分类

1) 双极型存储器

双极型存储器包括 TTL(晶体管-晶体管逻辑)存储器、ECL(射极耦合逻辑)存储器、I2L(集成注入逻辑)存储器等。双极型存储器的特点:存取速度快、集成度低(与 MOS 型存储器比)、功耗大、成本高。主要用于高速微型计算机和大型计算机中。

2) MOS 型存储器

MOS 型存储器的特点是制造工艺简单、集成度高、功耗低、价格便宜。但存取速度比 TTL 存储器低。MOS 型存储器又分为 CMOS 型、NMOS 型、HMOS 型等多种。

2. 从应用的角度分类

存储器就是存放信息的逻辑部件。它的一个主要属性是电源断电后其原有的信息能否保存,如能保存信息称为非易失性的存储器,否则称为易失性的存储器。对于微型计算机而言,系统中配备一定容量的非易失性的存储器,但是大部分是易失性的存储器。

存储器的另一种属性是其存取方式,如果一个存储器只能读出、不能改写称为只读存储器(read on memory,ROM)。若对存储器进行读写访问,能够随机存取,存取时间与存储单元的物理位置无关,这种存储器称为随机存取存储器(random access memory,RAM)。

1) ROM 的类型

根据编程写入方式不同,ROM 可分为如下 5 种。

(1) MROM

MROM(mask ROM)是掩模型 ROM,存储的信息由厂商按用户要求掩模制成,封装后不能改写,用户只能读出。

(2) PROM

PROM(programmable ROM)为可编程 ROM,其内容可由用户一次性编程写入,写入后不能改写。

(3) EPROM

EPROM(erasable programmable ROM)是可擦 PROM,用户可多次改写内容。改写方法一般可用紫外线擦除,再编程写入,有任一位错,都需要全片擦除、改写。紫外线照射约半小时,所有存储位复原到 1。

(4) EEPROM

EEPROM(electrically erasable programmable ROM)是电擦除 PROM,可以字节为单位多次用电擦除和改写,并可直接在机内进行,无需专用设备,故方便灵活。

(5) 闪速存储器

闪速存储器(flash memory)简称 flash 或闪存。它与 EEPROM 类似,也是一种电擦除 PROM。但与 EEPROM 不同的是,闪存不仅可按字节擦写,还可按扇区或页面擦写,速度更快。而更重要的是,闪存内部还设置有命令、状态寄存器,可在线编程,具有数据保护、保密功能。

2) RAM 的类型

按存储电路结构不同,RAM 可分为如下 4 种。

(1) SRAM

SRAM(static RAM)是静态 RAM,存储单元电路以双稳为基础,故状态稳定,不掉电信息就不会丢失。

(2) DRAM

DRAM(dynamic RAM)是动态 RAM,存储单元电路以电容为基础,故电路简单、集成度高、功耗小,但不掉电也会因电容放电而丢失信息,所以需定时刷新。

（3）IRAM

IRAM 称为组合 RAM，是一种附有片上刷新逻辑的 DRAM，兼有 SRAM、DRAM 的优点。

（4）NVRAM

NVRAM(mon volatile RAM)是非易失性 RAM，由 SRAM 和 EEPROM 共同构成，正常时为 SRAM，掉电或电源故障时，立即将 SRAM 中信息保存在 EEPROM 中，使其不丢失。

5.2.2　半导体存储器的主要技术指标

微型计算机内存由半导体存储器集成芯片构成，其主要技术指标如下。

1. 存储容量

半导体存储器的容量是指存储器可容纳的二进制的信息量。存储器芯片容量是以位（b）为单位，因此存储器容量指每个芯片所能存储的二进制数的位数。例如，1024 位/片，指芯片集成了 1024 位的存储器。由于微型计算机中，数据大都是以字节（byte）为单位并行传输的，同样，对存储器的读写也是以字节为单位寻址，因此内存容量的大小以字节为单位来衡量。半导体存储器芯片为适应工艺的要求，其每个基本单元的位数分成 1 位、4 位和 8 位 3 种。下式为子标识存储器件的容量：

$$芯片容量＝基本单元数×位数/基本单元$$

例如：Intel 2114 是容量为 1K×4b 的芯片，即其中有 1024 个基本单元，每个基本单元是 4b 的，芯片内存储 4096b 二进制信息。Intel 6264 是 8K×8b 的芯片，其中包含 8K 个基本单元，每个基本单元是 8b 二进制数，即其存储容量为 8KB。

基本单元数取决于每片片内地址线数目，位数与芯片外部的数据线相对应。

2. 速度

计算机运行时，需要不断地与存储器交换信息。所以存储器的速度是影响计算机工作速度的主要因素之一。存储器的速度是以存储器的存取时间或存取周期来描述的。存取时间（access time）T_A 就是启动一次存储器操作到完成该操作所经历的时间，即 CPU 给出内存地址信息后，到取出或者写入有效数据所需的时间。一般器件手册上给出的存储器芯片的存取时间参数为上限值，称为最大存取时间。CPU 在读写 RAM 时，它提供的读写时间必须比 RAM 芯片要求的存取时间长，方能保证可靠读写。存取周期（access cycle）即 T_{AC}，指两次存储器访问所需要的最小时间间隔，因为一次访问存储器后，芯片不可能无间歇地进入下一次访问，因此，T_{AC} 要略大于存取时间 T_A。在表示上，该参数表示为读周期 T_{RC} 或者写周期 T_{WC}，存取周期为其统称。

3. 功耗

存储器功耗指存储器工作时所消耗的功率，分为维持功耗和操作功耗。在用电池供电的系统中实现低耗运行操作是一个非常重要的问题，除了可节省能源外，最小功耗系统还具有显著的电磁兼容性特点。当前，高密度金属氧化物半导体技术制造的半导体存储器能在速度、功耗及容量 3 方面进行很好的折中。

4. 可靠性

为保证各种操作的正确运行,必须要求存储器系统具有很高的可靠性。可靠性要求是指对电磁场及温度变化的抗干扰性。存储器的可靠性用平均故障间隔时间(mean time between failures,MTBF)来表征。MTBF 表示两次故障之间的平均间隔时间。显然,MTBF 越长,意味着存储器可靠性越高,保持正确运行的能力越强。目前所用半导体存储器芯片 MTBF 为 $5 \times 10^6 \sim 1 \times 10^8$ h。

5. 性能价格比

性能主要包括存储容量、存取周期和可靠性等。性能价格比是一项综合性指标,对不同用途的存储器有不同的要求。例如,对外存,重点是要求存储容量大,对缓冲存储器的要求是工作速度快。因此,选用芯片时,在满足性能要求的条件下,尽量选择价格便宜的芯片。

5.2.3　常见存储器芯片的接口特性

存储器芯片的接口特性实质上就是指它有哪些与 CPU 总线相关的信号线,以及这些信号线相互之间的定时关系。了解存储器芯片的接口特性就是要弄清楚这些信号线与 CPU 三总线的连接关系。

1. 各类存储器芯片的接口共性

如图 5-2 所示,除电源和地线外,各种存储器芯片都有 4 类外部引脚:地址线、数据线、片选线和读写控制线。不同类型和型号的芯片,这些引脚信号的含义和功能基本相同。

1)地址线 $A_0 \sim A_n$

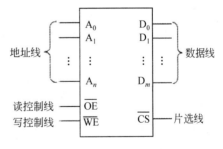

图 5-2　存储器芯片的通用引脚

地址线用于选择存储器芯片中的存储单元,差别在于不同容量和型号的芯片,其地址线的数量可能不同。地址线的条数决定存储器芯片中存储单元的个数,如有 10 根地址线($A_0 \sim A_9$)的存储器芯片通常有 1K 个存储单元,有 20 根地址线($A_0 \sim A_{19}$)的存储器芯片通常有 1M 个存储单元。

2)数据线 $D_0 \sim D_m$

数据线用于向存储器芯片写入或从存储器芯片读出数据。不同型号的芯片,数据线的位数可能不同,它决定于存储器芯片的字长。存储器芯片的字长通常有 1 位、4 位和 8 位等。

$$芯片容量 = 2^n \times m \qquad\qquad (5\text{-}1)$$

3）片选线$\overline{CS}$(或芯片允许线$\overline{CE}$)用于选择芯片

各种存储器芯片都至少有一个片选线($\overline{CS}$)或芯片允许线($\overline{CE}$)，只有在所有片选信号有效，芯片被选中时，CPU 才可以对存储单元进行读写操作。

4）读写控制线($\overline{OE}$、$\overline{WE}$)

读写控制线用于控制存储器芯片中数据的读出或写入，差别在于不同种类存储器芯片的读写控制线设置有所区别。MROM、PROM 和 EPROM 只有一根读控制线$\overline{OE}$。EEPROM 和 flash memory 有读控制线$\overline{OE}$和写控制线$\overline{WE}$。SRAM 的读写控制线的设置方法通常有两类：一类既有读控制线$\overline{OE}$，又有写控制线$\overline{WE}$；另一类只有一根读写控制线$\overline{WE}$，利用$\overline{WE}$的两种状态 0 和 1 区分写和读。

2. 典型的 SRAM

常用的典型 SRAM 芯片有 2114($1K \times 4b$)、6116($2K \times 8b$)、6264($8K \times 8b$)、62128($16K \times 8b$)、62256($32K \times 8b$)等。

1）SRAM 2114

SRAM 2114 芯片的容量为 $1K \times 4b$，其引脚图和逻辑符号如图 5-3 所示，功能如表 5-1 所示。

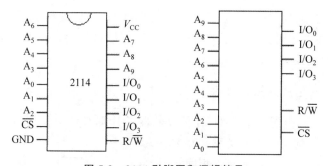

图 5-3　2114 引脚图和逻辑符号

表 5-1　2114 功能表

$\overline{CS}$	R/$\overline{W}$	I/O	工作模式
1	×	高阻态	未选中
0	0	0	写 0
0	0	1	写 1
0	1	输出	读出

由图 5-3 可知，$A_0 \sim A_9$ 为地址码输入端，$I/O_0 \sim I/O_3$ 为数据输入输出端，$\overline{CS}$为片选端，R/$\overline{W}$为读写控制端。当$\overline{CS}=1$时，芯片未选中，此时 I/O 为高阻态；当$\overline{CS}=0$时，SRAM 2114 被选中，这时数据可以从 I/O 端输入输出。若 R/$\overline{W}=0$，则为数据输入(由 CPU 写入数据)，即把 I/O 数据端的数据存入由 $A_0 \sim A_9$ 所决定的某存储单元里；若 R/$\overline{W}=1$，则为数据输出，即把由 $A_0 \sim A_9$ 所决定的某一存储单元的内容送到数据 I/O

端,供 CPU 读取。

SRAM 2114 的电源电压为 5V,输入输出电平与 TTL 兼容。

必须注意,在地址改变期间,R/$\overline{W}$和$\overline{CS}$中要有一个处于高电平(或者两者全高),否则会引起误写,冲掉原来的内容。

2) SRAM 6116

SRAM 6116 芯片的容量为 2K×8b,其引脚图如图 5-4 所示。有 2048 个存储单元,片内地址线 11 根 A$_0$～A$_{10}$, SRAM 6116 芯片以字节为单位,即总共有 8×2048＝ 16 384 个存储位。控制线有 3 条:片选线$\overline{CS}$、读控制线$\overline{OE}$ 和写控制线$\overline{WE}$。

图 5-4 6116 的引脚图

SRAM 6116 存储器芯片的工作过程如下。

读出时,由$\overline{CS}$、$\overline{OE}$、$\overline{WE}$构成读出逻辑($\overline{CS}$=0,$\overline{OE}$=0, $\overline{WE}$=1),将地址线 A$_0$～A$_{10}$所选中存储单元的 8 位数据经 D$_0$～D$_7$ 输出。

写入时,由$\overline{CS}$、$\overline{OE}$、$\overline{WE}$构成写入逻辑($\overline{CS}$=0,$\overline{OE}$=1,$\overline{WE}$=0),将数据线 D$_0$～D$_7$ 上的 8 位数据写入地址线 A$_0$～A$_{10}$所选中的存储单元中。

当没有读写操作时,$\overline{CS}$=1,即片选线处于无效状态,输入输出三态门呈高阻状态,从而使存储器芯片与系统总线"脱离",SRAM 6116 的存取时间为 85～150ns。

其他 SRAM 的结构与 SRAM 6116 相似,只是地址线不同。常用的型号有 6264、 62256,都是 28 个引脚的双列直插式芯片,使用单一的＋5V 电源,它们与同样容量的 EPROM 引脚相互兼容,从而使接口电路的连线更为方便。

3. 典型的 DRAM 2164

图 5-5 为 DRAM 2164 的引脚图和功能表,该芯片是一个 64K×1b 的 DRAM 芯片。

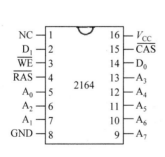

引脚	功能
A$_0$~A$_7$	地址线
$\overline{WE}$	读写控制线
$\overline{RAS}$	行选通信号
$\overline{CAS}$	列选通信号
D$_1$	数据输入
D$_0$	数据输出
V$_{CC}$	电源
GND	地

图 5-5 2164 引脚图和功能表

A$_0$～A$_7$ 为地址输入线;$\overline{RAS}$为行地址选通信号线,兼片选信号作用(整个读写周期, $\overline{RAS}$一直处于有效状态);$\overline{CAS}$为列地址选通信号线;$\overline{WE}$为读写控制信号,$\overline{WE}$=0 时为写控制有效,$\overline{WE}=1$ 时为读控制有效;D_1 为 1 位数据输入线;D_0 为 1 位数据输出线。

4. 典型的 ROM

1) Intel 2716

Intel 2716 是 $2K \times 8b$ 的只读存储器,其引脚图和功能表如图 5-6 所示。它有 24 条引脚,其中 11 根地址线 $A_0 \sim A_{10}$ 可寻址 2KB 存储单元、$D_0 \sim D_7$ 为 8 根数据线、$\overline{CE}$ 为片选允许信号、$\overline{OE}/PGM$ 为输出允许/程序控制信号、V_{CC} 为芯片工作电源($+5V$)。编程电源 $V_{PP} = +5V$ 时,读出信息;当 $V_{PP} = +25V$ 时,写入数据或程序代码。

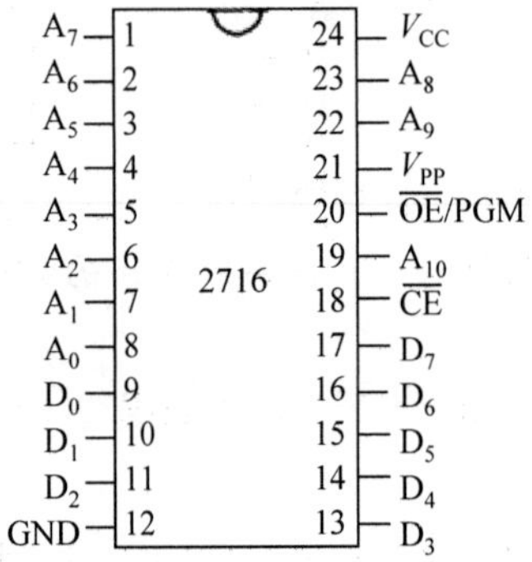

工作方式	$\overline{CE}$	$\overline{OE}/PGM$	V_{PP}/V	$D_0 \sim D_7$
读出	0	0	+5	输出
未选中	1	$\times$	+5	高阻
编程输入	50ms 正脉冲	1	+25	输入
禁止编程	0	1	+25	高阻

图 5-6　2716 的引脚图和功能表

当片选信号 $\overline{CE}$ 和 $\overline{OE}/PGM$ 为低电平,$V_{PP} = +5V$ 时,可读出由地址选中的芯片存储单元中的数据;需要写入信息时,$V_{PP} = +25V$,$\overline{OE}/PGM$ 为高电平,将要写入的存储单元的地址送入地址线,要写入的 8 位数据送入数据线,然后在 $\overline{CE}$ 端加一个宽度为 50ms 的正脉冲,就可实现数据的写入。

2) EEPROM 2864A

图 5-7 是 EEPROM 2864A 的引脚图和功能表,各引脚的定义如下。

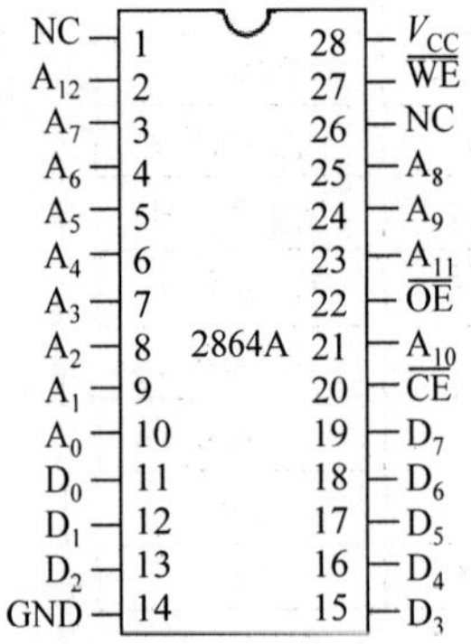

工作方式	$\overline{CS}$	$\overline{OE}$	$\overline{WE}$	$D_0 \sim D_7$
维持	1	$\times$	$\times$	高阻
读出	0	0	1	输出
写入	0	1	负脉冲	输入
查询	0	0	1	输出

图 5-7　2864A 的引脚图和功能表

$A_0 \sim A_{12}$:地址输入线。

$D_0 \sim D_7$:三态数据总线。

$\overline{\text{CE}}$：片选信号输入线,低电平有效,输入。

$\overline{\text{WE}}$：写允许信号,低电平有效,输入。

$\overline{\text{OE}}$：读选通信号输入线,低电平有效,输入。

V_{CC}：工作电源+5V。

GND：信号地。

3) 闪速存储器

闪存芯片与 EEPROM 芯片类似,也是一种电擦除可编程 ROM,闪存有整体擦除、自举块和块擦写文件 3 种存储结构。

整体擦除结构是将整个存储阵列组织成一个单一的块,在进行擦除操作时,将清除所有存储单元的内容。

自举块结构是将整个存储器划分为几个大小不同的块,其中一部分作为自举块和参数块,用来存储系统自举代码和参数表;其余部分为主块,用来存储应用程序和数据。在系统内编程时,每个块都可以进行独立的擦写,其特点是存储密度高、速度快,主要用于嵌入式微处理中。

块擦写文件结构是将整个存储器划分为大小相等的若干块,也是以块为单位进行擦写,它与自举块结构的闪存相比,存储密度更高,可用于存储大量的信息,如闪存盘。

市场上闪存产品种类很多,如美国 ATMEL 公司生产的 29 系列芯片有 AT29C256(256Kb)、AT29C512(512Kb)、AT29COl0A(1Mb)、AT29C020A(2Mb)、AT29C040A(4Mb)、AT29C080A(8Mb)等。这里以 AT29COl0A 为例,介绍闪存的特性和工作方式。

AT29C010A 是一种并行、高性能、单一+5V 电源供电在线擦写的闪存芯片,片内有1Mb 存储空间,分成 1024 个分区,每一个分区为 128 字节,以分区为单位进行编程。

AT29C010A 的引脚图如图 5-8 所示。

各引脚的功能如下。

$A_0 \sim A_{12}$：地址输入线。

$D_0 \sim D_7$：三态数据总线。

$\overline{\text{OE}}$：读允许信号,低电平有效,输入。

$\overline{\text{WE}}$：写允许信号,低电平有效,输入。

$\overline{\text{CE}}$：片选信号输入线,低电平有效,输入。

V_{PP}：+5V 编程电压。

V_{CC}：工作电源+5V。

GND：信号地。

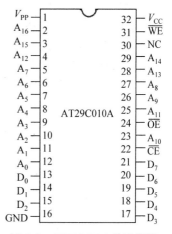

图 5-8　**AT29COl0A 的引脚图**

AT29C010A 的读操作,是按字节读出。但在写入(编程)时与 EEPROM 不同,是按分区编程,每个分区的容量为 128 字节,如果某一分区中的一个数据需要改写,这一分区中的所有数据都需要重新装入。

读出方式是 $\overline{\text{CE}}$ 和 $\overline{\text{OE}}$ 为低电平、$\overline{\text{WE}}$ 为高电平时,所寻址的存储单元中的数据由 $D_0 \sim D_7$ 引脚输出;若 $\overline{\text{CE}}$ 和 $\overline{\text{OE}}$ 为高电平,则数据线处于高阻状态。

编程指当$\overline{CE}$和$\overline{WE}$为低电平、$\overline{OE}$为高电平时将数据写入,并通过$\overline{WE}$的上升沿将写入的数据锁存实现。编程周期开始,AT29C010A会自动擦除分区的内容,然后对锁存的数据在定时器的作用下进行编程,一旦编程周期结束,就可以开始一个新的读或编程操作。

5.3　内存储器

前面介绍了存储器的基本电路、工作原理和一些典型存储芯片。计算机中对内存储器位数和容量的需要视系统的大小及性能的强弱而定,而各种型号的存储芯片所拥有的存储单元个数和每个单元的位数均有所不同,本节主要介绍用不同的存储芯片构成系统所需的内存储器。需要解决以下两个主要问题。

(1) 如何选择容量小或位数少的存储芯片,组成系统需要的容量和位数的内存储器。

(2) 如何设计存储器接口电路,也就是存储芯片如何与CPU连接。

5.3.1　内存储器组织原理

内存储器的构成即是用存储器芯片构成存储器系统。主要任务包括存储器结构的确定、存储器芯片的选配、存储器地址分配和译码。

1. 存储器结构的确定

存储器结构的确定主要指采用单存储体结构还是多存储体结构。微型计算机系统中,存储器一般都按字节编址、以字节(8位)为单位构成。对于CPU的外部数据总线为8位的微型计算机系统(如8088系统),其存储器只需用单体结构;对于CPU的外部数据总线为16位的微型计算机系统(如8086/80286系统等),为了支持8位字节操作和16位字操作,一般需采用双体结构。如图5-9所示,给出了80286的存储器结构。

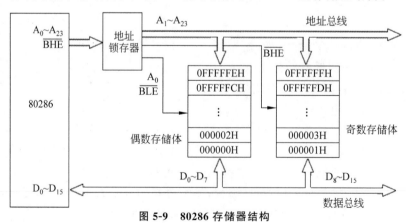

图 5-9　80286 存储器结构

图5-9中,80286的16MB存储器被分成两个容量为8MB的存储体。一个由偶地址单元组成,称为偶数存储体;另一个由奇地址单元组成,称为奇数存储体。两个存储体的

地址线连法相同,均与 CPU 的地址总线 $A_1 \sim A_{23}$ 相连,用于选择体内存储单元;而数据线则分别与数据总线的 $D_0 \sim D_7$ 和 $D_8 \sim D_{15}$ 相连。奇地址允许信号 $\overline{BHE}$ 和 A_0 分别用作奇数存储体和偶数存储体的选通信号,这两个信号结合用于选择 8 位字节和 16 位字操作,选择功能如表 5-2 所示。

当 $\overline{BHE}$ 和 A_0 中只有一个为低电平有效时,由 $A_1 \sim A_{23}$ 选中偶数存储体或奇数存储体中的一个字节单元进行 8 位的字节传送操作;若 $\overline{BHE}$ 和 A_0 同时为低电平有效时,将选择偶数存储体中的一个字节单元与奇数存储体中的一个字节单元组成 16 位的字,进行字传送。

表 5-2 $\overline{BHE}$ 和 A_0 对 8 位和 16 位操作的选择控制表

$\overline{BHE}$	A_0	功　能
0	0	允许两个存储体进行 16 位数据传输
0	1	允许奇数存储体进行 8 位数据传输
1	0	允许偶数存储体进行 8 位数据传输
1	1	两个存储体都未选中进行

无论是 80286 的双体结构还是 Pentium 的多体结构,不同存储体除数据线和体选控制线的连接不同外,地址总线的连接基本相同。所以,存储器的设计可归结为 8 位单体存储器的设计。

2. 存储器芯片的选配

存储器芯片的选配包括芯片的选择和组配。需要根据芯片的结构和所需构成存储器的容量进行芯片的组配。存储器芯片的组配,实际上就是存储器位、字的扩展。

1) 位扩展

位扩展是指增加存储芯片的数据位数。实际存储芯片的数据位数(字长)有 1 位、4 位和 8 位的,当用字长不足 8 位的存储芯片构成内存时,就需要进行位扩展,以构成具有 8 位字长的存储体。

例如,要用 $1K \times 1b$ 的存储芯片构成 1KB 存储器,就需要 8 个芯片连在一起,如图 5-10(a)所示。图 5-10 中各存储芯片的对应地址线、读写控制线 $\overline{WE}$,片选线 $\overline{CS}$ 分别并连在一起,而数据线则分别连接数据总线的不同位线上。该芯片组可等效为图 5-10(b)所示的 $1K \times 8b$ 芯片。当 CPU 访问该 1KB 存储器时,其发出的地址和控制信号同时传给 8 个芯片,选中各芯片中具有相同地址的单元,8 个芯片的各数据位就组成同一个字节的 8 位,其内容被同时读至数据总线的相应位或数据总线上的内容被同时写入相应单元,完成对一个字节的读写操作。

2) 字扩展

字扩展是指增加存储器的字节数量。当用一片字长为 8 位的存储芯片或经位扩展后的一个 8 位芯片组不能满足存储器容量的要求时,就要进行字扩展,以满足字数(地址单元数)的要求。

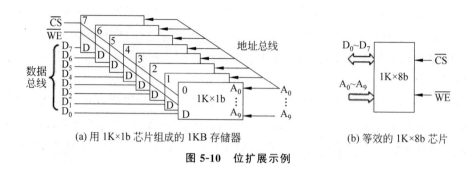

(a) 用 1K×1b 芯片组成的 1KB 存储器　　　(b) 等效的 1K×8b 芯片

图 5-10　位扩展示例

例如,用 1K×8b 芯片(或芯片组)实现 4KB 存储器,需要 4 个芯片(或 4 个芯片组)进行字扩展,如图 5-11 所示。

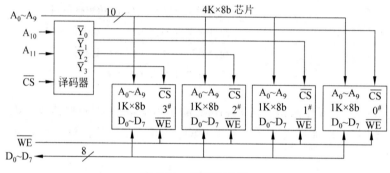

图 5-11　字扩展示例

各芯片或芯片组的地址线($A_0 \sim A_9$)、数据线($D_0 \sim D_7$)和读写控制线 $\overline{WE}$ 按信号名称分别对应并连,而片选线则分别连接片选地址译码器的不同输出端。系统的高位地址线 A_{10} 和 A_{11} 作为译码器的输入。当 $A_{11}A_{10}=00$ 时,选中芯片 $0^{\#}$;当 $A_{11}A_{10}=01$ 时,选中芯片 $1^{\#}$;当 $A_{11}A_{10}=10$ 时,选中芯片 $2^{\#}$;当 $A_{11}A_{10}=11$ 时,选中芯片 $3^{\#}$。每个芯片有不同的片选地址,即扩展了存储单元数。该存储器也可等效为一个 4K×8b 存储器芯片。

当选用的存储芯片的字长和容量均不满足存储器字长和容量的要求时,就需要同时进行位扩展和字扩展。这实际上是先对存储芯片进行位扩展以满足存储器字长的要求,然后对位扩展后的芯片组进行字扩展以满足存储单元数的要求。

3. 存储器地址分配

建立一个实际存储器,往往比系统的最大存储空间要小,即使这样,它的组成一般也需要由多个芯片组成,而这些芯片的容量和结构往往也不尽相同。在给定存储芯片后,需要对每个芯片或每组芯片进行地址分配,为它们划分地址范围,才能进行与 CPU 连接的接口电路设计。

在进行存储器地址分配时,通常可按下列步骤进行。

(1) 定义系统地址空间。根据需求和所建存储器系统的容量,明确其地址范围。

(2) 芯片分组。按照芯片的型号,对它们进行分组。

（3）芯片地址分配。根据芯片的编址单元数目及其在存储系统中的位置，为每个芯片或每组芯片分配地址范围。

（4）划分地址线。地址线可以分为片内地址线和片选地址线两种。片内地址线根据芯片的编址单元数目，把低位地址线（$A_0 \sim A_i$）分配给该芯片，作为片内寻址；片选地址线根据芯片在系统中的地址范围，确定剩余的高位地址线（$A_{i+1} \sim A_n$）的有效片选地址。

在将同一类型芯片分组时需要注意：微型计算机存储器容量是以 1 字节（8 位）作为一个基本存储单元来度量的。但有些存储芯片内的存储单元只有 1 位或 4 位数据线，它只能作为一个字节数中的 1 位或 4 位，为此，需要将几片芯片组合起来，才能构成 8 位的字节单元，这种仅进行位扩展的芯片组，每一片的地址分配、片内寻址、片选地址都完全相同；若需要进行容量扩展时，芯片组的每一片的片内地址是相同的，但片选地址则因不同的芯片而不同。

例如，用 EPROM 2732（4K×8b）和 RAM 6116（2K×8b）构成一个拥有 4KB ROM 和 4KB RAM 的存储系统，可按照上述存储器地址分配方法，建立如表 5-3 所示的地址分配表（设整个存储空间从首地址为 00000H 开始设置，地址线长度为 20 根）。

表 5-3 地址分配表

芯片型号	容量	地址范围	片内地址线	片选地址线
2732	4K×8b	00000H～00FFFH	$A_{11} \sim A_0$	$A_{19} \sim A_{12}$
6116	2K×8b	01000H～017FFH	$A_{10} \sim A_0$	$A_{19} \sim A_{11}$
6116	2K×8b	01800H～01FFFH	$A_{10} \sim A_0$	$A_{19} \sim A_{11}$

4. 译码

CPU 要对存储单元进行访问，首先要通过译码器选择存储芯片，即进行片选，然后在被选中的芯片中选择所需要访问的存储单元。

译码器有多种型号，使用最广的是 74LS138 译码器，又称三八译码器。图 5-12 是 74LS138 译码器、逻辑符号及引脚排布，表 5-4 列出了 74LS138 译码器的逻辑功能，从中看出，74LS138 工作时必须置使能端 G_1 为高电平，$\overline{G_{2A}}$、$\overline{G_{2B}}$ 为低电平。

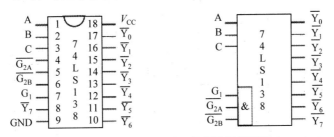

图 5-12 74LS138 译码器逻辑符号及引脚排布

下面介绍 3 种片选控制方法。

（1）全译码法。除去与存储芯片直接相连的低位地址总线外，将剩余的地址总线全部送入片选地址译码器中进行译码的方法称为全译码法。其特点是物理地址与实际存储单元一一对应,但译码电路较复杂。

（2）部分译码法。除去与存储芯片直接相连的低位地址总线外,将剩余的部分地址总线不全部参与译码的方法称为部分译码法。其特点是译码电路结构比较简单,但会出现地址重叠区,即一个存储单元可以对应多个地址。

（3）线选法。在剩余的高位地址总线中,任选一位作为片选信号直接与存储芯片的$\overline{CS}$引脚相连,这种方式称为线选法。其特点是无需译码器,缺点是有较多的地址重叠区。

表 5-4　74LS138 的功能表

| 输　入 | | | | | | 输　出 | | | | | | | |
| 使　　能 | | | 代　　码 | | | | | | | | | | |
G_1	$\overline{G_{2A}}$	$\overline{G_{2B}}$	C	B	A	$\overline{Y_0}$	$\overline{Y_1}$	$\overline{Y_2}$	$\overline{Y_3}$	$\overline{Y_4}$	$\overline{Y_5}$	$\overline{Y_6}$	$\overline{Y_7}$
1	0	0	0	0	0	0	1	1	1	1	1	1	1
1	0	0	0	0	1	1	0	1	1	1	1	1	1
1	0	0	0	1	0	1	1	0	1	1	1	1	1
1	0	0	0	1	1	1	1	1	0	1	1	1	1
1	0	0	1	0	0	1	1	1	1	0	1	1	1
1	0	0	1	0	1	1	1	1	1	1	0	1	1
1	0	0	1	1	0	1	1	1	1	1	1	0	1
1	0	0	1	1	1	1	1	1	1	1	1	1	0
0	×	×	×	×	×	1	1	1	1	1	1	1	1

【例 5-1】　由 RAM 2114(1K×4b)组成的存储器如图 5-13 所示,确定电路存储器的容量及地址范围。

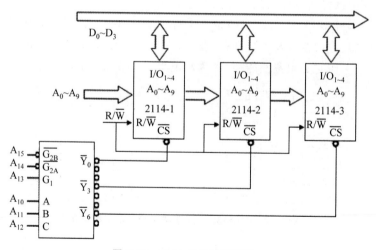

图 5-13　2114 组成的存储器

RAM 2114 的数据输入输出是 4 位,由图 5-13 可知,存储器由 3 片组成,数据位为 4

位,不需要位扩展,电路内存单元的容量是 3K×4b。

图 5-13 中各芯片的起始地址和最大地址如表 5-5 所示。

表 5-5　芯片的起始地址和最大地址

芯片	地　址　线															
	A_{15}	A_{14}	A_{13}	A_{12}	A_{11}	A_{10}	A_9	A_8	A_7	A_6	A_5	A_4	A_3	A_2	A_1	A_0
2114-1	0	0	1	0	0	0	0	0	0	0	0	0	0	0	0	0
	0	0	1	0	0	0	1	1	1	1	1	1	1	1	1	1
2114-2	0	0	1	0	1	0	0	0	0	0	0	0	0	0	0	0
	0	0	1	0	1	1	1	1	1	1	1	1	1	1	1	1
2114-3	0	0	1	1	1	0	0	0	0	0	0	0	0	0	0	0
	0	0	1	1	1	0	1	1	1	1	1	1	1	1	1	1

2114-1 的地址范围为 2000H～23FFH,2114-2 的地址范围为 2C00H～2FFFH,
2114-3 的地址范围为 3800H～3BFFH。

5.3.2　内存储器设计举例

1. 存储器与 CPU 的信号连接

存储器与 CPU 的信号连接原则上分为 3 种信号线:地址线 AB、数据线 DB、控制线
CB,如图 5-14 所示。

1) 地址线连接

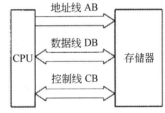

图 5-14　存储器与 CPU 的
信号连接示意图

一般地址线连接分两部分处理:对于片选地址(用于
选择该存储单元所在的存储芯片),这些地址由地址译码
电路译码后接到存储芯片的片选线上。对于片内地址
(用于选择该芯片中的具体单元),这部分地址需要直接
连接存储芯片的地址线。另外,对于地址线和数据线采
用分时复用的 CPU,需要用锁存器将地址线分离出来。

2) 数据线连接

数据线连接分两种情况:当存储芯片的数据线是双向三态时,则可直接与 CPU 的数
据线 DB 连接;当存储芯片数据线的输入线与输出线分开时,则需要外加三态门,才能与
CPU 连接。

3) 控制线连接

CPU 对存储芯片进行读写操作,首先要由地址总线给出地址信息,然后需要发出相
应的存储器读写控制信号,最后才能在数据总线上进行数据交换。有的 CPU 直接具有
存储器读写控制信号(如 Z80 CPU 具有存储器读信号$\overline{MEMR}$和存储器写信号$\overline{MEMW}$),
则可直接接到存储芯片的读写控制线上。有的 CPU 没有直接给出专门对存储器操作的
控制线,如 8088 CPU 具有 3 条相应的控制线:$\overline{RD}$(读线)、$\overline{WR}$(写线)和 IO/$\overline{M}$(I/O 或存

储器操作信号线）。为了区别于 I/O 操作，在对存储器操作时必须 $IO/\overline{M}=0$。解决方案有两种：一种是如图 5-15 所示电路产生对存储器读写信号；另一种，可将 $IO/\overline{M}$ 接入译码电路参与译码，使其只有对存储器操作才有译码输出，才能产生存储芯片的片选信号。而 $\overline{RD}$ 和 $\overline{WR}$ 直接连接芯片的读写线。

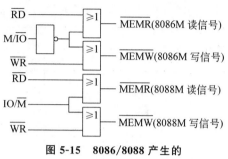

图 5-15　8086/8088 产生的对存储器读写信号

在存储器与 CPU 连接时需要考虑 CPU 的带负载能力，若带负载能力弱时需要增加总线驱动。另外也要考虑 CPU 与存储器的速度匹配，CPU 的访问速度高于存储器的读写速度时，成本较高；若 CPU 的访问速度低于存储器的读写速度时，将影响系统的性能。

2. 存储器接口设计举例

【例 5-2】　使用 Intel 2716(2K×8b) 和 Intel 2114(1K×4b) 为 8 位微型计算机设计一个 8KB ROM、4KB RAM 的存储器。要求 ROM 安排在从 0000H 开始连续的地址空间，RAM 安排在从 8000H 开始连续的地址空间。

解：设计步骤如下。

(1) 确定需要使用的芯片数量，并进行地址空间分配。

根据题意，需用 4 片 Intel 2716((8KB×8) /(2KB×8)＝4) 和 8 片 Intel 2114((4KB×8)/(1KB×4)＝8)。根据题意，芯片存储地址空间分配如表 5-6 所示。

表 5-6　存储地址空间分配表

芯　片	地址范围	芯　片	地址范围
$1^{\#}$ 2716	0000H～07FFH	$1^{\#}$ 2114(2 片)	8000H～83FFH
$2^{\#}$ 2716	0800H～0FFFH	$2^{\#}$ 2114(2 片)	8400H～87FFH
$3^{\#}$ 2716	1000H～17FFH	$3^{\#}$ 2114(2 片)	8800H～8BFFH
$4^{\#}$ 2716	1800H～1FFFH	$4^{\#}$ 2114(2 片)	8C00H～8FFFH

(2) 确定片内地址及片选地址。

Intel 2716(2K×8b) 片内寻址应使用 11 位，即 $A_{10}\sim A_0$；Intel 2114(1K×4b)，片内寻址应使用 10 位，即 $A_9\sim A_0$。各芯片的所有存储单元高位地址的共同特征，如表 5-7 所示。

表 5-7　存储单元高位地址的共同特征

芯片序号	A_{15}	A_{14}	A_{13}	A_{12}	A_{11}	A_{10}	$A_9\sim A_0$
$1^{\#}$ 2716	0	0	0	0	0	片内寻址	
$2^{\#}$ 2716	0	0	0	0	1	片内寻址	
$3^{\#}$ 2716	0	0	0	1	0	片内寻址	
$4^{\#}$ 2716	0	0	0	1	1	片内寻址	

芯片序号	A_{15}	A_{14}	A_{13}	A_{12}	A_{11}	A_{10}	$A_9 \sim A_0$
$1^{\#}$ 2114（2 片）	1	0	0	0	0	0	片内寻址
$2^{\#}$ 2114（2 片）	1	0	0	0	0	1	片内寻址
$3^{\#}$ 2114（2 片）	1	0	0	0	1	0	片内寻址
$4^{\#}$ 2114（2 片）	1	0	0	0	1	1	片内寻址

（3）确定各芯片片选地址。

$1^{\#}$ 2716 的片选地址：$A_{15} \sim A_{11} = 00000$

逻辑表达式：$\overline{A_{15}} \cdot \overline{A_{14}} \cdot \overline{A_{13}} \cdot \overline{A_{12}} \cdot \overline{A_{11}}$

$2^{\#}$ 2716 的片选地址：$A_{15} \sim A_{11} = 00001$

逻辑表达式：$\overline{A_{15}} \cdot \overline{A_{14}} \cdot \overline{A_{13}} \cdot \overline{A_{12}} \cdot A_{11}$

$3^{\#}$ 2716 的片选地址：$A_{15} \sim A_{11} = 00010$

逻辑表达式：$\overline{A_{15}} \cdot \overline{A_{14}} \cdot \overline{A_{13}} \cdot A_{12} \cdot \overline{A_{11}}$

$4^{\#}$ 2716 的片选地址：$A_{15} \sim A_{11} = 00011$

逻辑表达式：$\overline{A_{15}} \cdot \overline{A_{14}} \cdot \overline{A_{13}} \cdot A_{12} \cdot A_{11}$

$1^{\#}$ 2114（2 片）的片选地址：$A_{15} \sim A_{10} = 100000$

逻辑表达式：$A_{15} \cdot \overline{A_{14}} \cdot \overline{A_{13}} \cdot \overline{A_{12}} \cdot \overline{A_{11}} \cdot \overline{A_{10}}$

$2^{\#}$ 2114（2 片）的片选地址：$A_{15} \sim A_{10} = 100001$

逻辑表达式：$A_{15} \cdot \overline{A_{14}} \cdot \overline{A_{13}} \cdot \overline{A_{12}} \cdot \overline{A_{11}} \cdot A_{10}$

$3^{\#}$ 2114（2 片）的片选地址：$A_{15} \sim A_{10} = 100010$

逻辑表达式：$A_{15} \cdot \overline{A_{14}} \cdot \overline{A_{13}} \cdot \overline{A_{12}} \cdot A_{11} \cdot \overline{A_{10}}$

$4^{\#}$ 2114（2 片）的片选地址：$A_{15} \sim A_{10} = 100011$

逻辑表达式：$A_{15} \cdot \overline{A_{14}} \cdot \overline{A_{13}} \cdot \overline{A_{12}} \cdot A_{11} \cdot A_{10}$

（4）确定片选信号表达式的电路实现。

用电路实现上面的逻辑表达式可以有多种方案。注意到 8 个表达式中都含有 A_{14}，A_{13} 为低电平，在采用小规模集成译码器方案时可将 A_{14}、A_{13} 作为译码器的使能控制，从而减少直接参加译码的信号数目，降低对译码器的要求。

方案：用 1 片 3 线-8 线译码器，外加一些门电路实现。

用 1 片 74LS138，对 A_{15}、A_{12}、A_{11} 译码。这样，可直接产生各片 2716 的片选信号，但是另外 4 个输出不能直接作为 2114 的片选，因为译码输出中没有包含 A_{10} 的作用。为此，将其中两个输出 $\overline{Y_4}$、$\overline{Y_5}$ 分别和 A_{10}、$\overline{A_{10}}$ 进行"负与"逻辑运算，这样就产生了 2114 的片选信号。

（5）画出存储器子系统的总图。

在确定了片选信号的产生方案后，将各存储芯片与系统地址总线、数据总线及读写等控制信号连接，如图 5-16 所示。

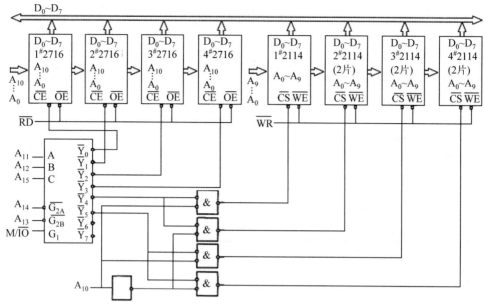

图 5-16 存储器子系统的总图

注意：图 5-16 中 2114 数据线的接法，每组中的一片接 $D_7 \sim D_4$，另一片接 $D_3 \sim D_0$。此外，将 M/$\overline{\text{IO}}$ 接到 74LS138 的使能端是一种技巧；将选择存储器操作的控制信号隐含在片选信号中，如果不这样做，需要将 M/$\overline{\text{IO}}$ 反相后分别和 $\overline{\text{RD}}$、$\overline{\text{WR}}$ 进行"负与"，这需要增加逻辑电路。

【例 5-3】 用 16K×8b 的 SRAM 芯片为某 8086 微型计算机系统设计一个 256KB 的 RAM 系统，RAM 的起始地址为 00000H。

8086 为 16 位数据总线的微处理器，要支持 8 位和 16 位的数据传送操作，其存储器需采用双体结构，即要将 256KB 的存储器分为一个容量为 128KB 的偶数存储体和一个容量为 128KB 奇数存储体，每个存储体均需 8 个 16K×8b 的芯片组成。这时，两个存储体中各存储芯片的地址位分配如表 5-8 所示。

表 5-8 两个存储体中各存储芯片的地址位分配

偶数存储体								奇数存储体							
芯片	A_{19}	A_{18}	A_{17}	A_{16}	A_{15}	$A_{14} \sim A_1$	A_0	芯片	A_{19}	A_{18}	A_{17}	A_{16}	A_{15}	$A_{14} \sim A_1$	A_0
0	0	0	0	0	0	0000H～3FFFH	0	0	0	0	0	0	0	0000H～3FFFH	1
1	0	0	0	0	1	0000H～3FFFH	0	1	0	0	0	0	1	0000H～3FFFH	1
2	0	0	0	1	0	0000H～3FFFH	0	2	0	0	0	1	0	0000H～3FFFH	1
3	0	0	0	1	1	0000H～3FFFH	0	3	0	0	0	1	1	0000H～3FFFH	1
4	0	0	1	0	0	0000H～3FFFH	0	4	0	0	1	0	0	0000H～3FFFH	1
5	0	0	1	0	1	0000H～3FFFH	0	5	0	0	1	0	1	0000H～3FFFH	1
6	0	0	1	1	0	0000H～3FFFH	0	6	0	0	1	1	0	0000H～3FFFH	1
7	0	0	1	1	1	0000H～3FFFH	0	7	0	0	1	1	1	0000H～3FFFH	1

两个存储体中,对应芯片的地址位分配除 A_0 不同外,其他位均相同,所以两个存储体的片选地址译码既可采用独立的地址译码,又可采用统一的地址译码。采用独立的地址译码时,各存储体使用相同的读写控制信号,而用字节选择信号($\overline{BHE}$ 和 A_0)作为译码器的使能控制信号;采用统一的地址译码时,则用字节选择信号($\overline{BHE}$ 和 A_0)与CPU 的读写信号组合产生各存储体的读写信号。本例采用独立的地址译码方法,用3 线-8 线译码器 74LS138 对 A_{17}、A_{16} 和 A_{15} 进行译码来产生 8 个芯片的片选信号,$\overline{BHE}$和 A_0 分别作为偶数存储体和奇数存储体译码器的使能控制信号,存储器扩展电路如图 5-17 所示。

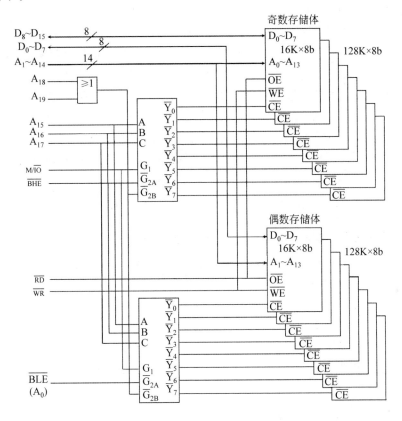

图 5-17 例 5-3 的电路实现图

5.4 外存储器

在微型计算机系统中,常用的辅助存储器即外存储器,主要有硬盘存储器、软盘存储器(目前已很少使用)、光盘存储器及移动存储器等。与内存相比,外存储器的容量大,存取速度慢,信息能够长期保存。外存储器作为数据和程序的存储设备是微型计算机系统中不可缺少的一部分。

5.4.1 硬盘存储器

1. 硬盘的结构和工作原理

硬盘又称硬磁盘。微型计算机系统中配置的硬盘均为固定盘片结构,由封装在铸铝腔体中的磁头、磁盘组件与控制电路组成。这种结构的硬盘又称温切斯特硬盘,简称温盘。

硬盘被划分为磁道、柱面和扇区。一块硬盘由多个盘片组成,每个盘片的两面记录数据,磁盘的面数与磁头数量一致。一般用磁头号代替盘面号。磁盘面上有一系列同心圆称为磁道。每个盘面通常有几十到几百个磁道,磁道从外向内依次编址,最外边的同心圆称为 0 磁道,最里面的同心圆称为 N 磁道。所有记录面上同一编号的磁道构成柱面,柱面数等于每盘面上的磁道数。每个磁道又分为若干个扇区,每个扇区都有一个编号,称为扇区号。扇区可以连续编号,也可以间隔编号。磁盘记录面经这样编址后,就可以用 N 磁道 M 扇区的磁盘地址找到实际磁盘上与之相对应的记录区。磁头号用于说明本次读写的信息是在哪一个记录面上。磁盘地址由磁头号、磁道号和扇区号 3 部分组成。硬盘的磁道和扇区格式示意图如图 5-18 所示。

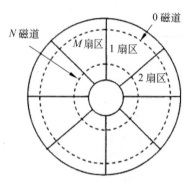

图 5-18　硬盘的磁道和扇区格式示意图

信息存储在磁盘上,由磁头负责读出或写入。硬盘加电启动后,磁盘片在电动机的带动下高速旋转,常用硬盘的转速有 5400r/min 和 7200r/min 两种,其中 7200r/min 的又称高速硬盘。磁头在步进电动机的带动下做前后移动。当硬盘接到一个系统读取数据指令后,磁头根据给出的地址,首先按磁道号产生驱动信号进行定位,然后再通过盘片的转动找到具体的扇区,最后由磁头读取指定位置的信息并传送到硬盘的 cache 中,cache 中的数据通过硬盘接口与外界进行交换。写入过程几乎与读出相同,只是传送数据的方向不同。

2. 硬盘与主机的接口标准

最常用的硬盘接口标准有 IDE(又称 ATA)和 SCSI 两种,它们定义了外存储器(如硬盘、光盘等)和主机的物理接口。其中 IDE 接口又分为并行(P-ATA)接口和串行(S-ATA)接口两种。

P-ATA 是微型计算机中使用最普遍的硬盘接口。它采用 18 英寸(1 英寸=2.54 厘米)长、2 英寸宽的带状电缆,80 芯导线与主机板上双列 40 插针相连。ATA 规范有 4 种:ATA33、ATA66 、ATA100 和 ATA133。多数主板内置有一个或两个 IDE 接口,分别标志为 IDEl 和 IDE2,且有正反标志,其中 IDEl 为主硬盘接口,IDE2 为从硬盘接口(通常用来连接光驱)。用户只需将硬盘数据线插到 IDE 接口中即可。每个 IDE 接口可支持连接在同一数据线上的两台设备:一台主设备和一台从设备。IDE 接口采用 PIO 或

DMA 传输模式,其传输速率为 8～100Mb/s。由于 IDE 接口的硬盘,内部数据传输速率小于 50Mb/s,所以实际数据传输速率受到限制。IDE 接口的优点是接口简单、成本低;缺点是传输速率低、连接设备少,CPU 占用率较高。

S-ATA 是由 Intel、IBM、Dell、APT 和 Seagate 公司共同提出的硬盘接口规范。该规范将硬盘的外部传输速率理论上提高到 150Mb/s,比 P-ATA 标准 ATA100 高出 50%。S-ATA 硬盘采用点对点传输协议,支持热插拔,无须进行主从盘设置,数据传输线缆为 4 个针脚。有 S-ATA1 和 S-ATA2 两种规范:S-ATA1 规范的数据传输速率为 150Mb/s,S-ATA2 规范的数据传输速率为 300Mb/s。

SCSI 采用了总线主控技术,普通微型计算机中一般不使用这个接口,如果使用,必须通过 SCSI 转接卡才能与主机板相连。该接口用来控制数据传送操作,以减少 CPU 负荷,SCSI 性能较 IDE 接口提高了很多。不同类型的 SCSI,其数据传输速率均不相同,常用的数据传输速率为 20Mb/s、40Mb/s、80Mb/s 和 160Mb/s。SCSI 的设备连接能力非常强,一个 SCSI 可以连接多达 15 台外部设备。由于 SCSI 的传输速率高、可靠性好、CPU 占用率低、连接设备多,所以它多用于网络服务器、工作站系统以及小型机以上的计算机中。SCSI 的缺点是构造复杂、成本较高、不能与微型机系统直接连接。

3. 硬盘的性能指标

(1) 转速。转速指硬盘主轴电动机每分钟旋转的圈数,目前硬盘转速有 5400r/min 和 7200r/min 两种。

(2) 平均寻道时间。平均寻道时间是指硬盘接到读写指令后到磁头移动到指定位所需要的平均时间,一般是指读取时的寻道时间,单位为 ms。

(3) 数据传输速率。数据传输速率是指单位时间内读写的字节数,分为外部数据传输速率和内部数据传输速率。外部数据传输速率是指磁头与缓冲区之间的数据传输速率,它是硬盘的真正数据传输。内部数据传输速率是指缓冲区与主机之间的数据传输速率。

(4) 缓冲区大小。为了解决读写速度不匹配的问题,提高硬盘的读写速度,在硬盘中配置了高速缓存,一般为 512KB～8MB。

(5) 硬盘表面温度。若硬盘工作时产生的温度过高,将影响数据读取的灵敏度,并使硬盘较易受到伤害,减少使用寿命。

5.4.2 光盘存储器

光盘是使用光学方式进行信息读写的存储器。根据读写方式不同,可分为只读光盘、一次写入多次读出光盘和可擦写光盘。

一次写入多次读出(Write Once Read Many,WORM)光盘由基片、反射层和表层光存储介质组成。基片由丙烯树脂制成,反射层为铝质,表层光存储介质一般为铝合金。在写 1 时,发出写激光束,激光束在写 1 处聚焦成小于 $1\mu m$ 的微小光点,其热量使表层介质融成凹坑;在写 0 时,不发出写激光束,表层介质不产生凹坑。读出时,在激光束照射下,凹坑处识别为 1,无凹坑处识别为 0。由于读光束的功率比写光束的功率小得多,所以在读出时,表层介质不会融成凹坑。

可擦写光盘是利用激光的热作用改变介质的磁化方向,进而达到用来记录信息的目的,所以又称磁光盘。磁光盘的写入有激光调制和磁场调制两种方式。

激光调制是利用在存储介质上加一强度低于介质矫顽力的恒定磁场时,而介质不会改变原来的磁性原理制作的。当写 1 时,发出写激光束,介质受热矫顽力下降,该处的磁化方向改变成与外加磁场方向相同;当写 0 时,不发出写激光束,磁化方向不改变。

磁场调制是先用恒定功率的激光照射介质,使其温度达到补偿点。当写 1 时,加反向磁场,使介质反向磁化;写 0 时,不加反向磁场,介质磁化方向不变。

擦除信息的方法与写入信息的方法相同,只是所加磁场的方向正好相反,使其改变了的磁化方向还原。

光盘存储器由光盘、驱动器和控制器组成。光盘是存储信息的载体;驱动器由主轴驱动机构、寻道定位机构、读写光头和检测装置组成,负责信息的读写;控制器是 CPU 与光盘存储器的接口,由数据缓冲、格式化电路、误差检测和修正电路组成。

在读取信息时,主轴驱动机构使光盘不断旋转,寻道定位机构控制读写光头,移动光头的位置,进行定位操作。读写光头发射激光束,激光射到光盘并反射回来。检测装置检测光盘的反射光,并按反射光的散乱与否,识别盘上的小凹坑和小凸起,即识别 0 和 1,控制器对获得的信息进行格式转换并传给计算机。

由于光盘中的小凹坑及小凸起排成螺旋线形,所以光盘旋转时应保证螺旋线运动的恒定线速度,并不具有恒定的角速度,且读取速度低于硬盘的读取速度。

5.4.3 移动存储器

1. 移动硬盘

移动硬盘是随着多媒体技术和宽带网络的发展,人们对移动存储的需求越来越高而发展起来的一种便携式、大容量移动存储设备。

1) 移动硬盘的组成结构

移动硬盘实际上是将硬盘和一些外围控制电路集成在一起,并封装在硬脂塑料外壳内,通过外部接口与主机相连的一种移动存储器。由于采用硬盘为存储介质,因此移动硬盘在数据读写模式和存取原理方面与标准 IDE 硬盘是相同的。所以,对移动硬盘的读写,关键是需要通过移动硬盘内的控制器(如 USB 控制芯片)实现标准 IDE 接口数据与主机接口数据(如 USB 接口数据)之间的转换。

2) 移动硬盘的接口标准

移动硬盘外置接口方式主要有并行接口、IEEE 1394 接口和 USB 接口 3 种。并行接口移动硬盘出现较早,通过并行打印机接口与主机相连,由于其数据传输速率较低且不支持即插即用功能,目前已被淘汰。IEEE 1394 接口也称火线(fire wire)接口,其数据传输速率理论上可达 400Mb/s,并支持热插拔。但只有一些高档 PC 主板才配有 IEEE 1394接口,所以普及性较差。USB 接口已成为移动硬盘的主流接口,它支持热插拔,传输速率高达 480Mb/s(USB 2.0)。

2. U 盘

U 盘是随着闪速存储器技术和 USB 接口技术而发展起来的一种新型移动存储器。U 盘是由我国朗科公司发明的,目前已作为新一代的存储设备在几十个国家申请了发明专利,在国内外被广泛使用。

U 盘的存储介质是闪速存储器,这种存储器既可在不加电的情况下长期保存信息,具有非易失性,又能在线进行快速擦除与重写(可重复擦写达 100 万次以上)。U 盘实际上是将闪速存储器和一些外围控制电路焊接在电路板上,并封装在颜色比较亮丽的半透明硬脂塑料外壳内的一种小型便携式移动存储器,并通过 USB 接口与主机相连。有的 U 盘内部还设计了用来显示其工作状态的指示灯和提供类似软盘的写保护。写保护是用一个嵌入内部的拨动开关来实现的,它可以控制对 U 盘的写操作,从而可减少由于操作失误而造成数据丢失的机会。

3. 存储卡

由于集成电路技术的迅猛发展,存储器芯片的集成度越来越高。在智能设备和仪器中,出现了半导体存储器构成的外部存储卡,这种存储卡是一块包括外围控制电路在内的存储器芯片,具有高可靠性、高集成度、使用方便等优点。

(1) 简单 IC 卡。这种卡基于串行 EEPROM,存储容量为几百到几千字节,利用它存储有关信息。这种 IC 卡结构简单、引线接点少、可靠且价格低廉,现已在银行、通信、邮政、电力、医疗等各个部门广泛使用。IC 卡一般采用异步串行通信工作方式,接口总线有两种:其一为 I^2C 接口总线,三线互通,分别是时钟线 CLK、信号线 SDA、公共地线,采用串行传输;另一种是 ISO/IEC7816-3 接口总线。

(2) 智能 IC 卡。智能 IC 卡的重要特征是 IC 卡内包括 CPU(一般是单片微型计算机)、RAM、ROM 和 EEPROM 等,实质上是一个小的微型计算机系统集中做在一个卡上,该卡具有智能分析、判断等功能。在这种情况下,智能 IC 卡插入设备和仪器后,读写设备与智能 IC 卡之间进行通信,也就是两个微型计算机之间的数据通信。卡内有了 CPU,就可以进行各种信号变换及处理,包括加密、识别及身份认定等各种安全措施可以加到智能 IC 卡上。智能 IC 卡与读写设备连在一起,可以实现各种操作。

(3) 大容量的存储卡。利用闪速存储器快速擦写、容量大的特点,可以构成大容量的存储器。

实验 5　存储器扩展

一、实训目的

1. 了解存储器扩展的方法和存储器的读写。
2. 掌握 CPU 对 16 位存储器的访问方法。

二、实训器材

安装有操作系统的 32 位微型计算机一台、PC 一台、TD-PITE 实验装置或 TD-PITC 实验装置一套。

三、实训内容

编写实验程序,将 0000H~000FH 共 16 个数写入 SRAM 从 0000H 起始的一段空间中,然后通过系统命令查看该存储空间,检测写入数据是否正确。

四、实训原理

1. 存储器是用来存储信息的部件,是计算机的重要组成部分,静态 RAM 是由 MOS 管组成的触发器电路,每个触发器可以存放 1 位信息。只要不掉电,所储存的信息就不会丢失。

2. 本实验使用两片 62256 芯片,共 64KB。本系统采用准 32 位 CPU,具有 16 位外部数据总线,即 D_0、D_1、…、D_{15};地址总线 $\overline{BHE}$(低电平有效),即 A_0、A_1、A_2、…、A_{16}。存储器分为奇体和偶体,分别由字节控制线 $\overline{BHE}$ 和 A_0 选通。存储器中,从偶地址开始存放的字称为规则字,从奇地址开始存放的字称为非规则字。处理器访问规则字只需要一个时钟周期,$\overline{BHE}$ 和 A_0 同时有效,从而同时选通存储器奇体和偶体。处理器访问非规则字却需要两个时钟周期,第一个时钟周期 $\overline{BHE}$ 有效,访问奇字节;第二个时钟周期 A_0 有效,访问偶字节。处理器访问字节只需要一个时钟周期,视其存放单元为奇或偶,而 $\overline{BHE}$ 或 A_0 有效,从而选通奇体或偶体。

五、实训步骤

1. 按《TD-PITE 使用手册》中图 6-20 接线好电路。

2. 编写实验程序,经编译、链接无误后装入系统。

3. 实验部分代码见《TD-PITE 使用手册》P55。

3. 先运行程序,待程序运行停止。

4. 通过 D 命令查看写入存储器中的数据。

(1) 按规则字写存储器,观察实验结果,如图 5-19。

(2) 改变实验程序,按非规则字写存储器,观察实验结果,如图 5-20。

(3) 改变实验程序,按字节方式写存储器,观察实验结果,如图 5-21。

六、实训报告要求

1. 通过观察到的结果,简述对规则字和非规则字的理解。

2. 给出实训电路图。

图 5-19 按规则字写存储器

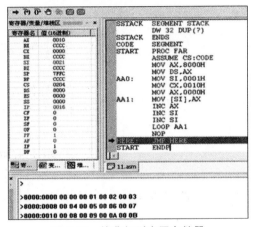

图 5-20 按非规则字写存储器

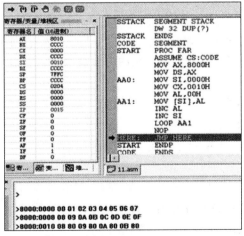

图 5-21 按字节方式写存储器

习　题　5

一、选择题

1. Pentium 系列微型计算机中的寄存器、cache、主存储器及辅存储器,其存取速度从高到低的顺序是(　　)。

  A. 主存储器,cache,寄存器,辅存储器

  B. cache,主存储器,寄存器,辅存储器

  C. 寄存器,cache,主存储器,辅存储器

  D. 寄存器,主存储器,cache,辅存储器

2. CPU 发出的访问存储器的地址是(　　)。

  A. 物理地址　 B. 偏移地址　 C. 逻辑地址　 D. 段地址

3. EEPROM 是指(　　)。

  A. 读写存储器　 B. 只读存储器

  C. 闪速存储器　 D. 电擦除可编程只读存储器

4. SRAM 是指(　　)。

  A. 静态随机存取存储器　 B. 只读存储器

  C. 闪存　 D. 电擦除可编程只读存储器

5. DRAM 是指(　　)。

  A. 只读存储器　 B. 动态随机存取存储器

  C. 闪存　 D. 电擦除可编程只读存储器

6. 存储器是指计算机系统中的记忆设备,它主要用来(　　)。

  A. 存放数据库　 B. 存放程序

  C. 存放数据和程序　 D. 存放微程序

7. 存储单元是指(　　)。

  A. 存放 1 个二进制信息位的存储元　 B. 存放 1 个机器字的所有存储元集合

  C. 存放 1 字节的所有存储元集合　 D. 存放 2 字节的所有存储元集合

8. 计算机的存储器采用分级存储体系的主要目的是(　　)。

  A. 便于读写数据

  B. 减小机箱的体积

  C. 便于系统升级

  D. 解决存储容量、价格和存储速度之间的矛盾

9. 存储周期是指(　　)。

  A. 存储器的读出时间

  C. 存储器进行连续读写操作所允许的最短时间间隔

  B. 存储器的写入时间

  D. 存储器进行连续写操作所允许的最短时间间隔

10. 主存储器和 CPU 之间增加 cache 的目的是（　　）。

　　A. 解决 CPU 和主存之间的速度匹配问题

　　B. 扩大主存储器容量

　　C. 扩大 CPU 中通用寄存器的数量

　　D. 扩大主存储器容量和 CPU 中通用寄存器的数量

11. 某计算机字长 16 位，存储容量为 64KB，若按单字编址，它的寻址范围是（　　）。

　　A. 0~64K　　　　　B. 0~32K　　　　　C. 0~64KB　　　　　D. 0~32KB

12. 某 SRAM 芯片，存储容量 64K×16b，该芯片的地址线和数据线数目为（　　）。

　　A. 64,16　　　　　B. 16,64　　　　　C. 63,8　　　　　D. 16,16

13. 下列部件（设备）中，存取速度最快的是（　　）。

　　A. CPU 中的寄存器　　　　　　　　B. 硬盘存储器

　　C. 光盘存储器　　　　　　　　　　D. 软盘存储器

14. 线选法采用的方法是（　　）。

　　A. 保证地址都是线形的　　　　　　B. 直接用地址线作为片选

　　C. 只采用较少的地址线　　　　　　D. 应用了译码器

15. 对内存单元进行写操作后，该单元的内容（　　）。

　　A. 变反　　　　　B. 不变　　　　　C. 随机　　　　　D. 被修改

二、填空题

1. 一个具有 14 位地址线和 8 位数据线的存储器，能存储_____字节的信息。

2. 用 2K×8b 的 SRAM 芯片组成 16K×16b 的存储器，共需 SRAM 芯片_____片，片内地址和产生片选信号的地址分别为_____位、_____位。

3. 某台计算机的内存储器设置有 32 位的地址线，16 位并行数据输入输出端，它的最大存储容量是_____。

4. 8086 系统的存储器分为奇存储体、偶存储体。偶存储体的数据信号线固定与数据总线的_____相连。

5. 要组成存储容量为 4K×8b 的存储器，需要_____片 4K×1b 的静态 RAM 芯片并联，或者需要_____片 1K×8b 的静态 RAM 芯片串联。

6. CPU 对 RAM 进行读写操作时，应送出的控制命令有_____命令和_____命令。

7. 8086 CPU 写入一个规则字，数据线的高 8 位写入_____存储体，低 8 位写入_____存储体。

8. 若选用 Intel 2732（4K×8b）构成 256KB 的存储器系统共需要_____片。

9. 某 SRAM 的一单元中存放有数据 7FH，CPU 将它取走后，该单元内容为_____。

三、判断题

1. EPROM 虽然是只读存储器，但在编程时可向内部写入数据。　　　　　　（　　）

2. SRAM 的特点是只要电源不断开,SRAM 中的信息将不会消失,不需要刷新。

3. 内存通过 I/O 接口与 CPU 进行当前机器运行的程序和数据的交换。　　（　　）

　　　　　　　　　　　　　　　　　　　　　　　　　　　　　　　（　　）

4. EPROM 是只读存储器,所以在编程时不可以向内部写入数据。　　　（　　）

5. 当 DRAM 芯片正在刷新的时候 CPU 不能访问该芯片。　　　　　　（　　）

6. 微处理器进行读操作,就是把数据从微处理器内部读到主存或外设。　（　　）

7. 某内存模块的地址范围为 0000H～03FFFH,该模块的容量为 16KB。　（　　）

8. DRAM 和 SRAM 都是易失性半导体存储器。　　　　　　　　　　（　　）

四、简答题

1. 一个微型计算机系统中通常有哪几级存储器?

2. 简述 RAM 的作用和特点。

3. 简述 ROM 的作用和特点。

4. 简述存储器扩展的类型。

5. 用存储器件组成内存时,为什么总是采用矩阵形式? 用一个具体例子说明。

6. 简述片间地址译码的方式。

7. 简述半导体存储器的主要技术指标。

8. 常用的存储器片选控制方法有哪几种? 它们都各有什么优缺点?

五、应用题

1. 存储器地址空间分配和 RAM 芯片(4K×4b),如图 5-22 所示,完成如下任务。

(1) RAM 芯片有几根地址线? 几根数据线? 用该 RAM 芯片构成图 5-22(a)中所示存储器地址空间的分配,共需要几个芯片? 共分几个芯片组?

(2) 设 CPU 的地址总线为 20 位,数据总线为 8 位,画出这些芯片按图 5-22 所示的地址空间构成的 RAM 及其与 CPU 间的连接图(包括 3 线-8 线译码器构成的片选译码电路)。

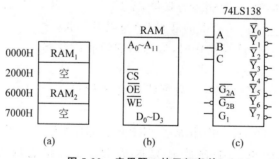

图 5-22　应用题 1 的已知条件

2. 有一个 8 位机,采用单总线结构,地址线 16 根,数据线 8 根,控制总线中与主存有关的有 $\overline{MREQ}$,R/$\overline{W}$。从地址 0000H 开始组成 4K 的 ROM 区,2000H 开始 4K 的 RAM

区,要求 ROM 地址连续,RAM 地址连续。现有芯片：SRAM 2114(1K×4b),ROM 2716(2K×8b),设计出主存储器,并画出与 CPU 的连接图。

(1) 组成该存储系统,2114 和 2716 芯片各需多少片?

(2) 指出各存储芯片的起始地址和结束地址。

(3) 译码器用 74LS138 组成。画出 CPU 与存储器之间的连接示意图。

3. 为某地址总线为 16 位的 8 位微型计算机设计一个 12KB 容量的存储器,要求：ROM 为 8KB,从 0000H 开始;RAM 为 4KB,从 2000H 开始。

(1) 组成该存储系统,EPROM 用 2716(2K×8b),RAM 用 2128(2K×8b),2716 和 2128 芯片各需多少片?

(2) 指出各存储芯片的起始地址和结束地址。

(3) 译码器用 74LS138 组成。画出 CPU 与存储器之间的连接示意图。

第6章

chapter 6

I/O 设备及接口

I/O 设备是构成微型计算机应用系统必不可少的基本组成部分。微型计算机中常用的 I/O 设备主要包括基本外存储器设备、基本人机交互设备和模拟 I/O 设备等。基本外存储器设备已在第 5 章介绍,本章在介绍人机交互设备以及 I/O 接口的概念、一般分类和基本功能的基础上,着重介绍接口的典型硬软件组成、I/O 端口编址方式和 I/O 同步控制方式,并从 I/O 地址空间、I/O 地址分配、I/O 保护几方面,介绍 PC 系列微型计算机的接口技术基础做一简介。

6.1 基本人机交互设备

基本人机交互设备是指人和计算机之间建立联系、交流信息的有关输入输出设备。这些设备直接与人的运动器官(如手、口)或感觉器官(如眼、耳)打交道,通过它们,人们把要执行的命令和数据送给计算机,同时又从计算机获得易于理解的信息。目前计算机系统中常用的人机交互设备有键盘、显示器、打印机、鼠标、扫描仪,以及语音、图像输入输出设备等。

6.1.1 键盘

键盘是微型计算机系统中最基本的输入设备,是人机交互不可缺少的纽带。它是由排列成矩阵形式的若干个按键开关组成的开关阵列,如图 6-1 所示。键盘的按键设置在行、列线的交叉点上,行、列线分别连接到按键开关的两端。当有键按下时,对应的行线

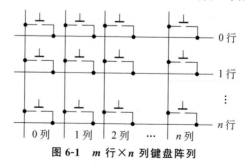

图 6-1　m 行 $\times n$ 列键盘阵列

和列线短路,通过检测短路的行线和列线对应的行号和列号,即可确定被按键所在的行、列位置。

组成键盘的按键开关种类很多,常见的有白金开关、舌簧式开关等有触头开关和电容式开关、霍尔元件开关、触摸式开关等无触头开关。相应地,键盘可分为有触头的机械式开关键盘和无触头的电子键盘。

根据键盘功能的不同,通常又把键盘分成两种基本类型:非编码键盘和编码键盘。

PC 系列机采用的是由单片机扫描、编码的智能化键盘,实物样例如图 6-2 所示。它是一个与主机箱分开的独立装置,通过一根 5 芯或 6 芯(PS/2 键盘)电缆与主机箱相连,内部结构如图 6-3 所示。从图 6-3 中可见,PC 键盘由 Intel 8048 单片机、译码器和16 行×8 列按键开关矩阵三大部分组成。其中,Intel 8048 单片机主要承担按键识别及生成扫描码等功能,并以拍发方式向键盘接口发送按键的扫描码。由此可见,PC 键盘是有编码功能的。但严格地说,PC 键盘又是非真正意义上的编码键盘,因为它产生的是按键的扫描码,而非功能码,按键对应的功能码需要主机根据扫描码通过软件生成,因此,PC 键盘是介于非编码键盘和编码键盘之间的一种智能化键盘。

图 6-2　PC 键盘实物样例

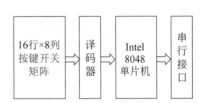

图 6-3　PC 键盘内部结构

6.1.2　显示器

显示器是计算机主要的输出设备,是将电信号转换成视频信号的设备,是重要的人机交互工具。从原理和还原器件上分为阴极射线管(CRT)显示器(目前已处于淘汰状态)、液晶显示器(LCD)、等离子显示器(PDP)等。

1. LCD

LCD(liquid crystal display,液晶显示器)是一种以液晶材料为基本组件的新型平板显示器,实物样例如图 6-4 所示。由于它具有体积小、重量轻、耗电少和无电磁辐射等显著优点,目前已在平面显示领域占据了重要地位,各种便携式计算机基本上都是用它作为显示器,高档台式 PC 也开始大量用它代替 CRT 显示器。

1) LCD 的分类及工作原理

液晶是一种介于固态和液态之间的有机化合物。它加热到一定的温度(如+60℃以上)时会呈现透明的液态,具有流动性;而制冷到一定的温度(如−20℃以下)时又会变成结晶状固态,具有晶体的光

图 6-4　LCD 实物样例

学特性。液晶有两个特点：一是其中晶体可以排列为扭曲的形式，使得通过它的光线也随之扭曲；二是当有电流通过时，晶体会改变其分子排列状态而呈现不同的光学特性。液晶本身不发光，需要在外光源作用下才能发光，在全黑环境下没有显示能力。

液晶按显示机理的不同可分为两种：一种是通过改变光线透射能力而显示的透射型液晶，它工作时需要打背光；另一种是通过改变光线反射能力而显示的反射型液晶，工作时需要正面光源。用于计算机显示器的都是透射型液晶。

液晶显示器根据驱动方式可分为静态驱动、无源矩阵驱动、有源矩阵驱动 3 种。无源矩阵驱动又分为有扭曲向列（TN）型、超扭曲向列（STN）型和双层超扭曲向列（DSTN）型；有源矩阵驱动则以薄膜式晶体管（TFT）型为主。目前计算机显示器中主要用的是 TFT-LCD。

TFT-LCD 的基本特点是每一个液晶像素点都由集成在其后的薄膜式晶体管（一种非线性有源元件）来驱动，使每个像素都能保持一定电压，因而可以做到高速度、高亮度、高对比度地显示屏幕信息，而且屏幕可视角度大、分辨率高、色彩丰富。所以，TFT-LCD 被人们称为真彩显。

液晶显示是利用其在一定的电场或热的作用下会发生变化的特性来实现的。例如，液晶单元（LC）在不加电场时，光线能透过它；而加了电场后，液晶分子的排列方向发生变化，引起光学状态也发生变化，使光线被阻挡住。这就是液晶显示的基本原理。

液晶单元在结构上由两片玻璃夹着液晶材料，玻璃内表面镀有电极（一个称为段电极，另一个称为背电极），四周进行密封而形成的。为了适应不同的需要，液晶单元可以做成段式，也可做成点状。将一个个液晶单元排列成矩阵，如图 6-5 所示，便可构成液晶显示器。

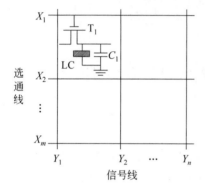

图 6-5 液晶单元矩阵结构

图 6-5 中 X 方向选通线和 Y 方向信号线以矩阵方式排列，每个交叉点上配置一个液晶单元。若在 X_1 上加选通脉冲，开关晶体管 T_1 导通，Y_1 上的信号经 T_1 加在液晶单元 LC 的控制电极上，该单元便显示。在 T_1 导通时，也给电容 C_1 充电，使得选通脉冲消失后，依靠 C_1 上的电压能维持液晶单元继续显示一段时间。利用这种多行多列的液晶平面矩阵，便可显示字符或图形。

按照图 6-5 所示的液晶单元矩阵结构，LCD 上每个像素都由所在的行、列位置唯一确定，只要循环地给各 X 行施加选通脉冲，同时给各 Y 列施加与之同步的 1、0 信号，便可实现全屏幕的逐行扫描显示。循环周期越短，逐行扫描的频率就越高，图像显示也就越稳定。

由于 LCD 在使用时要在两个电极上加电压，而当液晶上所加直流电压的时间增长后，会产生残像现象，影响液晶对电压的响应速度，使图像质量变差，液晶寿命缩短，所以实际中常采用交流驱动方式。实现交流驱动的方法，一般是通过异或门把显示控制信号和显示频率信号合成交变的驱动信号，如图 6-6 所示。当显示控制电极（段电极）上的波形与公共电极(背电极)上的波形同相时,液晶上无电压,LCD处于不显示状态;当显示控制电极上的波形与公共电极上的波形反相时,液晶上施加了一交替变化的矩形波,当矩形波的电压比液晶阈值高很多时,LCD处于显示状态。

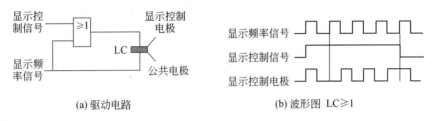

(a) 驱动电路   (b) 波形图 LC≥1

图 6-6　LCD 交流驱动电路及波形图

2) LCD 显示接口

目前,LCD 一般有两种显示接口:一种采用 15 针 VGA(video graphics array,视频图形阵列)接口与显示卡相连,这是目前使用最普遍的显示接口;另一种采用 DVI(digital visual interface,数字视频接口)与显示相连。有的 LCD 同时具有这两种接口。目前的 DVI 分为两种:一种是 DVI-D,这种接口只能接收数字信号,接口上只有 3 排 8 列共 24 个针脚,其中右上角的一个针脚为空;另一种则是 DVI-I,这种接口可同时兼容模拟信号和数字信号。通过一个转换接头接收模拟信号,一般采用这种接口的显卡都会带有相关的转换接头。如图 6-7 所示。

(a) 15 针 VGA 接口   (b) DVI-D   (c) DVI-I

图 6-7　LCD 显示接口

2. PDP

PDP(plasma display panel,等离子显示器)是指一种利用气体放电而发光的平板显示器,是近几年来高速发展的等离子平面屏幕技术的新一代显示器。等离子体是由原子、分子、离子和电子组成的准中性气体。中性气体在外加电场或磁场的作用下可激发成为等离子体并呈现一定的宏观特性。这种特性常称为物质的第四态,也称电浆。PDP屏的屏体由相距几百微米的两块玻璃组成,与空气隔离,其中注入 Ne 和 Xe 等惰性气体,压强在 500～600Torr(托,1Torr≈133.32Pa),相当于 0.7 个大气压。每块玻璃板都有各自的电极。

1) PDP 的分类

PDP 按工作方式不同可分为 DC-PDP(直流)和 AC-PDP(交流)两种基本类型。AC-PDP 从结构上又可分为双基板对向放电型和单基板表面放电型两类。目前,PDP 多采用三电极表面放电的工作方式,从上到下依次为前玻璃基板、扫描电极、维持电极、介电层、保护层、RGB 磷光粉、隔离墙、地址电极和后玻璃基板。

2）PDP 工作原理

PDP 是一种利用气体放电的显示装置，这种屏幕采用了等离子管作为发光元件。大量的等离子管排列在一起构成屏幕，每个等离子管对应的每个小室内部充有氖气、疝气。在等离子管电极间加上高压后，封在两层玻璃间的等离子管小室中的气体会产生紫外光，从而激励平板显示器上的红、绿、蓝三原色荧光粉发出可见光。每个等离子管作为一个像素，由这些像素的明暗和颜色变化组合成各种灰度和色彩的图像。

等离子体技术同其他显示方式相比存在明显的差别，在结构和组成方面领先一步。其工作原理类似普通荧光灯，一般由三层玻璃板组成：在第一层的里面涂有导电材料的垂直条，中间层是灯泡阵列，第三层表面涂有导电材料的水平条。要想点亮某个地址的灯泡，开始要在相应行上加高电压，等该灯泡点亮后，可用低电压维持氖气灯泡的亮度；要想关掉某个地址灯泡，只要将相应的电压降低即可。灯泡开关的周期时间是 15ms，通过改变控制电压，可以使等离子板显示不同灰度的图形。彩色等离子板目前还处于快速发展阶段。

6.1.3　打印机

打印机是微型计算机系统中主要的硬拷贝输出设备，利用它可以打印字母、数字、文字和图像。当前流行的打印机主要有针式打印机、喷墨打印机和激光打印机 3 种，考虑前两者使用的局限性，本节只介绍激光打印机的组成、工作原理、使用和维护。

1. 激光打印机的组成

激光打印机是激光技术与电子技术相结合的高科技产品，主要由激光扫描系统和电子照相转印系统两大部分组成，其打印控制原理框图如图 6-8 所示。

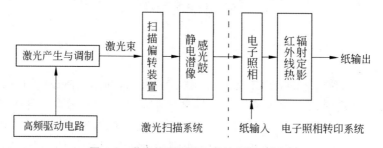

图 6-8　激光打印机的打印控制原理框图

2. 激光打印机的工作原理

激光打印机工作过程所需的控制装置和部件的组成、设计结构、控制方法以及采用的部件会因厂牌和机型的不同而有所差别，但工作原理基本相同，都要经过充电、曝光、显影、转印、消电、清洁、定影 7 道工序，其中有 5 道工序是围绕感光鼓进行的。

感光鼓是一个光敏器件，有受光导通的特性。表面的光导涂层在扫描曝光前，由充电辊充上均匀电荷。当激光束以点阵形式扫射到感光鼓上时，被扫描的点因曝光而导通,电荷由导电基对地迅速释放。没有曝光的点仍然维持原有电荷,这样在感光鼓表面就形成了一幅电位差潜像(静电潜像),当带有静电潜像的感光鼓旋转到载有墨粉磁辊的位置时,带相反电荷的墨粉被吸附到感光鼓表面形成了墨粉图像。载有墨粉图像的感光鼓继续旋转,当到达图像转移装置时,一张打印纸也同时被送到感光鼓与图像转移装置的中间,此时图像转移装置在打印纸背面施放一个强电压,将感光鼓上的墨粉图像吸引到打印纸上,再将载有墨粉图像的打印纸送入高温定影装置加温、加压热熔,墨粉熔化后浸入打印纸中,最后输出的就是打印好的文本或图像。在打印图文信息前,清洁辊把未转印走的墨粉清除,消电灯把感光鼓上的残余电荷清除,再经清洁纸系统做彻底的清洁,即可进入新一轮的工作周期。

3. 激光打印机的使用和维护

目前的激光打印机大多采用 USB 接口,每一种激光打印机都有专用的打印驱动程序。在安装使用之前必须针对具体的操作系统安装相应的驱动程序。

打印机通常有一个开机预热的过程,这主要是给定影系统的热辊加热,一般会维持几十秒到几分钟不等。

通常激光打印机是可以像复印机一样添加墨粉的,而目前主流的激光打印机大多采用充电器、感光鼓和显影器组合为一体的鼓粉一体化设计,添加墨粉不太方便,一盒墨粉可以支持大约 2000 页以上的输出量。而一个感光鼓原则上可以支持 10 000 张以上文稿的输出量,可以添加 4 次左右的墨粉。

感光鼓是激光打印机的核心部件之一。由于通常采用有机光导体或硫化镉,而这些材料都是有毒的,因此尽量不要与皮肤接触。另外,对感光鼓的保存必须在全暗的黑色专用塑料袋中,尽量不要暴露在强光下,不要用手去触摸。

感光鼓附近必定有一个清洁刮片,其作用是将感光鼓上没有转印完的墨粉回收,但由于处在与打印纸接触的后面工序,必然有部分纸屑会残留其上,轻者影响清洁工序的完成,重则划伤感光鼓,在感光鼓上留下永久的伤痕,而表现在输出样张上就有一些多余的线条,这时要即时地检查和清洁感光鼓旁的清洁刮片。

激光打印机的输出是以页为单位的,即使打印一个字也会占用一页,因此,常见的输出方式是计算机向打印机传送满一页时才会启动输出。因此应注意节约纸张和节约墨粉。

激光打印机由于具备如复印机一样的输纸传动装置,同样存在卡纸一类的故障,主要出现以下情况:进纸位置卡纸,这主要由于纸张摆放有翘曲、搓纸轮磨损、进纸道有残留纸屑等;分离部位卡纸,这主要是分离爪、分离刮片失效;定影部位卡纸,这是最主要的卡纸故障,由于纸分离后的传送移位、纸通道内的杂物、两面打印后纸张前端的翘曲等。无论何处出现卡纸,打印机都会暂停工作,并通过告警灯的闪动来提示。

6.2 接口的功能与结构

计算机的构成,除了 CPU 和存储器以外,还包括输入输出(I/O)设备,称为计算机的外设。CPU 与各种外设的连接方法及相应的驱动程序是输入输出技术的主要内容。

6.2.1　I/O 接口电路的必要性

I/O 设备是计算机的重要组成部分,CPU 与外部交换信息是通过 I/O 接口进行的,但是,外设不能直接与 CPU 总线相连接。要构成一个实际的微型计算机系统,中间必须通过不同形式的接口电路,把外设与 CPU 连接起来。其一,计算机的外设种类繁多,有机械式、光电式、电动式等;其二,从传送的信号上看,又分为数字式和模拟式两种;其三,CPU 与 I/O 设备在速度上差别很大,CPU 执行一条指令仅需几微秒的时间,而与计算机相连的 I/O 设备速度各式各样;其四,I/O 设备传送的信息格式各不相同,例如,打印机信息传递格式有串行传输和并行传输,且信号电平差别较大。因此,I/O 设备比较复杂且种类繁多,考虑到负载能力、速度的匹配、数据的形式等,CPU 不能通过总线与 I/O 设备直接相连,必须通过接口电路与 I/O 设备连接,才能正确交换信息,协调两者的关系。

为保证正确可靠地传送信息,CPU 与 I/O 设备之间实现信息传送的中间控制电路称为输入输出接口电路。I/O 接口电路是为了使 CPU 与 I/O 设备相连接而专门设计的逻辑电路,CPU 与 I/O 设备的所有信息交换都是通过输入输出接口来实现的。它是 CPU 与 I/O 设备信息交换的桥梁。I/O 接口电路是介于 CPU 与 I/O 设备之间的一种缓冲电路,对于 CPU,I/O 接口提供 I/O 设备的状态及数据;对于 I/O 设备,I/O 接口使 I/O 设备与总线隔离,暂存 CPU 向 I/O 设备传送的数据及命令,使两者能够协调一致地工作。I/O 接口电路可能是简单的,也可能是复杂的。随着大规模集成电路工艺的发展,各种专用的和通用的接口芯片应运而生,为微型计算机的应用及发展提供了硬件基础。

6.2.2　I/O 接口电路的功能

由于 I/O 设备的多样性、复杂性,I/O 接口电路的基本功能一般可概括为以下 9 个方面。

(1) 数据缓冲。设置 I/O 接口的基本目的是为主机和 I/O 设备之间提供数据传送通路,但 CPU 与 I/O 设备之间速度差异往往很大,为协调 CPU 与 I/O 设备在定时或数据处理速度上的差异,使两者之间的数据交换取得同步,有必要对传输的数据或地址加以缓冲或锁存。为此,在 I/O 接口中要设置一个或多个数据缓冲寄存器,可用来暂存数据或作为数据通道,以实现速度匹配,协调定时差异。

(2) 信息的输入输出。接口必须根据 CPU 发来的读写控制命令或其他的操作命令进行信息的输入输出操作,并且能从总线上接收从 CPU 送来的数据和控制信息,或者将数据或状态信息由接口送到总线上。

(3) 信息格式转换。例如,在串行通信中,要有专门的接口实现串行/并行转换、并行/串行转换、配备校验位等。

(4) 联络和中断管理。提供状态联络信号,I/O 接口和 CPU 之间能把各种状态标志通知对方,例如当 CPU 通过接口输入输出数据时,就要有协调数据传送的状态信息,如 I/O 设备准备"就绪"或"未就绪"、数据缓冲器"满"或"空"等。

（5）译码选址。在具有多台 I/O 设备的系统中，I/O 接口与 CPU 都挂在总线上，接口的另一端接 I/O 设备。CPU 与 I/O 设备之间的数据传送是经过 I/O 接口通过数据总线进行的。因此，CPU 进行输入输出操作时，每个时刻只允许一个 I/O 接口与总线相连接，而其他未被选中的接口与总线之间处于高阻状态，与数据总线隔离。I/O 接口必须提供地址译码，选择和确定哪个 I/O 接口被选中，以便进行相应的输入输出操作。

（6）电平转换。I/O 设备与 CPU 总线使用的电源可能不同，那么信号电平也可能不同。为使微型计算机同 I/O 设备相匹配，接口电路必须提供电平转换和驱动功能。

（7）时序控制。有的接口电路具有自己的时钟发生器，以满足微型计算机和各种 I/O 设备在时序方面的要求。

（8）可编程。现在的 I/O 接口芯片均有多种工作方式供用户选择，为使 I/O 接口按用户的使用意图设置工作方式，可以在不改动硬件的情况下，只修改驱动程序就能完成，这样可增加 I/O 接口的灵活性及可扩充性。对一些通用的功能齐全的 I/O 接口电路，应该具有可编程的功能。可编程就是可用软件程序来选择多功能 I/O 接口电路的某些功能，设定 I/O 接口的工作状态、工作方式，并能动态地改变工作状态和工作方式，适应具体工作的要求，这也是现代 I/O 接口电路的发展方向。

（9）错误检测功能。在接口电路设计中，时常要考虑对错误的检测问题。目前许多可编程 I/O 接口芯片一般能检测两类错误：一类是传输错误，这类错误是传输线路上的噪声干扰所致；另一类是覆盖错误，这类错误是传输速率和接收、发送速率不匹配造成的。

6.2.3 I/O 接口电路的结构

CPU 与 I/O 设备交换的信息分为 3 种类型。

1. 数据信息

在计算机中，数据信息可能是 8 位、16 位、32 位或 64 位。它有 3 种类型：数字量、模拟量、开关量。

2. 状态信息

状态信息反映 I/O 设备的工作状态。输入时，I/O 设备的数据是否准备就绪，如为就绪状态，则 CPU 输入信息，否则 CPU 等待。输出时，必须考虑 I/O 设备是否处于"忙"状态，即是否有"空"，如为空闲状态，则 CPU 输出信息，否则 CPU 等待。

3. 控制信息

如 I/O 设备的启动信号和停止信号就是常见的控制信息，CPU 通过发送控制信息，控制 I/O 设备的工作。实际上，控制信息往往随着 I/O 设备的具体工作原理的不同而具有不同含义。

从含义上来说，数据信息、状态信息、控制信息 3 种信息性质各不相同，应该分别传送。但在微型计算机系统中，CPU 通过接口与 I/O 设备交换信息时，状态信息、控制信息也被广义地看成是一个数据信息。即状态信息作为一种输入数据,而控制信息作为一种输出数据,这样,状态信息和控制信息也要通过数据总线来传送,但在 I/O 接口中,为了把 3 种不同属性的信息区分开来,必须有 3 个寄存器或者特定的电路分别予以存放、传输,也就是说必须有不同的 I/O 接口地址,以便存放与读取信息。通常 I/O 接口中都包括一组能被 CPU 直接访问的寄存器,称为 I/O 端口,主机通过这些端口与该 I/O 接口所连接的 I/O 设备通信。有的端口为输入输出数据提供缓冲;有的端口用来存放 I/O 设备和 I/O 接口的状态信息,以供 CPU 查询;还有的端口用来存放 CPU 发出的命令,以控制 I/O 接口和 I/O 设备所执行的操作。CPU 如何实现对这些端口的访问,就是 I/O 接口的寻址问题。为了区分这些端口,给每个端口分配一个对应的地址编码,这样 CPU 就可以通过端口地址访问某个端口。具体来说,CPU 与 I/O 设备交换的数据信息先放在 I/O 接口的数据缓冲器中,从 I/O 设备送往 CPU 的状态信息放在 I/O 接口的状态寄存器中,而 CPU 送到 I/O 设备的控制信息必须放在控制寄存器中。每个寄存器或缓冲电路称为 I/O 接口电路的一个端口,每个端口都有一个端口地址。

端口是 CPU 与 I/O 设备交换信息的窗口和通道(指那些可进行读写的寄存器等)。一般说来,I/O 接口电路有数据端口、状态端口和控制端口。

(1) 数据端口:用来传输来自 CPU 及内存的数据到 I/O 设备或来自 I/O 设备的数据送至 CPU 及内存的数据,起缓冲作用。

(2) 状态端口:存放、传输 I/O 设备或接口部件本身的工作状态信息。

(3) 控制端口:存放、传输 CPU 发出的控制命令,便于控制 I/O 接口及 I/O 设备的动作。

因此,一个 I/O 设备可能有几个端口地址,分别传输、存放 3 种信息,CPU 寻址的是端口,而不是系统的 I/O 设备。图 6-9 是 I/O 设备与 CPU 连接的典型 I/O 接口模型,接口中的数据端口提供了 I/O 设备与 CPU 间数据交换的通道,控制端口传递 CPU 发给 I/O 设备的控制命令,状态端口将 I/O 设备的工作状况反映给 CPU。

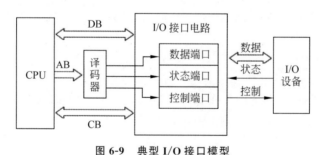

图 6-9 典型 I/O 接口模型

6.3 I/O 端口的编址方式

当计算机系统中有多个 I/O 设备时,CPU 在某个时刻只能与一个 I/O 设备进行信息交换。为了确定此刻哪一个 I/O 设备可以与 CPU 进行信息交换,采取与内存同样的处理方法,利用二进制编码为 I/O 设备编号,该编号称为 I/O 接口地址,即通过地址来识别不同的 I/O 设备。从图 6-9 可以看出,I/O 设备需要通过 I/O 接口才能与 CPU 连接,同时 I/O 设备与 CPU 交换的信息类型较多,一个 I/O 设备接口中常含有多个端口,所以 I/O 设备地址通常用于对端口的控制,每个端口都需要一个 I/O 接口地址,因此一个 I/O 设备需要分配多个 I/O 接口地址,为此也常将 I/O 接口地址称为 I/O 端口地址。有时为了节省 I/O 端口地址的使用或简化译码电路的设计,可以使一个输入端口与一个输出端口共用一个 I/O 端口地址。

对 I/O 端口地址有两种编址方式。一种是将内存地址与 I/O 端口地址统一编排在同一地址空间中,简称 I/O 端口统一编址方式;另一种是将内存地址与 I/O 端口地址分别编排在不同的地址空间(即内存地址空间与 I/O 地址空间)中,简称 I/O 端口独立编址方式。

6.3.1　统一编址方式(存储器映像编址方式)

统一编址方式是将 I/O 设备的 I/O 端口作为存储器的一个存储单元看待,每一 I/O 端口占用存储器的一个地址单元,存储器与 I/O 端口统一安排。例如,假定 CPU 有 16 根地址线 $A_{15} \sim A_0$,地址范围为 0000H~0FFFFH,存储容量为 64KB,其中一部分地址作为 I/O 端口地址,整个系统使用一套译码器进行地址译码。

采用统一编址方式可以将内存与 I/O 设备同样看待,不仅可以对内存实施多种操作与运算,而且可以对 I/O 设备实施与内存同样的操作与运算,使得对 I/O 设备的操作十分灵活方便。由于内存与 I/O 设备占据同一个地址空间,分配给 I/O 设备的地址,内存便不能使用,使内存地址空间与 I/O 设备地址空间受到限制,从而限制了内存与 I/O 设备的规模。另外,在获得了对内存与 I/O 设备可以同样操作的方便时,也给查询、维护增加了难度。当一条传送指令的执行出现错误时,很难从指令上判断出是内存还是 I/O 设备出了问题。

采用统一编址方式的硬件结构及地址空间分配如图 6-10 所示。这种编址方式的特点:存储器和 I/O 端口共用统一的地址空间;一部分地址空间分配给 I/O 端口以后,存储器就不能再占有这一部分的地址空间。例如,8086 共 20 条地址线,寻址的地址空间为 1MB,地址范围为 00000H~0FFFFFH,如果 I/O 端口占有 00000H~0FFFFH 共 64K 个地址,那么存储器占有 10000H~FFFFFH 共 960K 个地址。这种编址方式的优点:使用存储器操作指令访问 I/O 端口,使操作方便、灵活;I/O 端口的地址空间是内存空间的

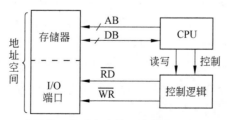

图 6-10　采用统一编址方式的硬件结构及地址空间分配

一部分,这样 I/O 端口的地址空间可大可小,从而使 I/O 设备的数目几乎可以不受限制。它的缺点: I/O 端口占用了内存空间的一部分,显然内存空间必然减少,影响了系统内存的容量;访问 I/O 端口同访问内存一样,由于访问内存时的地址长,指令的机器码也长,执行时间明显增加。

如 51 系列单片机采用 I/O 端口与存储器统一编址方式,无专门的 I/O 指令。

6.3.2　独立编址方式(隔离 I/O 编址方式)

独立编址方式的硬件结构如图 6-11 所示。

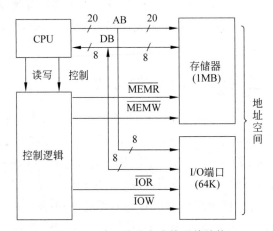

图 6-11　独立编址方式的硬件结构

这种编址方式的特点: 存储器和 I/O 端口在两个相互独立的地址空间中。

这种编址方式工作时,I/O 端口地址与存储器地址是完全分开的,相互独立的。I/O 端口单独编址,不占用存储器的地址空间,使 CPU 具有较大的内存空间。访问 I/O 端口使用专用的输入(IN)指令和输出(OUT)指令。在 8086 系统中用专门的输入输出指令,实现数据传递。

在 8086 微处理中使用 M/$\overline{\text{IO}}$这一条控制线,区别是对存储器的访问,还是对 I/O 端口的访问。当 M/$\overline{\text{IO}}$=1 时,访问存储器;M/$\overline{\text{IO}}$=0 时,访问 I/O 端口,进行输入输出。独立编址方式的优点是: I/O 端口的地址码较短(一般比同一系统中存储单元的地址码短),译码电路较简单,存储器同 I/O 端口的操作指令不同,程序比较清晰;存储器和 I/O 端口的控制结构相互独立,可以分别设计。它的缺点:需要有专用的 I/O 指令,而这些 I/O 指令的功能一般不如存储器访问指令丰富,所以程序设计的灵活性较差。采用独立编址方式,内存与 I/O 设备各自有互不影响的地址空间,使 CPU 能够拥有较大的内存空间与 I/O 空间。为了区分是对内存操作还是对 I/O 设备操作,CPU 使用两组指令,即常规的内存、寄存器操作指令与专用的 I/O 设备输入输出指令。这样,对 I/O 设备的操作不会像对内存那样灵活,但很容易区分。

6.4　PC 系列机 I/O 端口

在 PC 系列机中,I/O 端口采用独立编址方式,因而使用专用 I/O 指令来访问端口,并且 I/O 端口地址与主存储器地址可以重叠。

6.4.1　I/O 端口分配

IBM PC/XT 机型中的 CPU 是 8088。由于 8086/8088 CPU 对 I/O 端口采用独立编址方式,在这种方式下,CPU 利用地址总线的低 16 位 $A_{15} \sim A_0$ 进行译码寻址,原则上具有 65 536(64K)个 I/O 端口地址,其地址空间范围为 0000H～0FFFFH。但实际的 PC 系列机中,由于需要的 I/O 端口不是很多,仅使用了地址总线的低 10 位 $A_9 \sim A_0$ 进行译码寻址,故有 1024 个 I/O 端口地址,其地址范围为 0000H～03FFH。低端 256 个地址(00H～0FFH)供主机电路板使用;高端 768 个地址(0100H～03FFH)供扩充插槽使用。

在 1024 个 I/O 端口地址中,有些已由系统占用,有些由已配置的 I/O 接口卡占用,还有一些保留作为系统以后开发时使用,最后才是留给用户使用的 I/O 端口地址。在 PC 中的 I/O 端口地址空间分配如表 6-1 所示。

表 6-1　PC 中的 I/O 端口地址空间分配表

分类	端口地址(十六进制)	PC/XT 机型端口	PC/AT 机型端口
系统主板	000～01F	8237A DMA 控制器	8237A DMA 控制器(主)
	020～03F	8259A 中断控制器	8259A 中断控制器(主)
	040～05F	8253 定时器	8253 定时器
	060～06F	8255 并行 I/O	8042 键盘控制器
	070～07F	保留	NMI 屏蔽寄存器
	080～09F	DMA 页面控制器	DMA 页面控制器
	0A0～0AF	NMI 屏蔽寄存器	8259A 中断控制器(主)
	0B0～0BF、0E0～0EF	保留	保留
	0C0～0DF	保留	8237A DMA 控制器(从)
	0F0～0FF	保留	80287 协处理器
I/O 接口	100～1EF、218～277	保留	保留
	1F0～1FF	保留	硬盘适配器
	200～20F	游戏接口	游戏接口
	210～217	扩展部件	保留
	278～27F	保留	并行打印机接口 2
	280～2F7、330～377	保留	保留

续表

分类	端口地址(十六进制)	PC/XT 机型端口	PC/AT 机型端口
I/O 接口	2F8～2FF	异步串行通信接口 2	异步串行通信接口 2
	300～31F	实验板	实验板
	320～32F	硬盘适配器	保留
	378～37F	并行打印接口	并行打印接口 1
	380～38F	SDLC 通信接口	SDLC 通信接口 2
	390～39F	保留	保留
	3A0～3AF	保留	SDLC 通信接口 1
	3B0～3BF	单色显示器/打印接口	单色显示器/打印接口
	3C0～3CF	保留	保留
	3D0～3DF	彩色显示器接口	彩色显示器接口
	3F0～3F7	软盘适配器	软盘适配器
	3F8～3FF	异步通信接口 1	异步通信接口 1

原则上讲,在用户自行设计接口插卡时,凡未被占用的 I/O 端口地址都可以使用,但要考虑到系统的现有配置情况,对 I/O 端口地址的占用要留有余地,以免发生 I/O 端口地址冲突。一般用户可使用 300H～31FH 的地址,这些地址是留作实验卡用的。

6.4.2　I/O 端口地址译码

CPU 在对 I/O 端口进行读写操作时,必须提供所要读写端口的地址,如何通过 CPU 发来的 I/O 端口地址编码来识别和确认这个端口,就是端口地址译码问题。端口地址译码方法很多,既可用 I/O 地址与控制信号的不同组合选择端口地址,又可用不同的译码电路选择端口地址。按译码电路采用的元器件不同,可分为门电路译码与集成译码器译码。目前,有的系统中采用 GAL 或 PAL 器件进行译码,它们使用起来也非常方便。

独立编址方法 I/O 译码是利用地址总线的低 16 位 A_{15}～A_0 进行译码寻址。在某些情况下,I/O 设备只使用固定 I/O 寻址;端口数量有限的情况下,可只用地址线 A_7～A_0 译码;在 PC 系统中,使用地址线 A_9～A_0 译码。另外,在译码逻辑中,地址线要和相应的控制信号相结合进行译码。在 8086 系统中,工作于最小模式时,使控制信号 $M/\overline{IO}=0$ (8088 为 $IO/\overline{M}=1$)与读命令 $\overline{RD}$ 或写命令 $\overline{WR}$ 相结合,将它们转换成提供给接口的 $\overline{IOR}$ 和 $\overline{IOW}$ 信号,并连接到接口的相应引脚,用于对 I/O 设备的读写操作。其次,由于 PC 在进行 DMA 操作时也使用地址信号和 $\overline{IOR}$、$\overline{IOW}$ 读写信号,为了区分当前操作的是 DMA 控制器还是 CPU 控制器,要用到 AEN 信号。当 AEN=1 时是 DMA 控制器,AEN=0 时是 CPU 控制器。AEN 可以参与地址译码,然后由 $\overline{IOR}$ 或 $\overline{IOW}$ 控制端口读写;AEN 也可以不参与地址译码,而与 $\overline{IOR}$(或 $\overline{IOW}$)结合起来控制端口的读写。

目前译码器的型号很多,如 3 线-8 线译码器 74LS138,4 线-16 线译码器 74LS154,双

2 线-4 线译码器 74LS139 等。例如 IBM PC/XT 系列机中,利用 74LS138 译码器对端口
进行译码。

　　图 6-12 给出了主机板端口地址译码电路。图 6-12 中地址的高 5 位 $A_9 \sim A_5$ 参加译码,分别产生 DMA 控制器 8237A 片选信号、中断控制器 8259A 片选信号、定时器/计数器 8253 片选信号、并行接口 8255A 片选信号等,而地址的低 4 位作为芯片内部寄存器的访问地址。图 6-12 中的 AEN 是系统总线的一个控制信号,它由主机板上的 DMA 控制逻辑发出,AEN＝0,即为低电平时,表明 CPU 控制器占用地址总线,可以访问某个端口,这时译码有效;AEN＝1,即为高电平时,表明是 DMA 控制器占用地址总线,应使译码无效,从而避免了在 DMA 传送周期,DMA 控制器误访这些端口。显然,根据译码器的功能很容易推出:8237A 的端口地址范围是 000 ～ 01FH,8259A 端口地址范围是 020～03FH。

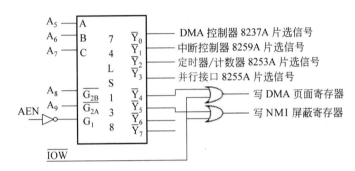

图 6-12　PC 系列机 I/O 端口地址译码

6.4.3　I/O 端口访问

　　在 80x86 系统中,独立编址的 I/O 端口的地址范围为 0000H～0FFFFH,访问独立编址的 I/O 端口必须使用输入 IN 指令、输出 OUT 指令。

　　8086 CPU 与 I/O 设备交换数据可以按字或字节进行。若以字节进行时,偶地址端口的字节数据由低 8 位数据线 $D_7 \sim D_0$ 传送;奇地址端口的字节数据由高 8 位数据线 $D_{15} \sim D_8$ 传送。如果 I/O 设备字节数据与 CPU 低 8 位数据线连接,同一台 I/O 设备的所有端口地址都只能是偶地址;如果 I/O 设备字节数据与 CPU 高 8 位数据线连接,同一台 I/O 设备的所有端口地址都只能是奇地址。这时设备的端口地址就是不连续的。

　　(1) 直接寻址:指令中直接给出端口地址编码。例如:

```
IN  AL,N                    ;地址为 N 的端口中的内容输入 AL
```

直接寻址要求端口地址 N 必须为 0～255。

　　(2) 间接寻址:I/O 端口地址在寄存器 DX 中。例如:

```
OUT  DX,AL                  ;DX 中的内容是被访问端口的地址
```

如果端口地址超过 255,则必须采用间接寻址。

【例 6-1】 已知某字节端口地址为 20H,要求将该端口数据的 D_1 位置 1,其他位不变。

20H							1	

D_7 D_6 D_5 D_4 D_3 D_2 D_1 D_0

指令段如下:

```
IN   AL,20H        ;读取端口内容
OR   AL,02H        ;在 AL 中设置 D₁=1,其他位保持不变
OUT  20H,AL        ;将 AL 内容输出给 20H 端口
```

【例 6-2】 已知某字节端口地址为 200H,要求屏蔽该端口数据的低 4 位,其他位不变。指令段如下:

```
MOV DX,200H        ;端口地址 200H 送入 DX
IN  AL,DX          ;读取端口内容
AND AL,0F0H        ;屏蔽 AL 低 4 位,其他位保持不变
OUT DX,AL          ;将 AL 内容输出给 200H 端口
```

例如:假设 I/O 设备 1 在存储器与 I/O 端口统一编址情况下的端口地址为 0FE00H。

读取该端口数据的指令如下:

```
MOV AL,[0FE00H]
```

设 I/O 设备 2 在 I/O 端口独立编址情况下的端口地址也为 0FE00H。

读取该端口数据的指令如下:

```
MOV DX,0FE00H
IN  AL,DX
```

以上两种 I/O 设备端口虽然地址编码相同,在执行 IN 指令或 MOV 指令时,地址编码 0FE00H 将由 CPU 输出给 16 位地址线,8086 CPU 的控制信号引脚 M/$\overline{\text{IO}}$ 将会根据不同的指令发出不同的命令。当执行 MOV 指令时,M/$\overline{\text{IO}}$=1,表示 CPU 输出的是存储器地址;当执行 I/O 指令时,M/$\overline{\text{IO}}$=0 表示 CPU 输出的当前地址为 I/O 地址。

6.5 CPU 与 I/O 设备之间数据传送控制方式

CPU 与 I/O 接口间的信息传送,或者由 CPU 输出 I/O 接口,或者由 I/O 接口输入 CPU,称为信息交换。I/O 设备与计算机间的信息交换可以用不同的输入输出方法完成,如何控制它们之间的信息传送,就是 I/O 接口的控制方式问题。通常 I/O 接口的控制方式:程序直接控制传送方式、程序中断控制传送方式、DMA 控制传送方式。I/O 接口采用的控制方式不同,将直接影响接口的功能结构。然而,不论采用何种控制方式,除

了对应接口的硬件支持外，还需 I/O 程序加以配合。

6.5.1　程序直接控制传送方式

程序直接控制传送方式由程序来控制主机与 I/O 接口间的信息传送。通常的方法是在用户程序中安排由 I/O 指令和其他指令组成的程序段，直接控制 I/O 接口的输入输出操作。这种方式又分为无条件传送方式与查询传送方式两种。

1. 无条件传送方式及其接口

这种方式用于低速、简单的 I/O 设备。在实际应用中，经常会遇到这样一类 I/O 设备，它们的工作方式十分简单，随时可以从它们获取数据或为它们提供数据。例如，开关、发光二极管、继电器、步进电动机等均属于这类设备。CPU 在与这类 I/O 设备进行信息交换时，可以采用无条件传送方式。当 CPU 与 I/O 设备交换数据，进行输入输出时，就直接使用 I/O 指令，对指定的 I/O 接口进行输入或输出操作。如果要输入时，则确认 I/O 设备数据已准备就绪；如果要输出时，则确认 I/O 设备已处于空闲状态。无须查询 I/O 设备的工作状态，不需要附加条件。采用这种方法所需的硬件开销小，通常在 I/O 接口中，只需设置 CPU 与 I/O 设备连接的数据端口，以及端口译码线路。而软件上则只提供相应的输入或输出指令即可。

综上所述，如果确认 I/O 设备已准备就绪，无须查询 I/O 设备的工作状态，要输入即执行输入指令，要输出即执行输出指令，不需要附加条件，这种方式称为无条件传送方式。

【例 6-3】　如图 6-13 所示，该系统中，由六个 LED 七段数码显示器构成显示装置，LED 显示器采用共阴极接法。CPU 与显示装置的接口采用两个锁存器 74LS273：一个用作输出七段代码的字形锁存器，其地址为 0211H；一个用作控制显示装置显示的字位锁存器，其地址为 0210H。两者都为输出接口，采用无条件输出方式。由于 LED 要求的电流为 10～20mA，74LS273 不能提供这么大的电流，所以锁存器的输出端都连接了驱动器。字形锁存器连接同向驱动器 74LS07，字位锁存器连接反向驱动器 74LS04。字形锁存器用来存放显示器的七段代码，经同向驱动器送到 LED 显示器的输入端。字位锁存器用来控制六个显示器中哪一个(或多个)显示，其输出端经反向驱动器连接到数码显示器的公共端 COM。CPU 与 I/O 设备交换数据的方式为无条件输出方式。现要求使显示器循环显示字符 8，每个显示器亮的时间为 200ms。

程序清单如下：

```
STACK  SEGMENT  STACK            ;定义堆栈段
    STA  DW  512  DUP(?)
    TOP  EQU  LENGTH  STA
STACK ENDS
DATA  SEGMENT
    LED  DB  7FH                 ;字符 8 的七段码
    MES  DB  'DISPLAY  THE  LEDS,PRESS  ANY  KEY  TO  DOS'
```

```
            DB  OAH,ODH,'$'              ;定义提示字符串
        PORTSEG  EQU  211H               ;字形锁存器地址
           PORTBIT  EQU  210H            ;字位锁存器地址
    DATA ENDS
    CODE SEGMENT
        ASSUME  CS:CODE,DS:DATA,SS:STACK
    START: MOV  AX,DATA
           MOV  DS,AX
           MOV  AX,STACK
           MOV  SS,AX
           MOV  SP,TOP
           CLI
           MOV  DX,OFFSET  MES
           MOV  AH,09H
           INT  21H                      ;显示提示字符串
           MOV  AL,LED                   ;字符 8 的七段码
           MOV  DX,0211H                 ;字形锁存器地址
           OUT  DX,AL                    ;七段码送字形锁存器
    LOP0:  MOV  BL,01H
    LOP1:  MOV  DX,0210H                 ;字位锁存器地址
           MOV  AL,BL
           OUT  DX,AL                    ;先从最左边的显示器显示字符 8
           CALL  DELAY                   ;调延时 200ms 的子程序,该位亮 200ms
           MOV  AH,01H
           INT  16H                      ;ROM  BIOS 调用,进行键盘扫描
           JNZ  LLL                      ;有键按下,ZF=0,则返回 DOS
           SHL  BL,01H                   ;ZF=1,无键按下,位码左移一位
           CMP  BL,40H
           JZ  LOP0                      ;下一个显示器显示字符 8
           JMP  LOP1
    LLL:   MOV  AH,4CH                   ;返回 DOS
           INT  21H
           DELAY  PROC                   ;延时 200ms 的子程序,已知时钟频率为 10MHz
           PUSH  DX
           PUSH  CX
           MOV  DX,02H
    TT1:   MOV  CX,0000H
    TT:    LOOP  TT
           DEC  DX
           JNZ   TT1
           POP  CX
           POP  DX
           RET
           DELAY  ENDP
    CODE  ENDS
          END  START
```

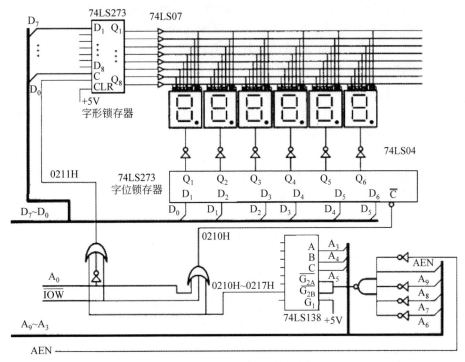

图 6-13 数码显示器接口电路连接图

无条件传送方式的优点是接口电路和程序代码简单;其缺点是要求在执行 I/O 指令时 I/O 设备必须处于准备就绪的状态下,因此,无条件传送方式仅适用于一些简单的系统。

2. 查询传送方式

查询传送方式是指 CPU 与 I/O 设备之间交换信息必须满足某种条件,否则 CPU 处于等待状态,其工作过程完全由执行程序来完成。

查询传送方式软件流程如图 6-14 所示。

查询传送方式的工作过程如下。

(1) 由 CPU 执行输出指令,向控制端口发出启动 I/O 设备命令,将所指定的 I/O 设备启动。

(2) I/O 设备启动,处于准备工作状态,CPU 不断执行查询程序,从状态端口读取状态字,检测 I/O 设备是否已准备就绪。如果没有准备好,就继续读取状态字。

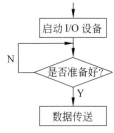

图 6-14 查询传送方式软件流程

(3) I/O 设备准备好后,CPU 则执行数据传送操作,通过数据端口完成整个输入输出过程。

【例 6-4】 如图 6-15 所示是一个查询传送的例子。这是一个采用模/数(A/D)转换器对 8 个模拟量 $IN_0 \sim IN_7$ 进行采样的数据采集系统。8 个输入模拟量经过多路开关 U_5 选择后,送入 A/D 转换器 U_1。多路开关 U_5 由控制端口 U_4(端口地址为 04H)输出的 3

位二进制码 $b_2 b_1 b_0$ 控制。对于 $b_2 b_1 b_0$ 任一取值,只有一路模拟通道被选通。例如,当 $b_2 b_1 b_0 = 000$ 时,选通模拟输入通道 IN_0,与之相连的模拟信号输入 A/D 转换器;当 $b_2 b_1 b_0 = 111$ 时,选通模拟输入通道 IN_7,与之相连的模拟信号输入 A/D 转换器。控制端口 U_4 的 b_4 位控制 A/D 转换器的启动与停止。当 $b_4 = 1$ 时,启动 A/D 转换器工作;当 $b_4 = 0$ 时,A/D 转换器停止工作。当 A/D 转换器完成一次数据转换后,使 READY 端输出有效信号(如高电平),经过状态端口 2(端口地址为 02H)的最低位送到 CPU 的数据总线上,供 CPU 查询 A/D 转换器当前的状态。经 A/D 转换后的数据由数据端口 U_3(端口地址为 03H)输入 CPU 的数据总线。该数据采集系统中,采用了数据端口 U_3、控制端口 U_4 和状态口端 U_2,CPU 在执行 IN 指令前,首先检测状态端口最低位的值,然后再确定是否执行 IN 指令。

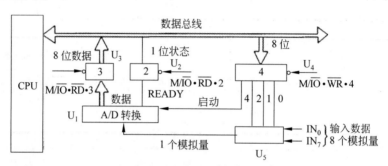

图 6-15 查询传送实例

由上述分析可编写如下数据采集程序:

```
START: MOV  DL,0F8H          ;设置启动 A/D 转换的信号
       MOV  DI,OFFSET DSTOR  ;输入数据缓冲区的地址偏移地址给 DI
AGAIN: MOV  AL,DL
       AND  AL,0EFH          ;使 D4=0
       OUT  4,AL             ;停止 A/D 转换
       CALL DELAY            ;等待 A/D 转换器就绪
       MOV  AL,DL
       OUT  4,AL             ;启动 A/D 转换,且选择模拟量 IN0
LOOP1: IN   AL,2             ;读取状态信息
       SHR  AL,1
       JNC  LOOP1            ;判断状态口最低位的值。若未就绪,程序循环等待
       IN   AL,3             ;否则,读数据口
       STOSB                ;把数据存至内存指定区域
       INC  DL              ;修改多路开关控制信号,指向下一个模拟输入通道
       JNE  AGAIN           ;8 个模拟量未输入完,转移到 AGAIN 处
```

此程序段共循环 8 次。若已输入完,则向下执行程序。

上述程序是一个带循环结构的程序段。当 CPU 执行到"IN AL,2"语句时,读取状态端口的值,然后判断最低位是否为 1。若为 0,说明当前数据未转换完毕,返回到 LOOP1 处,继续读取状态端口的值,这一过程称为循环检测;若为 1,即 A/D 转换器把模拟信号已经转换为数字信号,则顺序向下执行程序,通过 IN 指令读取数据端口的值。

查询传送方式在工作过程中,CPU 处理工作与 I/O 传送是串行的。该方式主要解决了快速的 CPU 与速度较慢的 I/O 设备之间进行信息交换的配合问题。查询实际上就是等待慢速的 I/O 设备进行准备,因而,CPU 通过其状态口不断地测试 I/O 设备的状态。若 I/O 设备已准备好接收或发送数据,CPU 立即进行 I/O 操作。

查询传送方式的优点是方式简单、可靠,所以仍被普遍采用;缺点是在查询等待期间,CPU 不能进行其他操作,使 CPU 资源不能充分利用,不适合实时系统的要求。

6.5.2　程序中断控制传送方式

为了解决快速的 CPU 与慢速的 I/O 设备之间的矛盾,以充分利用 CPU 资源,产生了程序中断控制传送方式。

程序中断控制传送方式,是指 I/O 设备可以主动申请 CPU 为其服务,当输入设备已将数据准备好或输出设备可以接收数据时,即可向 CPU 发中断请求。CPU 响应中断请求后,暂时停止执行当前程序,转去执行为 I/O 设备进行 I/O 操作的中断服务程序,即中断处理子程序。在执行完中断处理子程序后,再返回被中断的程序处继续执行原来的程序。

程序中断控制传送方式的工作过程如下。

(1) CPU 执行启动 I/O 设备指令,通过控制口启动 I/O 设备处于准备工作状态。

(2) 此后,CPU 不需要查询状态,而是继续运行原来的程序,进行其他信息的处理。这时,I/O 设备与 CPU 并行工作。

(3) 当 I/O 设备一旦准备就绪,如果是输入操作,则 I/O 设备数据已存入接口电路中的数据寄存器中,输入数据准备好;如果是输出操作,则接口电路中的数据寄存器的原来数据已有效输出可以接收新数据。接口电路中的状态口信息即向 CPU 发出中断请求。

(4) CPU 在响应中断后,暂停正在执行的程序(断点),转向执行中断服务程序(I/O 处理程序),CPU 与 I/O 设备进行信息交换。

(5) 中断服务程序结束后,CPU 返回到原来程序的断点继续执行。

可以看出:在程序中断控制传送方式下,CPU 和 I/O 设备在大部分时间里是并行工作的。CPU 在执行正常程序时不需要对输入输出接口的状态进行测试和等待。当 I/O 设备准备就绪时,I/O 设备会主动向 CPU 发中断请求而进入一个传送过程。此过程完成后,CPU 又可继续执行被中断的原来的程序。显然,采用程序中断控制方式可极大地提高 CPU 的效率,并具有较高的实时性。

80x86 CPU 提供了功能强大的程序中断系统(详见第 8 章)。

6.5.3　DMA 控制传送方式

直接存储器存取(DMA)方式用于存储器与 I/O 设备成批的高速数据传送。

DMA 控制传送方式借助于硬件使数据在 I/O 设备与内存之间直接进行传送,不需要 CPU 执行专门程序。

DMA 控制传送方式是在没有 CPU 介入的情况下,由 DMA 控制器(DMAC)直接控制数据的传送。在 DMA 传送时,需要使用系统的数据总线、地址总线和部分控制信号,这时 DMAC 成为系统的主部件,获得总线控制权,而此时 CPU 则不再控制系统总线,在电气上与系统总线"脱开"。采用这种方式控制的 I/O 接口传送一字节(字)数据的时间可减少至 $1\mu s$ 以下(中断控制传送方式的 I/O 接口则需 $22\mu s$ 左右)。

DMA 控制传送方式的基本思想是在主存储器与 I/O 设备之间建立直接的数据传送通路,利用 DMA 控制器来管理数据的输入输出。在此期间,不用 CPU 管理,由专门的 DMA 控制器控制主存储器和 I/O 设备之间的数据传送,在传送时不需 CPU 干预,存储器与 I/O 设备之间直接进行数据传送,如图 6-16 所示。由于传送过程完全由硬件实现,所花费的时间短,因此能满足高速数据传送的需要。

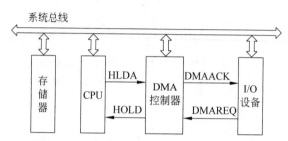

图 6-16 DMA 控制传送方式数据传送结构图

DMA 控制器工作时,由 I/O 设备向 DMA 控制器发出请求信号 DMAREQ,DMA 控制器向 CPU 发出总线请求信号(HOLD 有效,变为高电平),表示希望使用系统总线,CPU 在当前总线响应周期结束后响应请求,向 DMA 控制器发出总线请求回答(HLDA 有效,高电平有效)信号,DMA 控制器收到总线回答信号 HLDA 后,进入 DMA 控制传送方式,CPU 让出总线控制权,外部总线与 CPU 处于高阻状态。此时,由 DMA 控制器向 I/O 设备发出 DMA 响应信号 DMAACK,DMA 控制器向地址总线发出存储器地址信号,并给出存储器读写命令,就可以进行两者的数据交换,直到所有数据传送完毕。

由于 DMA 控制传送方式一般通过系统总线来进行,目前常用的有以下几种实现方式。

(1) CPU 停机方式:指在 DMA 控制传送时,CPU 停止工作,不再使用总线,如上所述。这是最常用的一种 DMA 控制传送方式,该方式比较容易实现,但由于 CPU 停机,可能影响某些实时性很强的操作,如中断响应等。

(2) 周期挪用方式:指窃取 CPU 不进行总线操作的周期,来进行 DMA 控制传送。这一方式 DMAC 使用总线而不通知 CPU,也不会妨碍 CPU 工作,不影响 CPU 的操作,但 DMAC 需要知道 CPU 何时不用总线。为此,有的 CPU 给出了相应的指示信号,有的 CPU 规定了某个时钟周期不进行存储器访问。总之,该方式需要复杂的硬件电路,且传送规律性不强。

(3) 周期扩展方式:需要专门时钟电路的支持,当需要 DMA 操作时,由 DMAC 向该时钟电路发出请求信号,时钟电路向 CPU 送出展宽的时钟信号,临时冻结 CPU 的操作不往下进行;另一方面,仍向 DMAC 送回正常的时钟信号,DMAC 利用这段时间抓紧完成 DMA 控制传送。显然,该方式将使 CPU 的工作速度减慢,而且 CPU 速度减缓有一定的限度,一般每次只传送一字节。

与中断一样,同时送往 DMAC 的多个 DMA 请求也存在优先级排队的问题,以决定应该先响应谁,这通常直接由硬件完成,对此不再详述。由于 DMA 控制传送要占用总线,所以它一般不进行嵌套处理。

DMA 控制传送方式的优点是传输速度快,特别适用于高速 I/O 设备成批传送数据;缺点是较多地使用了硬件电路,使用中还要对 DMA 控制器进行初始化,然后再管理。

实验 6 I/O 访问实现

一、实验目的

1. 了解 80x86 微型计算机 I/O 接口的地址分配。
2. 掌握查询传送方式 I/O 控制的基本原理。
3. 学会简单 I/O 芯片及与 CPU 的接口方法,独立式按键原理。

二、实验器材

安装有操作系统的 32 位微型计算机一台、PROTEUS 安装光盘一张(8.0 版以上)。

三、实验原理图

I/O 查询传送方式实验原理图如图 6-17 所示。

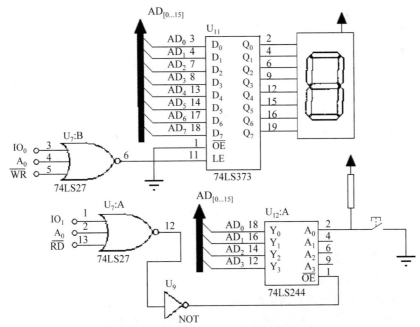

图 6-17 I/O 查询传送方式实验原理图

四、实验内容

使用一片 74LS373 构成一个 8 位输出口,控制一个七段数码管,初始时显示 0;一个三态门 74LS244 接一个按键,按键每按下一次七段数码管的数值加 1,当加到 9 后回到 0。

依据原理图,编制 I/O 查询方式程序。

五、实训内容及步骤

1. 在微型计算机上安装 PROTEUS。

2. 单击桌面 PROTEUS 图标,进入调试仿真环境,导入 I/O 实验工程文件(该工程文件到清华大学出版社官网下载)。

3. 编制 I/O 查询传送方式程序,并编译链接成可执行文件,装载到 I/O 工程文件中。

4. 调试程序,查看仿真结果。

六、实训报告要求

1. 通过实验,简述对微型计算机 I/O 接口的理解。

2. 如果再增加一个按键,实现数码管减 1 显示,该如何修改电路和程序?

习 题 6

一、选择题

1. 下列关于 I/O 端口统一编址与独立编址的说法正确的是(　　)。

　A. 独立编址采用访问存储器的指令访问 I/O 端口

　B. 统一编址采用访问存储器的指令访问 I/O 端口

　C. 独立编址采用访问寄存器的指令访问 I/O 端口

　D. 统一编址采用访问寄存器的指令访问 I/O 端口

2. 为保证数据传送正确进行,CPU 必须先对 I/O 设备进行状态检测。这种数据传送方式是(　　)。

　A. 无条件传送方式　　　　　　　　　B. 查询传送方式

　C. 中断控制传送方式　　　　　　　　D. DMA 控制传送方式

3. 在高速且大量传送数据场合,微型计算机系统中数据传送的控制方式一般用(　　)。

　A. 无条件传送方式　　　　　　　　　B. 查询传送方式

　C. 中断控制传送方式　　　　　　　　D. DMA 控制传送方式

4. 8086 按 OUT 指令得到的地址是(　　)。

　A. 物理地址　　　　B. 偏移地址　　　　C. 段内偏移地址　　　D. I/O 端口地址

5. 对于一低速 I/O 设备,在 I/O 设备准备数据期间希望 CPU 能做自己的工作,只有当 I/O 设备准备好数据后才与 CPU 交换数据。完成这种数据传送最好选用的传送方式是( )。

    A. 无条件传递方式   B. 查询传送方式

    C. 中断控制传送方式   D. DMA 控制传送方式

6. 计算机的外部设备是指( )。

    A. 输入输出设备   B. 外存设备

    C. 远程通信设备   D. 除了 CPU 和内存以外的其他设备

7. 能够实现对 I/O 端口写操作的指令是( )。

    A. OUT BL, AL   B. OUT BX, AL

    C. OUT 100H, AL   D. OUT DX, AL

8. 在 I/O 设备的接口电路中,常用器件( )解决与数据总线的隔离问题。

    A. 译码器   B. 触发器   C. 三态缓冲器   D. 锁存器

9. I/O 接口电路通常具有( )3 个端口。

    A. 数据输入、数据输出、命令端口   B. 数据输入、数据输出、状态端口

    C. 数据端口、命令端口、状态端口   D. 数据端口、控制端口、命令端口

10. 查询式 I/O 设备状态信息通过 CPU 的( )读入。

    A. 数据总线   B. 某条控制线   C. 地址总线   D. 状态线

11. 在独立编址方式下,存储单元和 I/O 设备是靠( )来区分的。

    A. 不同的地址编码   B. 不同的地址总线

    C. 不同的指令或不同的控制信号   D. 上述都不对

12. 在以下方式中 CPU 不占用总线的方式是( )方式。

    A. 条件传送   B. 查询传送

    C. 中断控制传送   D. DMA 控制传送

二、填空题

1. 每个 I/O 端口对应一个 I/O _____。从硬件上看,端口可以理解为_____。

2. 能支持查询传送方式的接口电路中,至少应该有_____端口和_____端口。

3. I/O 接口电路中的数据端口是双向的,状态端口只有_____操作。

4. DMA 获得总线控制权的方法中暂停 CPU 的 DMA 方法有_____和_____两种情况,其中前者 DMAC 控制总线的时间为一个总线周期。

5. 如果程序员能够确信一个 I/O 设备已经准备就绪,那就不必查询 I/O 设备而进行信息传输,这种传送方式为_____。

6. 当进行 DMA 操作时 CPU 必须让出_____给 DMAC。其 $AD_{15} \sim AD_0$ 引脚处于_____。

7. I/O 端口可以用两种编址方式_____和_____,只有在_____编址方式时,才能用对存储器访问的指令实现对 I/O 端口的读写。

8. 8086 的 ALE 信号的作用是_____,可以用来_____。

9. 主机和 I/O 设备之间数据交换的方式有_____、_____、_____

和_____。

10. 80x86 CPU 可以访问的 I/O 端口有_____。

三、判断题

1. 在查询传送方式下,输入输出时,在 I/O 接口中设有状态寄存器,通过它来确定 I/O 设备是否准备好。输入时,准备好表示已空;输出时,准备好表示已满。　　　（　　）

2. 输入输出指的是 I/O 接口与 I/O 设备间进行数据传送,数据从 I/O 设备到 I/O 接口称为输入,数据从 I/O 接口到 I/O 设备称为输出。　　　（　　）

3. 在查询传送方式下,I/O 设备的状态线可作为中断请求信号。　　　（　　）

4. 在一个 I/O 设备端口中,往往需要几个 I/O 接口才能满足和协调 I/O 设备工作的要求。　　　（　　）

5. 查询传送方式是最简便的传送方式,它所需要的硬件最少。　　　（　　）

四、简答题

1. I/O 接口电路在系统结构中的作用是什么? 应具备哪些基本功能?

2. 简述 I/O 接口的编址种类及区别。

3. 简述 80x86 端口的寻址方式。

4. 一般的 I/O 接口应包含哪几种寄存器?

5. 微处理器进行 I/O 操作时,通常有哪几种 I/O 同步控制方式? 各有何特点和优缺点?

6. 为什么输入接口的数据缓冲寄存器必须有三态功能,而输出接口却不需要?

五、应用题

1. 在一个采用查询传送方式输入数据的 I/O 接口中,8 位数据端口地址为 2000H,1 位状态端口地址为 2002H(I/O 设备数据准备好信号,高电平有效,接至数据总线的 D_7 位)。写出查询输入 1000 字节数据的程序段。

2. 设有 8 位数字比较器,引脚如图 6-18 所示。$\overline{G}$ 为片选端口,A_i 和 B_i 为输入端,D_0 为输出端。当输入各引脚 $A_i = B_i$ 时,D_0 输出为低。适当添加电阻和开关,利用它设计一为 200H～203H 的地址译码器。画出电路连线图。

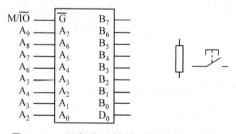

图 6-18　8 位数字比较器引脚和电阻、开关

第7章

总　　线

微型计算机系统采用总线结构。总线结构支持模块化设计,使系统设计可分解为对多个子模块的设计,而各个子模块设计的过程是并行进行的。总线结构的开放性、通用性和灵活性,使得各生产厂家能够独立地设计和生产各种插卡,为系统的组装和功能扩展提供了方便。因此,总线技术在整个微型计算机中占有重要的地位。本章将重点介绍与总线有关的基本概念、总线操作和仲裁以及目前主流微型计算机系统中的常用标准总线。

7.1　总线概述

总线是将微型计算机系统中各部件连接起来、传递各类信息的公共通道。总线在物理形态上就是一组公共信号线,主要负责在 CPU 和其他部件之间传递数据信息、地址信息、控制信息和状态信息。

7.1.1　总线概念

总线是指若干互连信号线的集合,是一种在多于两个模块(插件、芯片、设备等)之间传送信息的公共通道,一般由传送信息的物理介质以及一套管理信息传送的通用规则组成。

挂接在总线上的模块有 3 种:主模块(主控器)、从模块(受控器)和主从模块。主模块工作于主控方式,可以控制和管理总线;从模块工作于受控方式,只能在主模块的控制下工作;主从模块有时工作于主控方式,有时工作于受控方式,但不能同时工作于两种方式,如 DMA 模块。

在采用总线结构的计算机系统中,多个部件并联在总线上,虽然多路信息都是通过总线传送的,但是在某一时刻,只允许一个部件发送信息,因此各路信息在总线上只能分时传送。

7.1.2　总线分类及特性

1. 总线分类

按在计算机系统的不同层次、位置,总线可分为以下 4 种。

（1）片内总线。片内总线是指在微处理器芯片内部的总线，是用来连接各功能部件的信息通路。例如，CPU 芯片中的内部总线，它是寄存器 ALU 和控制器之间的信息通道。

（2）局部总线。局部总线（又称片间总线）是指在印刷电路板上连接各功能芯片的公共通路，也称芯片总线。

（3）系统总线。系统总线又称内总线或板级总线，也就是常说的微型计算机总线。它是微型计算机系统中各插件之间信息传输的通路，为微型计算机系统所特有，应用广泛。

（4）通信总线。通信总线又称外总线，它用于微型计算机系统与微型计算机系统之间、微型计算机系统与外部设备（如打印机、磁盘设备）之间，或微型计算机系统和仪器仪表之间的通信通道。这种总线数据的传输方式可以是并行或串行，数据传输速率比系统总线低。不同的应用场合有不同的总线标准。

各类总线之间的关系如图 7-1 所示。

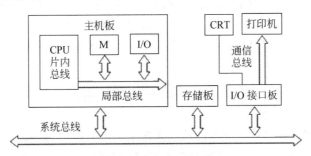

图 7-1　各类总线之间的关系

总线按信号线的性质不同分为数据总线（DB）、地址总线（AB）和控制总线（CB）3 组，即通常所说的三总线。

2. 总线标准及特性

各个模块之间的互连受总线标准的约束。总线标准可以分为两类：一类由国际权威机构指定；另一类由某厂家设计制定，被权威机构收为标准。总线标准是各个不同模块组成微型计算机或微型计算机系统时必须遵守的规范，它为微型计算机系统中各模块的独立研制开发、生产和互连提供了一个标准界面。该界面对界面两侧的模块是透明的，界面的任意一方只需根据总线标准的要求来实现接口的功能，而不需要考虑另一方的接口方式，按总线标准设计的接口是通用的。采用总线标准可以为微型计算机接口的软硬件设计提供方便，使模块接口芯片的设计可以相对独立，也给接口软件的模块化设计提供了方便。

为了充分发挥总线的作用，每个总线标准都必须有详细和明确的规范说明，其规范内容大致有物理特性、功能特性、电气特性、时间特性和 PC 总线的负载能力等。

3. 总线的特点

由于采用标准总线结构，使微型计算机系统具有了一些鲜明的特点。

（1）简化了系统设计。由于标准总线对各种信息通路做了明确定义，使得厂家可以面向总线设计各种板卡。用户可以根据需要选购必要的插板构成符合应用要求的系统，从而简化系统设计。由于硬件的模块化和标准化，也简化了软件系统的设计和调试周期。

（2）简化了系统结构，提高了系统的可靠性。由于采用标准总线结构，从而大大减少了信息传输线的根数，缩短了连线的距离；同时由于标准化，可以采用母板结构，将各插座的同一插脚用印刷电路板连接起来，大大提高了系统的可靠性。

（3）便于系统的扩充和更新。采用标准总线结构系统，要扩充系统规模只要加插功能板即可。而要扩充功能或更新系统，也要按总线规范设计制造出新的插件板。

7.2　总线操作和仲裁

微型计算机系统中的各种操作，本质上都是通过总线进行的信息交换，统称为总线操作。总线操作是在主模块的控制下进行的，主模块是具有控制总线能力的模块，如CPU 和 DMA 模块。总线从模块没有控制总线的能力，它可对总线上传来的信号进行地址译码，并且接收和执行总线主模块的命令信号。在同一时刻，总线上只能允许一对模块进行信息交换。当有多个模块都要使用总线进行信息传送时，只能采用分时方式，一个接一个地轮换交替使用总线，即将总线时间分成很多段，每段时间可以完成模块之间一次完整的信息交换，通常称为一个数据传输周期或一个总线周期。

7.2.1　常用的时序控制信号

一个总线操作通常有以下 4 个阶段。

（1）总线请求和仲裁阶段。当系统总线上有多个主模块时，由需要使用总线的主模块向总线仲裁机构提出使用总线的申请。经总线仲裁机构判别确定，把下一个总线周期的总线控制权授给哪个申请者。

（2）寻址阶段。取得总线使用权的主模块通过总线发出本次访问的从模块的地址及有关命令，以启动参与本次操作的从模块。

（3）传数阶段。主模块和从模块之间进行数据传送，数据由源模块发出经数据总线流入目的模块。在进行读操作时，源模块是存储器或输入输出接口，而目的模块则是总线主模块；在进行写操作时，源模块是总线主模块，而目的模块则是存储器或输入输出接口。

（4）结束阶段。主从模块的有关信息均从系统总线上撤除，让出总线，为进入下一总线周期做准备。

在含多个主控器的微型计算机系统中，完成一个总线周期这 4 个阶段是必不可少的；而在仅含一个主控器的单处理机系统中，实际上不存在总线的请求、分配和撤除问题，总线始终归 CPU 所有，所以总线周期只需寻址和传数两个阶段。

计算机在运行时必须有严格的时序控制来完成总线操作。常用的时序控制信号有时钟周期、总线周期和指令周期,并在此基础上形成了和总线操作有关的几种基本操作时序。

1. 时钟周期

时钟周期是 CPU 运行时的最小时间单位。80x86 微处理器是在统一的时钟信号控制下,按节拍有序地工作。

时钟周期是 CPU 的时间基准,它由计算机的主频决定。

2. 总线周期

完成一次总线操作所需的时间称为一个总线周期,或称为机器周期。每当 CPU 要从存储器或输入输出端口存取一字节或字就需要一个总线周期,一个总线周期由若干时钟周期组成。

80x86 系统中,总线周期通常由 4 个时钟周期(T_1、T_2、T_3、T_4)组成,处于时钟周期中的总线称为 T 状态。

一个总线周期完成一次数据传送,至少要有传送地址和传送数据两个过程。传送地址在时钟周期 T_1 内完成。传送数据必须在 T_2、T_3、T_4 时钟周期内完成。T_4 周期后,将开始下一个总线周期。

如果慢速设备在一个总线周期内无法完成读写操作,允许其发出一个总线周期延时请求,在获准后,在 T_3 与 T_4 之间插入一个等待周期 T_w,加入 T_w 的个数与外部请求信号的持续时间长短有关。T_w 使总线状态一直保持不变。

3. 指令周期

每条指令都包括取指令、译码和执行等操作,完成一条指令执行过程所需的时间称为指令周期,指令不同,执行周期也不尽相同。

一个指令周期由若干个总线周期组成,一个总线周期由若干个时钟周期组成。

指令周期、总线周期、时钟周期的关系如图 7-2 所示。

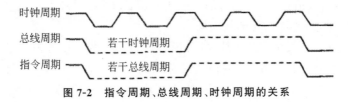

图 7-2　指令周期、总线周期、时钟周期的关系

7.2.2　总线读写操作时序

总线时序,是 CPU 通过总线进行操作时,总线上各信号之间在时间上的配合关系。CPU 在总线上进行的操作,是在指令译码器输出的操作命令和外时钟信号联合作用下,所生成的各个命令控制下进行的。根据操作位置不同,可将其分为两种:内操作与外操作。内操作主要用来控制 ALU 进行算术运算、寄存器的选择、寄存器的读写以及寄存器数据送往总线的方向等;外操作是系统对 CPU 操作的控制或是 CPU 对系统的控制。

常见的基本操作时序有：总线读操作时序、总线写操作时序、中断响应操作时序、总线保持与响应时序和系统复位时序。这里只介绍前两者。

1. 总线读操作时序

80x86 CPU 进行存储器或 I/O 端口读操作时，进入总线读周期，如图 7-3 所示。

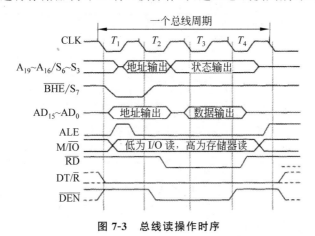

图 7-3　总线读操作时序

基本的总线读周期由 4 个 T 周期组成，当存储器和外设的存取速度较慢时，将在 T_3 和 T_4 之间插入 1 个或几个等待周期 T_w。

在总线读周期内，有关总线信号的变化如下：

（1）M/$\overline{\text{IO}}$：在 T_1 状态开始有效直到总线周期结束，读存储器时 M/$\overline{\text{IO}}$ 为高电平；读 I/O 端口时 M/$\overline{\text{IO}}$ 为低电平。

（2）$A_{19} \sim A_{16}/S_6 \sim S_3$：在 T_1 期间，输出存储器单元或 I/O 端口的地址高 4 位；在 $T_2 \sim T_4$ 期间，输出状态信息 $S_6 \sim S_3$。

（3）$\overline{\text{BHE}}/S_7$：在 T_1 期间，$\overline{\text{BHE}}$ 为低电平，表示高 8 位数据线上的信息可以使用；在 $T_2 \sim T_4$ 期间，输出高电平。

（4）$AD_{15} \sim AD_0$：在 T_1 期间，用来作为地址总线的低 16 位；T_2 期间为高阻态；在 $T_3 \sim T_4$ 期间，用来作为 16 位数据总线使用，可以从总线接收数据，若在 T_3 状态不能将数据送到数据总线上，则在 $T_3 \sim T_4$ 之间插入等待状态 T_w，直到数据送入数据总线上，进入 T_4 周期，在 T_4 周期的开始下降沿，CPU 采样数据总线。

（5）ALE：系统中的地址锁存器利用该脉冲的下降沿来锁存 20 位地址信息以及 $\overline{\text{BHE}}$。

（6）$\overline{\text{RD}}$：读取选中的存储单元或 I/O 端口中的数据。

（7）DT/$\overline{\text{R}}$：在 T_1 状态输出低电平，表示本总线周期为读周期，在接有数据总线收发器的系统中，用来控制数据传输方向。

（8）$\overline{\text{DEN}}$：低电平有效，在 $T_2 \sim T_3$ 期间表示数据有效，在接有数据总线收发器的系统中，用来实现数据的选通。

2. 总线写操作时序

80x86 CPU 进行存储器或 I/O 端口写操作时，总线进入写周期，如图 7-4 所示。

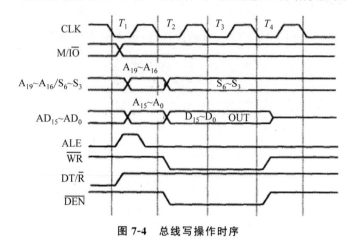

图 7-4　总线写操作时序

总线写操作时序与读操作时序很相似，大部分信号和读操作时序的信号相同，不同之处如下。

（1）$AD_{15} \sim AD_0$：在 $T_2 \sim T_4$ 期间没有高阻态。

（2）$\overline{WR}$：低电平有效，向选中的存储器或 I/O 端口写入数据。

（3）$DT/\overline{R}$：高电平有效，在总线周期内保持为高电平，表示为写周期，在接有数据总线收发器的系统中，用来控制数据传输方向。

7.2.3　总线仲裁

为了确保总线周期的 4 个阶段正确推进，必须施加总线操作控制。它包含总线仲裁和总线握手两个层面的控制。

总线仲裁的目的是合理地控制和管理系统中需占用总线的请求源，当多个源同时提出总线请求时，按一定的优先算法仲裁哪个应获得对总线的使用权，确保同一时刻最多只有一个总线主模块控制和占用总线，以避免总线冲突。

总线握手的作用则是在主模块取得总线占用权之后，确保主模块和从模块之间实现正确的寻址和可靠的传数。

1. 总线仲裁方法

常见的总线仲裁方法有串行仲裁、并行仲裁和并串行二维仲裁 3 种。

1）串行仲裁

串行仲裁也称菊花链仲裁，最有代表性的是三线菊花链仲裁，其特点是仅使用三根控制线：①总线请求（bus request，BR）线；②总线允许（bus grant，BG）线；③总线忙（bus busy，BB）线。具有 N 个主控器的三线菊花链仲裁的基本原理如图 7-5 所示，其工作要点如下。

（1）各主模块 C_i 发出的 BR_i、BB_i 信号一般通过 OC 门在 BR 线和 BB 线上分别"线或"。即只要某个 BR_i 有效（$BR_i=1$）就会使 BR 有效（BR＝1）向仲裁器申请总线。同样，只要某个主模块 C_i 占用总线使 BB_i 有效（BB＝1）会使 BB 有效（BB＝1）禁止仲裁器发出 BG 信号。

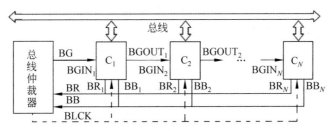

图 7-5　具有 N 个主控器的三线菊花链仲裁的基本原理

（2）若至少有一个主模块 C_i 发出了总线请求，使 BR 线有效（BR＝1），且当前总线是空闲的（BB＝0）时，仲裁器发出 BG 信号（BG＝1）。

（3）仲裁器发出的 BG 信号是按从高到低的优先顺序穿越各模块的非连续线。对同一时刻提出总线请求的主模块进行判优，是通过 BG 信号在菊花链路上的传递来实现的。当 BG 信号的上升沿到达某个主模块 C_i，即 $BGIN_i$ 出现无效变有效的正跳变时，若 C_i 发出了总线请求（$BR_i=1$），则 C_i 接管总线并禁止 BG 信号向后传递，即使 $BGOUT_i$ 输出无效电平（$BGOUT_i=0$），同时撤销 BR_i 请求、升起 BB_i 信号，仲裁器则撤销 BG 信号；若 C_i 未发出总线请求（$BR_i=0$），则使 $OUT_i=1$，BG 信号向后传递，以选择后面的某个主模块占用总线。所以，电气连接上离仲裁器越近的设备优先级越高，反之优先级越低。

（4）一旦 C_i 完成总线传输，C_i 撤销 BB_i 信号，释放总线。

在实际的总线仲裁机构中，为了保证总线交换的同步，除了与仲裁直接有关的控制线外，还有一根总线时钟（BCLK）线，如图 7-5 中的虚线所示。BCLK 的频率直接决定了总线交换的速度和菊花链路上允许串入的主模块的个数 N。设总线时钟周期为 T_{BCLK}，Δt 为每个主模块的平均传输延时，则 N 必须满足：

$$N \leqslant \frac{T_{BCLK}}{\Delta t} \tag{7-1}$$

式（7-1）要求仲裁器发出的仲裁 BG 信号能在一个时钟周期内到达最后一个主模块。

【**例 7-1**】　设总线时钟频率为 5MHz（$T_{BCLK}=200ns$），每个主模块的平均传输延迟时间为 30ns，求链路最多允许串入的主模块个数。

解：设最多允许串入的主模块个数为 N，则有

$$N \leqslant \frac{T_{BCLK}}{\Delta t} = \frac{200}{30} = 6.67$$

链路允许串入的主模块最多为 6 个，此时尚有 20ns 的余量。

菊花链仲裁的显著优点一是控制线少，且与主模块数无关，所以无论是逻辑上还是物理实现上都很简单；二是易于扩充，增加主模块时，只需"挂到"总线上。缺点是 BG 信号需逐级传递，响应速度慢；链路上任一环节发生故障，如 BG 线传递逻辑失效，都将阻止

其后面的设备获得总线控制权;而且线路连好后,优先级结构不能改变,可能出现电气连接上距仲裁器远的设备发出总线请求,而被优先级高的设备锁定,产生"饿死"现象;此外,能容纳的主模块数受到总线时钟频率限制。

2)并行仲裁

并行仲裁也称独立请求仲裁。其仲裁原理如图 7-6 所示,每个主模块有自己独立的 BR_i 线、BG_i 线与总线仲裁器相连。

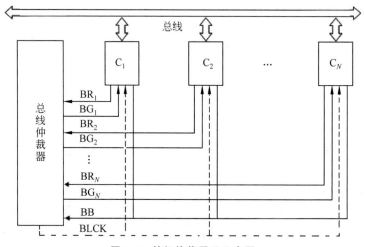

图 7-6　并行仲裁原理示意图

每个需要使用总线的主模块 C_i 直接通过 BR_i 线向总线仲裁器发出总线请求,总线仲裁器则直接识别各设备的 BR_i 信号,当至少有一个主模块 C_i 发出了总线请求,且总线是空闲的($BB=0$),仲裁器将按一定的优先级算法选择一个优先级最高的主模块,并直接向选中的设备 C_i 发出 BG_i 信号。被选中的主模块 C_i 撤销 BR_i 信号,并使 BB_i 有效升起总线"忙"信号($BB=1$),开始占用总线。一旦传输结束,C_i 撤销 BB 信号,总线仲裁器也相继撤销 BG 信号,开始下一轮仲裁。

总线仲裁的优先级算法通常有固定优先级算法和循环优先级算法两种。既可用硬件也可用软件实现。实际对于各种总线标准,都有按这两种仲裁算法或将两种算法结合而设计的总线仲裁器模块或芯片供用户选用。

与串行仲裁相比,并行仲裁的优点是避免了总线请求和 BG 信号的逐级传送延迟,所以响应速度快,适于各种实时性要求高的多机系统中使用;缺点则是控制信号多、逻辑复杂,只适于控制源不多的系统中使用,且一旦系统设计好,不易扩充。

3)并串行二维仲裁

并串行二维仲裁是综合并行仲裁和串行仲裁的优点而产生的一种组合控制方法。其特点是将主模块分组,组间使用并行仲裁,而组内使用串行仲裁。显然,这种二维总线仲裁兼具串行法和并行法的优越性,既有较好的灵活性、可扩充性,又可容纳较多的设备而不使结构过于复杂,还有较快的响应速度。这对于那些含有很多主控源的大型复杂计算机系统,无疑是一种最好的折中方案。

2. 总线握手

主模块取得总线控制权后,在这一阶段为实现可靠的寻址和数据传输,采用总线握手技术。

总线握手的作用是控制每个总线周期中数据传送的开始和结束,以实现主模、从模间的协调和配合,确保数据传送的可靠性。因此,总线握手必须以某种方式信号的电压变化来标明整个总线周期的开始和结束,以及在整个周期内每个子周期的开始和结束。

总线握手的方法通常有 3 种:同步总线协定、异步总线协定、半同步总线协定。同步总线协定是指总线上所有的模块都是在同一时钟源的控制下步调一致地工作;异步总线协定主要针对具有不同存取时间的各种设备而采取的一种握手方式;半同步总线协定是结合同步总线协定和异步总线协定的优点而设计出的混合式总线。

7.3　目前主流微型计算机系统中的常用标准总线

7.3.1　标准总线概述

为了支撑微型计算机系统的模块化设计,保证各级别模块的兼容性、互换性,以及增强整个系统的可靠性、可扩性,现代微型计算机系统普遍使用标准总线来实现各个模块和设备互连。总线标准是指国际工业界正式公布或推荐的连接各个模块的总线规范,是把各种不同的模块或设备组成计算机系统或计算机应用系统时必须遵循的连接规范。

采用总线标准,可以为不同模块、设备互连提供一个标准的界面。这个界面对两端的模块和设备是透明的,界面任一方只需根据总线标准的要求来实现接口的功能,而不必考虑另一方的接口方式。这就为接口的软硬件设计提供了方便,并且使设计出的接口也具有通用性。

7.3.2　ISA 总线

ISA(industrial standard architecture)总线是 IBM 公司 1984 年为推出 PC/AT 而建立的系统总线标准,以适应 8/16 位数据总线要求。一经推出后得到广大计算机同行的认可,以兼容这一标准为前提的微型计算机纷纷问世。从 Intel 286 到 Pentium 的各代微型计算机,尽管工作频率各异,内部功能和系统性能有别,但大都采用了 ISA 总线标准,目前在 PC 104 中广泛使用。

1. ISA 总线的主要性能指标

(1) 64KB I/O 地址空间(0000H～FFFFH)。

(2) 24 根地址线,支持 16MB 存储器地址空间(000000H～0FFFFFFH)。

(3) 8/16 位数据线,支持 8 位或 16 位数据存取。

（4）最高时钟频率为 8MHz。

（5）最大传输速率为 16MB/s。

（6）15 级硬件中断。

（7）7 级 DMA 通道。

（8）开放式总线结构，允许多个 CPU 共享系统资源。

2. ISA 总线信号

ISA 总线共包含 98 根信号线，是在原来的 8 位 XT 总线 62 线的基础上再扩充 36 线而成的。其扩展 I/O 插槽也在原来 XT 总线的 62 线连接器的基础上，附加了一个 36 线的连接器，如图 7-7 所示。长槽为原 8 位 XT 总线的 62 个引脚，分为 A、B 两面，每面 31 线；短槽是新增的 36 个引脚，分为 C、D 两面，每面 18 线。这种扩展 I/O 插槽既可支持 8 位插卡（仅使用长槽），也可支持 16 位插卡（长短槽均用）。ISA 总线插槽引脚排列如图 7-8 所示。

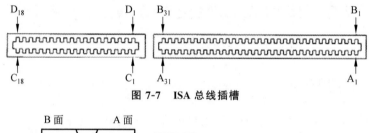

图 7-7　ISA 总线插槽

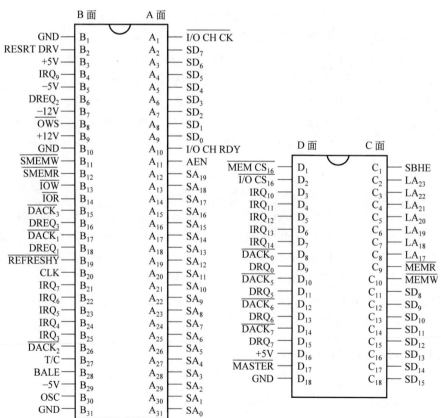

图 7-8　ISA 总线插槽引脚排列

7.3.3 PCI 总线

PCI(peripheral component interconnect)总线规定了两种扩展卡及连接器：长卡与短卡。长卡提供了 64 位接口，插槽 A、B 共定义了 188 个引脚；短卡提供了 32 位接口，插槽 A、B 共定义了 124 个引脚。PCI 总线引脚如表 7-1 所示。

表 7-1 PCI 总线引脚

引脚	信号名称	引脚	信号名称	引脚	信号名称	引脚	信号名称
B_1	$-12V$	A_1	$*$ TRST	B_{27}	AD_{23}	A_{27}	$+3.3V$
B_2	TCK	A_2	$+12V$	B_{28}	GND	A_{28}	AD_{22}
B_3	GND	A_3	TMS	B_{29}	AD_{21}	A_{29}	AD_{20}
B_4	TDO	A_4	TOI	B_{30}	AD_{19}	A_{30}	GND
B_5	$+5V$	A_5	$+5V$	B_{31}	$+3.3V$	A_{31}	AD_{18}
B_6	$+5V$	A_6	$*$ INTA	B_{32}	AD_{17}	A_{32}	AD_{16}
B_7	$*$ INTB	A_7	$*$ INTC	B_{33}	C/ $*$ BE_2	A_{33}	$+3.3V$
B_8	$*$ INTD	A_8	$+5V$	B_{34}	GND	A_{34}	$*$ FRAME
B_9	$*$ $PRSNT_1$	A_9	NA	B_{35}	$*$ IRDY	A_{35}	GND
B_{10}	NA	A_{10}	$+3.3V$	B_{36}	$+3.3V$	A_{36}	$*$ TRDY
B_{11}	$*$ $PRSNT_2$	A_{11}	NA	B_{37}	$*$ DEVSEL	A_{37}	GND
B_{12}	KEY	A_{12}	KEY	B_{38}	GND	A_{38}	$*$ STOP
B_{13}	KEY	A_{13}	KEY	B_{39}	$*$ LOCK	A_{39}	$+3.3V$
B_{14}	NA	A_{14}	NA	B_{40}	$*$ PERR	A_{40}	SDONE
B_{15}	GND	A_{15}	$*$ RST	B_{41}	$+3.3V$	A_{41}	$*$ SBO
B_{16}	CLK	A_{16}	$+3.3V$	B_{42}	$*$ SERR	A_{42}	GND
B_{17}	GND	A_{17}	$*$ GNT	B_{43}	$+3.3V$	A_{43}	PAR
B_{18}	$*$ REQ	A_{18}	GND	B_{44}	C/ $*$ BE_1	A_{44}	AD_{15}
B_{19}	$+3.3V$	A_{19}	NA	B_{45}	AD_{14}	A_{45}	$+3.3V$
B_{20}	AD_{31}	A_{20}	AD_{30}	B_{46}	GND	A_{46}	AD_{13}
B_{21}	AD_{29}	A_{21}	$+3.3V$	B_{47}	AD_{12}	A_{47}	AD_{11}
B_{22}	GND	A_{22}	AD_{28}	B_{48}	AD_{10}	A_{48}	GND
B_{23}	AD_{27}	A_{23}	AD_{26}	B_{49}	GND	A_{49}	AD_9
B_{24}	AD_{25}	A_{24}	GND	B_{50}	GND	A_{50}	GND
B_{25}	$+3.3V$	A_{25}	AD_{24}	B_{51}	GND	A_{51}	GND
B_{26}	C/ $*$ BE_3	A_{26}	$*$ IDSEL	B_{52}	AD_8	A_{52}	C/ $*$ BE_0

续表

引脚	信号名称	引脚	信号名称	引脚	信号名称	引脚	信号名称
B_{53}	AD_7	A_{53}	$+3.3V$	B_{74}	AD_{55}	A_{74}	AD_{54}
B_{54}	$+3.3V$	A_{54}	AD_6	B_{75}	AD_{53}	A_{75}	$+3.3V$
B_{55}	AD_5	A_{55}	AD_4	B_{76}	GND	A_{76}	AD_{52}
B_{56}	AD_3	A_{56}	GND	B_{77}	AD_{51}	A_{77}	AD_{50}
B_{57}	GND	A_{57}	AD_2	B_{78}	AD_{49}	A_{78}	GND
B_{58}	AD_1	A_{58}	AD_0	B_{79}	$+3.3V$	A_{79}	AD_{48}
B_{59}	$+3.3V$	A_{59}	$+3.3V$	B_{80}	AD_{47}	A_{80}	AD_{46}
B_{60}	$*ACK_{64}$	A_{60}	$*REQ_{64}$	B_{81}	AD_{45}	A_{81}	GND
B_{61}	$+5V$	A_{61}	$+5V$	B_{82}	GND	A_{82}	AD_{44}
B_{62}	$+5V$	A_{62}	$+5V$	B_{83}	AD_{43}	A_{83}	AD_{42}
B_{63}	NA	A_{63}	GND	B_{84}	AD_{41}	A_{84}	$+3.3V$
B_{64}	GND	A_{64}	C/BE_7	B_{85}	GND	A_{85}	AD_{40}
B_{65}	$C/*BE_6$	A_{65}	C/BE_5	B_{86}	AD_{39}	A_{86}	AD_{38}
B_{66}	$C/*BE_4$	A_{66}	$+3.3V$	B_{87}	AD_{37}	A_{87}	GND
B_{67}	GND	A_{67}	PAR_{64}	B_{88}	$+3.3V$	A_{88}	AD_{36}
B_{68}	NA	A_{68}	NA	B_{89}	AD_{35}	A_{89}	AD_{34}
B_{69}	AD_{61}	A_{69}	GND	B_{90}	AD_{33}	A_{90}	GND
B_{70}	$+3.3V$	A_{70}	AD_{60}	B_{91}	GND	A_{91}	AD_{32}
B_{71}	AD_{59}	A_{71}	AD_{58}	B_{92}	NA	A_{92}	NA
B_{72}	AD_{57}	A_{72}	AD_{57}	B_{93}	NA	A_{93}	GND
B_{73}	GND	A_{73}	GND	B_{94}	GND	A_{94}	NA

PCI 总线标准通常分为必备信号和可选信号两大类。

1. PCI 总线的必备信号

1）地址和数据信号

$AD_{31}\sim AD_0$：地址/数据复用信号线，共 32 条。用于传输地址或数据信息。

$C/*BE_0\sim C/*BE_3$：命令/字节使能信号。当 $C/*BE_0\sim C/*BE_3$ 作为命令时，提供 12 种控制命令信号；当 $C/*BE_0\sim C/*BE_3$ 作为字节使能信号时，提供数据总线中不同字节的寻址信号。

PAR：对 $AD_0\sim AD_{31}$ 和 $C/*BE_0\sim C/*BE_3$ 的偶校验位。

2）接口信号

$*$FRAME：每个数据传送周期开始，由当前的 PCI 总线主模块将其置为低电平，当数据传送完毕或被中断时,则撤销此信号。

＊TRDY：低电平有效,表示从 PCI 总线从模块可以接收或读取数据。

＊IRDY：低电平有效,表示 PCI 总线主模块已经准备好传输数据。

＊STOP：低电平有效,指示 PCI 总线主模块停止当前操作。

＊IDSEL：低电平有效,选择配置存储器。

＊DEVSEL：低电平有效,如果一个从 PCI 总线从模块把自己标识为一次 PCI 总线传送目标,由从 PCI 总线从模块将这个信号置为低电平。

3）仲裁信号

＊REQ：总线请求线,低电平有效输入线。请求作为主模块对 PCI 总线的控制。

＊GNT：总线应答线,低电平有效输出线。通知请求模块可以使用 PCI 总线作为主模块。

4）错误报告信号

＊PERR：低电平有效输出线。表示出现一次奇偶校验错误。

＊SERR：低电平有效输出线。表示出现一个地址奇偶错误或其他严重系统错误。

5）系统工作信号

CLK：输入线,为 PCI 总线提供工作时钟的频率范围为 $0 \sim 33\text{MHz}$ 或 $33.33 \sim 66.66\text{MHz}(3.3\text{V})$。

＊RST：输入线,低电平有效。当复位信号有效时,所有 PCI 总线专用寄存器、定时器和信号置为初始值,对所有连接到 PCI 总线上的设备都复位。一般情况下,全部输出线呈三态状态。

2. PCI 总线的可选信号

1）64 位总线扩展信号

32 条,将地址/数据复用信号线从 32 位扩展到 64 位的高 32 位线。PAR_{64} 为高 32 位的奇偶校验位,＊REQ_{64} 为 64 位传输的请求线,＊ACK_{64} 为 64 位传输的应答线。

2）接口控制信号

＊LOCK：低电平有效,表明到指定的 PCI 总线设备的访问封锁,但是到 PCI 总线其他设备的访问仍然可以执行。

3）中断管理信号

均为非共享信号线,是 PCI 总线的 4 个中断请求线,如果需要 CPU 中断请求,则需连接到中断控制器上。

4）cache 支持信号

用于为微处理器上或 PCI 总线上的设备及能进行高速缓冲操作的存储器提供支持。

5）JTAG 测试信号

TCK：测试时钟信号,在边界扫描阶段,为状态信息和测试数据输入输出设备提供时钟信号。

TDI：测试输入信号,对以串行形式移入设备的数据和指令进行测试。

TDO：测试输出信号,对以串行形式移出设备的数据和指令进行测试。

TMS：测试模拟选择信号，用来控制、测试访问端口控制器的状态。

＊TRST：测试复位信号，低电平有效，用来对访问端口控制器的初始化进行测试。

7.3.4 USB

1. USB 概述

通用串行总线（univeral serial bus，USB）虽然是由 Intel 公司和 Microsoft 公司联合推出的一种串行标准总线（也常被称为接口协议），但它与其他的串行总线有着很大的区别。USB 并不是完全的串行总线，一般的串行接口（串行总线）只能连接一个或一类固定的设备，而 USB 可以与许多种外设或网络设备相连接（通过级联方式，最多可以连接 127 个外设）。它们可以是串行设备，也可以是并行设备，因此应把 USB 看成串行与并行总线的统一。USB 可以被所有 PC 用户用来连接外设，采用令牌包为主的总线协议，它具有 3 个属性。

（1）使用简单，能传输音频数据和具有较强的扩展性。

（2）规定了数据域位格式、封包格式、数据交易格式和输入输出要求封包等内容。

（3）包含 3 个分组传输协议：令牌分组协议、数据分组协议和握手协议（数据是否传送完毕，数据是否正常接收完毕）。

在现代微型计算机系统中，为了规范外设的不同接入标准以及插头/插座的形状，提出了一种 USB 的标准接口。USB 接口规范从早期的 USB 1.1/1.2 发展到现在的 USB 2.0。早期的 USB 接口规范可以满足微型计算机系统中大多数低速、中速和高速外设的智能连接，其数据传输速率为 1.5MB/s 和 12MB/s；现在的 USB 接口数据传输速率高达 480MB/s，可谓是"名副其实"的高速串行总线，在现代微型计算机中得到广泛的应用，并成为微型计算机系统的标准配置。

2. USB 的特点

（1）对用户而言，技术细节被隐藏，即用户不需要了解更多的技术，可直接使用。

（2）采用即插即用技术，使用户连接使用时非常方便。

（3）采用热插拔（hot plug and play）技术，用户不需要断开电源，直接可以进行设备的连接。

（4）具有广泛的应用领域。可支持同步、异步、低速和中速设备，甚至支持高速设备。

（5）具有的宽带足以保持多媒体应用的需要。

（6）具有极高的可靠性。USB 拥有差错控制（CRC）协议，具有自恢复功能。

（7）设备与系统具有相对独立性。

（8）具有提供电源的能力。USB 能够给其对应的设备提供电源，使用 USB 接口的设备可以不再另外连接电源，由 USB 直接供给。

（9）USB 全速工作时，其传输速率为 12Mb/s，最大传输距离为 5m；低速工作时，其传输速率为 1.5Mb/s，最大传输距离为 3m。USB 最高数据传输速率为 480Mb/s。

3. USB 的拓扑结构

USB 采用阶梯式星状的拓扑结构。如图 7-9 所示,其中的设备有两种类型:集线器(hub)和功能设备。最顶端为主控机/根集线器,从主机往下连接至集线器,再由集线器按阶梯式以一层或一阶的方式往下扩展,连接下一层的功能设备或另一个集线器。按这种结构方式,一个 USB 系统最多可连接 127 个功能设备。USB 总体结构中包括 USB 系统描述(USB 互连、USB 功能设备和 USB 主控机)、总线的拓扑结构、层间关系、数据流类型、任务规划、物理连接以及 USB 功能设备正常工作的条件(支持 USB 协议,对 USB 操作做出反应,具有标准的描述信息)等内容。

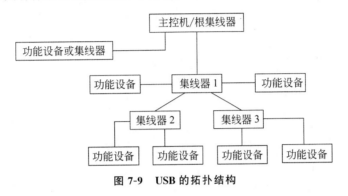

图 7-9　USB 的拓扑结构

在 USB 接口中,要求主控机(主机)具有根集线器的功能,为 USB 设备与主控设备之间提供电气接口,进行数据传送的控制能力,甚至具有电源的管理能力。通常,根集线器集成在主控机中,具有 2~4 个对外连接的接口,可以连接各种 USB 设备。

4. USB 系统组成

USB 系统由硬件层和软件层组成。硬件层主要由通用主控机(主机)和功能设备组成。软件层包含如下内容。

(1) 客户驱动软件层:位于主控机上的该软件层用于与某一个特定的功能设备进行通信,通常作为操作系统的一部分,由 USB 设备制造商提供。

(2) USB 驱动软件层:该层是某一特定的操作系统中支持功能设备操作的 USBD(通用串行总线驱动)程序系统软件。

(3) 主控机驱动程序:用于主控机中的客户软件和功能设备进行点对点的数据通信。

5. USB 的物理接口和电气特征

USB 接口采用方形插座及插头,它的连接头有 4 针和 9 针两种。

(1) 4 针引脚的 USB 接口定义:

1—电源线 V_{CC},用红色标示　　2—数据线 D_-,用白色标示

3—数据线 D_+,用绿色标示　　4—接地端(GND),用黑色标示

其中，D_- 和 D_+ 为差分数据信号线，在连入 USB 收发器前，必先串接 29～44 欧姆的电阻，其临界电压值为 DC 2.0V 和 DC 0.8V；$V_{cc}=5V$；$GND=0V$。

（2）9 针引脚的 USB 定义：

1—+5V　2—$DATA_{0-}$　3—$DATA_{0+}$　4—GND　5—NONE

6—+5V　7—$DATA_{1-}$　8—$DATA_{1+}$　9—GND　10—NONE

其中，5 和 10 两引脚未使用。目前，微型计算机系统中广泛使用 4 针引脚的 USB 接口。

USB 的电气特征如下。

（1）低输出状态时，VOL＜0.3V，上拉电阻 1.5kΩ 接到 3.6V 的电源。

（2）高输出状态时，VOH＞2.8V，用 15kΩ 电阻负载接地。

（3）支持三态、双向半双工工作方式，支持热插拔。

7.3.5　IEEE 1394 总线

1. IEEE 1394 总线概述

IEEE 1394 总线是一种高性能的串行总线，是 Apple 公司开发的计算机接口技术。IEEE 1394 总线作为一种数据传输的开放式技术标准，能够以 100Mb/s、200Mb/s 和 400Mb/s 的高传输速率进行声音、图像信息的实时传送，还可以传送数字数据以及设备控制指令。IEEE 1394.b 的传输速率还可以提升到 800Mb/s、1.6Gb/s 甚至 3.2Gb/s。

2. IEEE 1394 总线接口协议

IEEE 1394 总线接口是一种基于数据包的数据传输，协议中实现了 OSI 7 层协议的下 3 层，包括物理层、链路层和传输层。

3. IEEE 1394 总线的性能特点

（1）占用空间小、价格低廉。IEEE 1394 串行总线共有 6 条信号线，其中两条用于设备供电，4 条用于数据信号传输；相对于 IEEE 1394 并行总线而言，IEEE 1394 串行总线更节省资源。IEEE 1394 串行总线的控制软件和连接导线的实现成本都比 IEEE 1394 并行总线要低，不需要解决信号干扰问题，价格低廉。

（2）速度快，并具有可扩展的数据传输速率。能够以 100Mb/s～3.2Gb/s 的传输速率传送动画、视频、音频信息等大容量数据，并且同一网络中的数据可以用不同的速度进行传输。

（3）同时支持同步和异步两种数据传输模式，支持点对点传输。在同步数据传输的同时可进行异步数据传输，在一定的时间内能够进行数据的顺序传送，从而将数字声音、图像信息实时准确地传送至接收设备。不需要个人计算机等核心设备，用电缆把想使用的设备连接起来即可进行数据的交换。

（4）拓扑结构灵活多样，并且具有可扩展性。在同一个网络中可同时进行菊花链式和树状连接，并可以将新的串行设备接入串行总线节点所提供的端口，从而扩展了串行总线,可将拥有两个或更多的端口的节点以菊花链式接入总线。另外,IEEE 1394 总线还支持即插即用、热插拔和公平仲裁,具有设备供电方式灵活和标准开放等特点。

(5) 由于多数主板不带 IEEE 1394 总线接口,在使用 IEEE 1394 总线接口的设备时,需要另加 IEEE 1394 总线接口卡。

7.3.6　SCSI 总线

1. SCSI 总线的系统结构

SCSI 总线的典型系统结构如图 7-10 所示。主机与适配器通过系统总线或局部总线连接。适配器与外设控制器之间是 SCSI 总线。允许多个适配器和多个控制器通过总线实现数据传输。所有直接与 SCSI 总线连接的适配器或外设控制器统称为 SCSI 设备。每个外设控制器可以控制一个或多个外设。

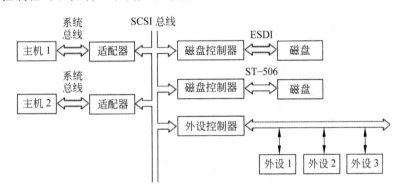

图 7-10　SCSI 总线的典型系统结构

控制器与外设之间的总线是设备级局部总线。SCSI 总线作为一种高级的系统接口,可以通过一些设备级接口来实现对外设的控制。如 ESDI、ST-506 等设备级接口都可与 SCSI 总线相连。

无论采用什么类型的设备级接口、设备甚至系统总线结构,SCSI 总线都有相同的物理和逻辑特性。SCSI 总线有与设备和主机无关的高级命令系统,SCSI 总线的命令是以命令描述块(CDB)的形式由主设备发送给目标设备,CDB 说明了操作的性质、源和目的数据块的地址、传送的块数等信息。SCSI 总线系统可以是一个主机,即一个主适配器和一个外设控制器的最简单的形式,也可以是一个或多个主机与多个外设控制器的组合。

2. SCSI 总线信号与设备连接

SCSI 总线可以使用单端传送和差分传送,两种方式采用相同的传输线。SCSI-1 使用 50 针扁平电缆线,称 A 电缆,该电缆包括 8 位数据总线。SCSI-2 规定了 16 位、32 位数据总线,需要在 A 电缆的基础上另外加一根电缆,即 B 电缆。B 电缆是 68 针扁平电缆线,它包括 $DB_0 \sim DB_7$ 以外的 $DB_8 \sim DB_{31}$ 以及相应的控制信号。使用两根电缆是为了保证 SCSI-2 与 SCSI-1 的兼容性。

3. SCSI 总线的主要性能特点

（1）SCSI 总线是系统级接口，不依赖于具体设备，它用一组通用的命令去控制各种设备，不需要设计外设的物理特性。SCSI 总线上连接的 SCSI 设备的总数最多为 SCSI 总线数据的位数，SCSI-1 最多为 8 个，SCSI-2 则至多为 32 个。

（2）SCSI 总线上设备之间是平等的关系，一个设备既可以作为启动设备，也可以作为目标设备。

（3）SCSI 设备以菊花链式连接成一个系统，每个 SCSI 设备有两个连接器，一个用于输入，一个用于输出。若干设备连接在一起时，终端需用一个终结器连接，以告诉 SCSI 主控制器整条总线在何处终结。

（4）SCSI 总线可以使用单端传送方式或差分传送方式。

（5）SCSI 总线可以按同步方式和异步方式传送数据。

（6）SCSI 总线是一个多主机多设备系统，具有总线仲裁功能。因此，SCSI 总线上适配器和控制器可以并行工作。总线仲裁的方法是各个设备将自己的设备号交给 SCSI 总线，具有最高优先级的设备获得 SCSI 总线控制权。

7.3.7 AGP 总线

加速图形端口（accelerated graphics port，AGP）总线是 Intel 公司为在 PC 平台上提高视频带宽、解决 3D 图形数据的传输问题而提出的新型视频接口总线规范。它是以 66MHz PCI 2.1 规范为基础，扩充一些与加速图形显示有关的功能而形成的。AGP 插槽可以插入符合该规范的 AGP 显卡。

1. AGP 总线的主要性能和特点

（1）采用流水线技术进行内存读写，大大减少了内存等待时间，提高了数据传输速率。

（2）支持 1X、2X、4X、8X 4 种工作模式。在 2X 以上的工作模式中，可利用时钟信号上升沿和下降沿传送数据，相当于使工作时钟频率提高了两倍。4 种工作模式的数据传输速率分别达到 266MB/s、533MB/s、1066MB/s 和 2133MB/s。

（3）采用直接存储器执行（direct memory execute，DIME）技术，允许 3D 纹理数据不经过图形控制器内的显示缓存区，而直接存入系统内存，从而既有利于提高数据传输速率，又可让出显示缓存区和带宽供其他功能模块使用，以缓解 PCI 总线上的数据拥挤。

（4）采用边带寻址（sideband address，SBA）方式。允许图形控制器在上次数据还没有传送完时就发出下一次的地址和请求，提高随机内存访问的速度。

（5）允许 CPU 访问系统 RAM 和 AGP 显卡访问 AGP RAM 并行操作，且显示带宽为 AGP 显卡独用，从而进一步提高了系统性能。

2. AGP 总线与 PCI 总线的比较

AGP 总线是基于 PCI 总线设计的局部总线，但是在电器特性、逻辑上都独立于 PCI

总线。它们有相似的地方也有不同的地方,如 PCI 总线可以连接多个 PCI 设备,而 AGP 总线仅是为了 AGP 总线的显卡准备的,一般主板上会提供多个 PCI 总线插槽,但只有一个 AGP 总线插槽,如图 7-11 所示。

图 7-11　AGP 总线插槽与 PCI 总线插槽

实验 7　PCI 总线配置操作实验

一、实训目的

(1) 了解微型计算机总线的机理。
(2) 掌握 PCI 板卡驱动程序的安装。
(3) 学会 PCI 板卡的使用。

二、实训器材

安装有操作系统的 32 位微型计算机一台、PCI 简易转换卡一套、试验箱一台、串口测试软件一套。

三、实训内容及步骤

(1) 下载 PCI 转换器的驱动程序,或者到清华大学出版社官网下载。解压驱动文件到计算机硬盘的一个目录或软盘。

(2) 第一次安装驱动程序:关掉计算机;将外围卡插入计算机;确保此时没有连接到端口的外设;打开计算机;Windows 应该检测新卡,并自动调用"发现新硬件"向导;选择"从列表或特定位置(高级)安装",然后单击"下一步"按钮,开始安装;使用"浏览"选项选择驱动盘的位置,然后单击"下一步"按钮,继续进行;单击"完成"菜单,进行 moschip PCI 多 I/O 控制器单击安装;按照相同的步骤来安装 moschip PCI 打印机端口和串行端口;通过查看设备管理器确定适当的 MCS9835 卡检测。

(3) 打开串口测试软件;选择串口 COM$_3$(依据测试的串口选择),将串口测试线接口的 2、3 引脚短路,进行测试。

四、实训报告要求

(1) 简述观察到微型计算机总线结构后的体会以及对微型计算机组成原理的理解。

(2) 画出微型计算机系统总线结构层次图。

习 题 7

一、选择题

1. 使用总线结构的主要优点是便于实现积木化,同时( )。

　　A. 减少了信息传输量　　　　　　　　　B. 提高了信息传输的速度

　　C. 减少了信息传输量的条数　　　　　　D. 提高信息传输的保密性

2. 系统总线中地址线的功用是( )。

　　A. 用于选择主存单元

　　B. 用于选择进行信息传输的设备

　　C. 用于指定主存单元和 I/O 设备接口电路的地址

　　D. 用于传送主存物理地址和逻辑地址

3. 数据总线的宽度由总线的( )定义。

　　A. 物理特性　　　　B. 功能特性　　　　C. 电气特性　　　　D. 时间特性

4. 在单机系统中,三总线结构的计算机的总线系统由( )组成。

　　A. 系统总线、内存总线和 I/O 总线

　　B. 数据总线、地址总线和控制总线

　　C. 内部总线、系统总线和 I/O 总线

　　D. ISA 总线、VESA 总线和 PCI 总线

5. 当 8086 CPU 采样到 READY=0,则 CPU 将( )。

　　A. 执行停机指令　　　　　　　　　　　B. 插入等待周期

　　C. 执行空操作　　　　　　　　　　　　D. 重新发送地址

6. 8086 CPU 时钟频率为 5MHz 时,它的典型总线周期为( )ns。

　　A. 200　　　　　　　B. 400　　　　　　　C. 800　　　　　　　D. 1600

7. 外设接口与外设相连接的信号有( )。

　　A. 数据总线、控制总线和状态总线　　　B. 数据信息、控制信息和状态信息

　　C. 数据总线、控制总线和地址总线　　　D. 数据口、控制口和状态口

二、填空题

1. 8086 CPU 最小模式基本总线读操作包括_____个时钟周期,当存储器或 I/O 速度较慢时,则需要插入_____。

2. 8086 CPU 中典型的总线周期由_____个时钟周期组成,其中 T_1 期间,CPU 输出_____信息,如有必要时,可以在_____两个时钟周期之间插入 1 个或多个 T_W 等

待周期。

3. 总线带宽、总线位宽和总线工作时钟频率是总线的主要参数,总线带宽的单位为_____,三者的关系为_____。

4. USB 是一种_____总线。

5. ISA 总线的数据宽度是_____位的。

6. 微型计算机的总线信号可分为_____总线、_____总线和_____总线。

7. 按在系统中所处的不同层次和位置,总线分为片内总线、_____、系统总线。

三、简答题

1. 什么是总线和总线操作? 为什么各种微型计算机系统中普遍采用总线结构?

2. 为什么要规定标准总线? 各种总线中最基本的信息总线是哪些?

3. 什么情况下需要总线判决? 总线判决的目的何在?

4. 并串行二维总线判决的优点是什么?

5. 简述并串行二维总线判决的原理。

6. 什么是总线周期、指令周期、时钟周期? 它们之间一般有什么关系?

7. 8086 执行了一个总线周期,是指 8086 做了哪些可能的操作? 基本总线周期由几个 T 状态组成? 如何标记? 如果时钟频率是 5MHz,它的基本总线周期是多少?

8. 在一个典型的读存储器总线周期中,地址信号、ALE 信号、RD 信号、数据信号分别在何时(用 T 状态标记)产生?

第 8 章

中 断 系 统

在各种外设的接口中,使用中断技术可以实现计算机与各种外设并行工作。尤其是在计算机测控系统中,常应用中断技术来对突发事件做出实时响应,以提高测控计算机的实时处理能力。本章首先介绍有关中断的基本概念和处理过程,然后着重介绍 Pentium 微处理器的中断机制、中断控制器 8259A 和中断处理程序的设计方法。在实训环节,安排常见的 8259A 中断处理设计。

8.1 中断的概念

现代意义上的中断,是指 CPU 在执行当前程序的过程中,由于某种随机出现的突发事件(外设中断请求或 CPU 内部的异常事件),使 CPU 暂停(即中断)正在执行的程序而转去执行为突发事件服务的中断处理程序;当中断服务程序运行完毕后,CPU 再返回到暂停处(即断点)继续执行原来的程序,如图 8-1 所示。

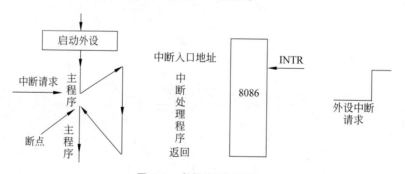

图 8-1　中断处理示意图

由图 8-1 可知,CPU 在启动外设后,在 I/O 设备准备数据这一段时间内,CPU 并没有等待,而是继续执行现行主程序。只有在 CPU 响应中断后,现行程序才被临时中断,CPU 在很短的时间内进行中断处理,处理完毕,继续执行被中断的主程序。从宏观上看,采用中断方式,CPU 在启动外设后到外设提出中断请求这段时间内执行主程序,可以使 CPU 与外设并行工作,提高了 CPU 的利用率;同时,也提高了 CPU 实时响应和处理随机事件的能力。缺点是采用中断方式后,系统的软硬件开销都会增加。

8.1.1　中断源

能够使 CPU 产生中断的信息源,即能发出中断请求的事件称为中断源。一般有以下几种中断源。

(1) 外设请求中断,一般的输入输出设备,如键盘、打印机等的中断请求。

(2) 数据通道中断源,也称直接存储器存取(DMA)操作,如硬盘或 CRT 等直接与存储器交换数据所产生的中断。

(3) 计算机内部故障引起的中断,如电源掉电、运算结果溢出等机内事件引起的中断。

(4) 在实时控制系统中,由实时(例如,定时器)控制的输入输出所引发的中断。

(5) 在程序调试过程中由设计者设置的中断。

8.1.2　中断类型

一般将由外部事件(硬件)引起的中断称为外中断或硬中断,简称中断;由 CPU 内部事件(如执行软中断指令和 CPU 检测出的内部异常事件)引起的中断称为异常中断、内中断或软中断,简称异常。中断和异常的区别:中断用来处理 CPU 外部的异步事件,而异常用来处理在执行指令期间由 CPU 本身对检测出的某些条件做出响应的同步事件。用产生异常的程序和数据再次执行时,该异常总是可再现的,而中断通常与现行执行程序无关。但中断和异常在使处理器暂停执行其现行程序,以执行更高优先级程序方面是一样的。

按中断源的不同,中断和异常又各分成若干类,现以 Pentium 系列 CPU 为例进行介绍。

1. 中断

中断包括非屏蔽中断和可屏蔽中断两类。它们都是在当前指令执行完后才服务的,中断服务完后,程序继续执行紧跟在被中断指令之后的下一条指令。

1) 非屏蔽中断

非屏蔽中断(NMI)是一种为外部紧急请求提供服务的中断,它是通过 CPU 的 NMI 引脚产生的,不受 CPU 内部的中断允许标志 IF 的屏蔽。它的优先权比可屏蔽中断高,与一般硬件中断不同的是,对于 NMI 不执行中断应答周期。在执行 NMI 服务过程时,CPU 不再为后面的 NMI 请求或 INTR 请求服务,直至执行中断返回指令(IRET)或处理器复位。如果在为某一 NMI 服务的同时又出现新的 NMI 请求,则将新的请求保存,待执行完第一条 IRET 指令后再为其提供服务。在 NMI 中断开始时 IF 位被清除,以禁止 INTR 引脚上产生的中断请求。

2) 可屏蔽中断

可屏蔽中断(INTR)是 CPU 用来响应各种异步的外部硬件中断的最常用方法,是通过 INTR 引脚产生的。它受 CPU 内部的中断允许标志 IF 的控制。当 INTR 有效且中断允许标志位 IF 置 1 时,即产生硬件中断。处理器响应中断时,读出由硬件提供的指向中断源向量地址的 8 位向量号,同时清除 IF 位,以禁止在执行该中断服务程序时又响应其他中断。但是,IF 位可以在中断服务程序中用指令置位,以允许中断嵌套。当执行 IRET 指令时,IF 位将自动置位,开放中断。通常,在一个实际微型计算机系统中,通过中断控制器(如 8259A 等),可将可屏蔽中断扩展为多个。

2. 异常

异常也包括由指令引起的异常和处理器检测的异常两类。

1) 指令引起的异常

这类异常是指 CPU 执行某些预先设置的指令或指令执行的结果使标志寄存器中某个标志位置 1 而引发的异常。这类可能引发异常的指令:INT n 指令、INTO 指令(溢出中断指令)以及 BOUND 指令(数组边界检查指令)。

2) 处理器检测的异常

这类异常是指 CPU 执行指令过程中产生的错误情况,如除法错、无效操作码、堆栈故障、段/页不存在、浮点协处理器错、单步调试异常等。

要说明的是,单步中断在其处理过程中,CPU 自动把标志压入堆栈,然后清除 TF 和 IF 标志位。因此当 CPU 进入单步中断处理程序时,就不再处于单步工作方式,而以正常方式工作。只有在单步处理结束,从堆栈中弹出原来的标志后,才使 CPU 又返回到单步方式。

8.1.3　中断优先级及嵌套

通常一个系统都有多个中断源。当多个中断源同时申请中断时,CPU 同一时刻只能响应一个中断源的申请。究竟首先响应哪一个,有一个次序安排问题,应按各中断源的轻重缓急程度来确定它们的优先级别。在中断优先级已定的情况下,CPU 总是首先响应优先级最高的中断请求,而且当 CPU 正在响应某一中断源的请求,执行为其服务的中断处理程序时,若有优先级更高的中断源发出请求,则 CPU 就中止正在服务的程序而转入为新的中断源服务,等新的服务程序执行完后,再返回到被中止的处理程序,直至处理结束返回主程序。这种中断套中断的过程称为中断嵌套。中断嵌套可以有多级,具体级数原则上不限,只取决于堆栈深度。图 8-2 给出的是 3 级中断嵌套的**示意图**。

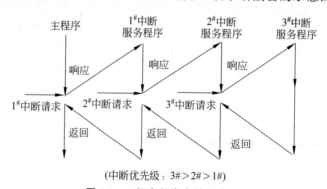

(中断优先级:3#>2#>1#)

图 8-2　3 级中断嵌套的示意图

8.1.4 中断判决

在有多中断源的微型计算机系统中,由于微处理器只有两根外部中断请求线(INTR 和 NMI),必然存在多个中断源合用一根中断请求线的情况。因此,每当 CPU 发现有中断请求时,必须对合用中断请求线的多中断源进行服务判决,找出应该为之服务的中断请求源(即当前具有最高优先级的请求源),并将程序引导到相应的中断处理程序入口。解决这些问题就是解决中断的优先排队问题。对于中断的优先权问题,主要有以下 3 种解决方法。

1. 软件方案

在 CPU 响应中断后执行查询程序,以确定请求中断的中断源的优先权。采用软件查询方式通常借助于如图 8-3 所示的硬件接口电路,把若干个中断源的中断请求触发器的状态组合起来作为一个中断状态端口,同时把它们"或"起来,作为一个公共的中断请求端口 INTR。这样,只要有任何一个中断请求,都可以向 CPU 发 INTR 信号。

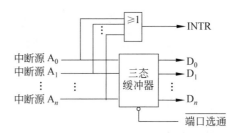

图 8-3 软件查询中断电路的硬件接口示意图

CPU 响应中断后,进入一个公用的中断处理程序。在该中断处理程序中,CPU 查询中断状态端口的内容,按照预先确定的优先权级别逐个检测各中断源的中断请求触发器状态。若某中断源有中断请求,则转到该中断源的中断处理。毫无疑问,先检测的优先权高,后检测的优先权低。

这种方法的中断优先权由查询顺序决定,先查询的中断源具有高的优先权。使用这种方法需要设置一个中断请求信号的锁存接口,将每个申请中断的请求情况保存下来,以便查询并通过软件修改来改变中断优先权。软件查询的好处在于可以通过软件来改变中断的优先权;软件查询确定优先权的缺点是响应中断慢、服务效率低。因为优先权最低的设备申请服务,必须将优先权高的设备查询一遍,若设备较多,有可能优先权低的设备很难得到及时服务。软件查询中断流程如图 8-4 所示。

2. 硬件方案

这是一种以硬件为主的判决方法,也称中断向量式判决,主要用硬件电路对中断源进行优先级排队,并将程序引导到有关 I/O 的中断服务程序入口。具体实现方案有链状电路和编码电路两种。而链状电路又有菊花链优先级中断判决、并行优先级中断判决。

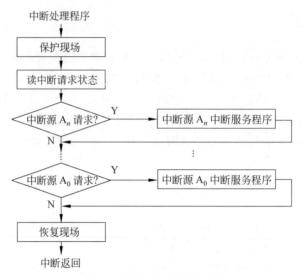

图 8-4　软件查询中断流程图

1）链状电路

菊花链优先级中断判决的硬件结构如图 8-5 所示。每个中断源除有中断请求逻辑外，还包含一个中断向量号发生器。

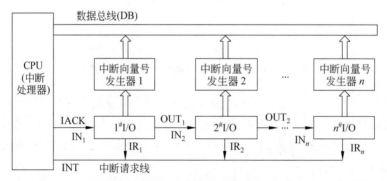

图 8-5　菊花链优先级中断判决的硬件结构

判决原理与三线菊花链总线判决类似。这里不再详细叙述。

2）编码电路

常用的编码电路 74LS148 是一个优先权编码器，它是一个 16 引脚双列直插式 TTL 器件，其引脚图及功能真值表如图 8-6 所示。

74LS148 编码器有 $I_0 \sim I_7$ 共 8 个输入引脚，可接收来自外设的 8 个中断申请信号（低电平有效），E_1 为片选输入信号（低电平有效），E_0 为使能输出信号（高电平有效），GS 为优先编码输出端。从真值表中可知，I_7 输入引脚上的中断请求具有最高优先权，因为无论其他引脚上有无中断申请，即 X 态，只要 I_7 输入引脚上为 0，则输出引脚 A_2、A_1 和 A_0 的组合就为 000，其他以此类推，I_0 输入引脚上的中断具有最低优先权。

注意：真值表中 $I_0 \sim I_7 = 0$ 表示有中断请求，$I_0 \sim I_7 = 1$ 表示无中断请求，$I_0 \sim I_7 = X$

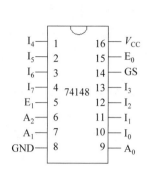

输入									输出				
E_1	I_0	I_1	I_2	I_3	I_4	I_5	I_6	I_7	A_2	A_1	A_0	GS	E_0
1	×	×	×	×	×	×	×	×	1	1	1	1	1
0	1	1	1	1	1	1	1	1	1	1	1	1	0
0	×	×	×	×	×	×	×	0	0	0	0	0	1
0	×	×	×	×	×	×	0	1	0	0	1	0	1
0	×	×	×	×	×	0	1	1	0	1	0	0	1
0	×	×	×	×	0	1	1	1	0	1	1	0	1
0	×	×	×	0	1	1	1	1	1	0	0	0	1
0	×	×	0	1	1	1	1	1	1	0	1	0	1
0	×	0	1	1	1	1	1	1	1	1	0	0	1
0	0	1	1	1	1	1	1	1	1	1	1	0	1

图 8-6 74LS148 编码器引脚图及真值表

表示不确定有无中断请求。

硬件方案安排中断的优先级逻辑简单、编程方便,但是优先级一旦固定很难改变。

3. 软硬件结合方案

中断优先级的管理常采用软硬件结合的方案实现,即通过可编程中断控制器(如8259A)实现对中断优先级的管理。这种方式既有硬件方案的逻辑简单、响应中断快速等优点,又可以通过软件控制命令字和操作命令字对中断优先级进行灵活设置,因此被广泛采用。

8.2 中断处理过程

微型计算机系统的中断处理流程如图 8-7 所示。中断处理过程包括中断请求、中断判优、中断响应、中断处理和中断返回 5 个阶段。

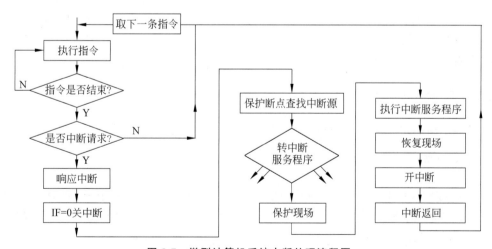

图 8-7 微型计算机系统中断处理流程图

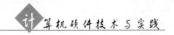

8.2.1　响应中断的条件

1. 设置中断请求触发器

中断源向 CPU 发出中断请求信号均是随机的,CPU 都是在现行指令结束时才检测有无中断请求信号发出的。故在现行指令执行期间,必须把随机输入的中断信号锁存起来,并保持到 CPU 响应这个中断请求后,才可以清除。因此,要求每一个中断源有一个中断请求触发器。在中断控制器中,常把 8 个中断请求触发器组成一个寄存器,该寄存器称为中断请求寄存器。

2. 设置中断屏蔽触发器

在多个中断源并存的系统中,为增加控制的灵活性,常要求在每一个外设的接口电路中设置一个中断屏蔽触发器。只有当此触发器为 1 时,外设的中断请求才能被送到CPU。可把 8 个外设的中断屏蔽触发器组成一个中断屏蔽寄存器端口,用输出指令来控制它们的状态。

3. 设置中断允许触发器

在 CPU 内部有一个中断允许触发器,只有当其为 1 时(即中断开放),CPU 才能响应中断;若其为 0(即中断关闭),即使中断请求线上有中断请求,CPU 也不响应。可用指令来设置中断允许触发器的状态。当 CPU 复位时,它也复位为 0,即关中断。当中断响应后,CPU 也自动关闭中断,因而在中断服务程序结束时,通常要安排两条指令,即允许中断指令和返回指令。规定执行 STI 指令可以使 IF＝1,执行 CLI 指令可以使 IF＝0。

4. CPU 在现行指令结束后响应中断

在满足上面 3 个条件的情况下,CPU 在执行现行指令的最后一个机器周期(总线周期)的最后一个时钟周期时,采样中断输入线 INTR。若发现中断请求信号有效,则把内部的中断锁存器置 1,下一机器周期即进入中断周期。

8.2.2　中断的响应

进入中断周期后,中断处理流程如图 8-7 所示,中断响应的过程如下。

1. 关中断

CPU 在响应中断后,发出中断响应信号$\overline{\text{INTA}}$,同时内部自动关中断(使 IF＝0),以禁止接受其他的中断请求,保证 CPU 从接受中断到开始执行中断服务程序前不被其他的中断请求打断。

2. 保护断点

保护断点是指把断点处的 IP 值和 CS 值入栈,以备中断处理完后能正确地返回到断点处继续执行程序。这个工作由中断控制系统自动完成。

3. 识别中断源

CPU 要对中断请求进行处理,必须找到相应的中断源。根据中断源的类型号,查找中断向量表,获得中断服务程序的入口地址。

4. 保护现场

为了不使中断服务程序的运行影响主程序的状态,必须把断点处有关寄存器的内容以及标志寄存器的状态入栈保护。由程序员在程序中使用 PUSH 指令把对应的内容入栈。由于堆栈的数据结构是先进后出的,所以,程序员在中断返回之前,必须使用 POP 指令把入栈的内容按相反的顺序出栈,否则会影响断点的恢复。

5. 执行中断服务程序

用来解决中断事件的程序段称为中断服务程序。它的第一条指令编码的第一字节所在的地址必须写入中断向量表的对应位置,便于 CPU 响应中断后查找中断服务程序的入口地址。其最后一条指令必须是中断返回指令,即 IRET,该指令有恢复断点的功能。

6. 恢复现场

恢复现场的工作由程序员在编写程序时,通过 POP 指令实现,即把中断服务程序执行前压入堆栈的现场信息弹回原寄存器及标志寄存器。

7. 开中断

在中断返回之前,必须使用 STI 指令开放中断系统,即使 IF=1,目的是返回主程序后能继续响应新的中断请求。当然,这步工作也可以在开始执行中断服务程序时完成,这样 CPU 在执行中断服务程序期间中断系统是开放的,就可以接受并响应级别更高的中断请求,实现中断嵌套,即多重中断。

8. 中断返回

它是保护断点的逆过程,是指把断点处的 CS 值和 IP 值出栈,送到 CS 和 IP 中,使CPU 返回到断点处继续执行程序。这个工作由中断返回指令自动完成。

8.3 Pentium 微处理器的中断机制

Pentium 微型计算机中断系统能处理和支持 256 种不同类型的中断,为使 CPU 识别每一种中断源,从而转向不同的入口地址执行中断处理程序,将中断源分别编号,编号为0~255(00H~FFH),赋予每一个中断源的编号称为中断向量号(又称为中断类型号)。所有 256 种中断可分为两大类:内部中断和外部中断。无论哪种中断均遵循相同的中断

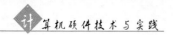

处理过程,都对应一个唯一的中断类型号,并通过向量表的形式提供中断系统的软硬界面。

8.3.1　中断向量号分配

Pentium 的中断向量号分配情况如表 8-1 所示。在 256 个可能产生的中断中,Intel 公司定义和保留了 32 个向量号(0~31)作为不可屏蔽中断(NMI)和内部异常的向量号;其余 224 个向量号(32~255)可由系统设计人员和系统用户任意选用和定义,作为外部可屏蔽中断(INTR)和内部自陷指令中断的向量号。

表 8-1　Pentium 的中断向量号分配情况

中断名称	向量号	可能引起的指令	是否返回地址	类型
除法错误	0	DIV,IDIV	是	失效
单步中断	1	任何指令	是	失效
NMI	2	INT2 或 NMI	否	NMI
断点中断	3	INT3	否	自陷
溢出中断	4	INTO	否	自陷
数组边界检查	5	BOUND	是	失效
无效操作码	6	任何非法指令	是	失效
设备不可用	7	ESC,WAIT	是	失效
双重失效	8	任何可能产生的异常指令	—	终止
INTEL 留用	9	—	—	无效
TSS	10	JMP,CALL,IRET,INT	是	失效
段不存在	11	段寄存器指令	是	失效
堆栈失效	12	堆栈访问	是	失效
一般保护故障	13	任何存储器访问	是	失效
页失效	14	任何存储器访问或取代码	是	失效
INTEL 留用	15	—	—	—
浮点协处理器错误	16	浮点,WAIT	是	失效
对准检查中断	17	未对准存储器访问	是	失效
INTEL 留用	18~31	—	—	—
INTR	32~255	INTR 引入的外中断	—	INTR

表 8-1 给出了中断,内部中断优先级最高,其次是非屏蔽中断(NMI)、可屏蔽中断(INTR),单步中断优先级最低。

8.3.2　中断向量和中断向量表

　　每个中断源都有一个中断处理程序,存放在内存中,每个中断处理程序都有一个入口地址。CPU 只需取得中断处理程序的入口地址便可转到相应的处理程序,因此关键问题是如何组织中断处理程序的入口地址。每个中断处理程序的入口地址(包括段基址和偏移地址)称为中断向量,每个中断类型对应一个中断向量。

　　为了中断处理的方便,Pentium 微型计算机将所有中断处理程序的入口地址集中放在内存一个连续的区域内,按中断类型号依序排列,形成一个数据表格,称为中断向量表。256 个中断源的中断向量被组织成一个一维表格,存放在自内存最低端开始的一段连续区间。每个中断向量占用 4 个字节单元,前两个字节单元(低地址)放入口的偏移地址,后两个字节单元(高地址)放入口的段基址,256 个中断向量共需 1024 个字节单元。

　　中断向量表所对应的地址范围为 00000H～003FFH(0:0000H～0:03FFH),由图 8-8 可见,中断向量在表中的存放顺序完全是按照 256 个中断类型号从低到高依次放置,每个类型号所对应的中断向量占了 4 个字节单元。因此将中断类型号作为访问中断向量表的依据,只需将类型号乘以 4,便得到了该中断源对应的中断向量放在中断向量表中的位置,也就是起始的偏移地址,简称向量地址。这就是在前面一再强调,当 CPU 处理一个中断时,需首先通过各种途径获得中断类型号。例如,将类型号 0 乘以 4,得到 0 号中断源的向量地址 0000H,从该单元开始,连续读取 4 个字节单元的内容,便获取了 0 号中断源的中断处理程序入口,将入口的段基址和偏移地址分别送入 CS 和 IP,便转入了 0 号中断服务程序,以此类推。

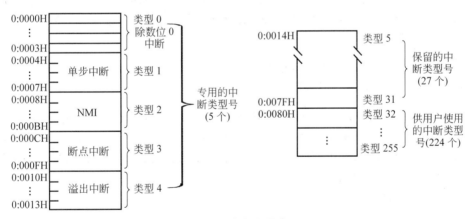

图 8-8　中断向量表

　　Pentium 微型计算机的中断系统是以位于内存 0 段的 0～3FFH 区域的中断向量表为基础的,中断向量表是中断类型号与对应的中断处理程序入口地址的连接表。中断向量表按中断类型号从小到大顺序排列,一般系统中,事先把中断处理程序入口地址放入中断向量表中。因此如果已知中断类型号,就可查表得到中断处理程序入口地址。

　　应注意的是,凡修改中断向量表的任何做法都应避免使用 MOV 型传送指令。可通过调用 DOS 功能(INT 21H)获取中断向量(35H 功能)和设置中断向量(25H 功能)。否则,采用直接修改中断向量表的应用程序在使用中会遇到麻烦。

8.3.3　中断响应的过程

在实模式下,所有类型的中断都是在 CPU 执行完当前指令后(在每个指令周期的最后一个时钟周期)予以处理,它首先检测有无内部中断即除法错误、溢出中断和软中断,然后顺序检测外部中断 NMI 和 INTR,最后检测单步中断。若一个或多个中断条件满足,中断请求有效,则 CPU 响应中断。所有类型的中断在响应后,首先按照一定的方法获取中断类型号,对于 INTR 的中断请求,在满足一定的响应条件下,CPU 才可响应其中断请求。不同的微型计算机对 INTR 请求有不同的响应条件,Pentium 系统的响应条件如下。

(1) 现行指令执行结束。

(2) CPU 处于开中断状态(即 IF=1)。

(3) 没有发生复位 RESET,保持(HOLD)和非屏蔽中断请求(NMI)。

(4) 开中断指令(STI)、中断返回指令(IRET)执行完,需要再执行一条指令,才能响应 INTR 请求。INTR 引起的外部中断,CPU 响应后产生两个中断响应周期(中断响应信号$\overline{\text{INTA}}$产生两个负脉冲)。第一个中断响应周期,CPU 地址总线与数据总线置高阻状态,并从引脚$\overline{\text{INTA}}$输出第一个负脉冲信号加载至中断控制器,通知中断源 CPU 已响应中断请求。第二个中断响应周期,CPU 送出第二个负脉冲信号,中断源在接到第二个负脉冲后,由中断源给出中断类型号,放到数据总线上供 CPU 读取。

在获取中断类型号后,CPU 对所有类型的中断处理都遵循如下步骤进行操作。

(1) 标志寄存器 FLAGS 的 16 位值自动压入堆栈。

```
SP        ←    SP-2
(SP+1)  ←    FLAGSH(标志寄存器的高 8 位)
(SP)      ←    FLAGSL(标志寄存器的低 8 位)
```

(2) 将标志寄存器的中断允许标志 IF 和单步标志 TF 清零。

(3) 保护断点,将当前代码段寄存器 CS 的值及指令指针 IP 的值(即断点值)自动压入堆栈中。一般情况下,在中断时,主程序中下一个待执行但尚未执行的指令的地址即为断点,也就是中断返回的地址。

CS 值压入堆栈:

```
SP  ←    SP-2
(SP+1)  ←    CSH(代码段寄存器的高 8 位)
(SP)←    CSL(代码段寄存器的低 8 位)
```

IP 值压入堆栈:

```
SP   ←    SP-2
(SP+1)  ←    IPH(指针的高 8 位)
(SP)←    IPL(指针的低 8 位)
```

（4）查前面得到的中断类型号表，即到内存的 0000H 段的中断向量表中取出中断向量。

```
IP ←(0: n×4)
CS ←(0: n×4+2)
```

其中 n 为中断类型号。中断处理程序的入口地址送入 CS 和 IP 中，转入相应的中断处理程序。

（5）中断处理与中断返回：执行中断处理程序。由于中断处理程序的最后一条指令为 IRET 指令，执行该指令，CPU 把保护在堆栈区的断点值自动弹出送入 IP 和 CS；把保护在堆栈区的原标志寄存器 FLAGS 中的内容自动弹出送入 FLAGS，返回主程序继续执行。

概括起来，CPU 检测到有中断请求，CPU 把标志寄存器 FLAGS 和当前 CS、IP（即断点）的内容自动压入堆栈（共压入 6 字节）；标志位 IF、TF 自动清零；依据中断类型号查表，取得中断向量，转入相应的中断处理程序。上述操作都是由 CPU 自动完成的。而返回操作，则依赖中断处理程序的最后一条指令 IRET 的执行来实现。执行 IRET，返回主程序中的原断点处继续执行。

8.4　中断控制器 8259A

一般情况下，外设中断请求必须通过 Pentium 系统仅有的可屏蔽中断请求输入端 INTR 引入。为了使多个外设能以中断方式与 CPU 进行数据交换，需要判断各个外设的优先级、设定其中断类型号等。因而，必须设计硬件中断控制接口电路。Pentium 系统采用专用的中断控制器 8259A 实现外部中断与 CPU 的接口功能。

8.4.1　基本功能

8259A 是一种可编程中断控制器芯片，它的主要功能如下。

（1）一片 8259A 可管理 8 个中断请求，具有 8 级优先权控制。可以通过对 8259A 编程进行指定，并把当前优先级最高的中断请求送到 CPU 的 INTR 端。

（2）可通过多个 8259A 的级联，最高可扩展到允许 9 片 8259A 级联、64 级中断请求优先权管理。

（3）对任何一级中断可实现单独屏蔽。

（4）当 CPU 响应中断时，向 CPU 提供相应中断源的中断向量。

（5）具有多种优先权管理模式，且这些管理模式多能动态改变。

8.4.2　引脚功能和内部结构

8259A 的内部逻辑结构由中断请求寄存器（IRR）、优先级比较器（PR）、中断服务寄存器（ISR）、中断屏蔽寄存器（IMR）、中断控制逻辑数据总线缓冲器、读写控制逻辑和级联缓冲器/比较器组成,如图 8-9 所示。

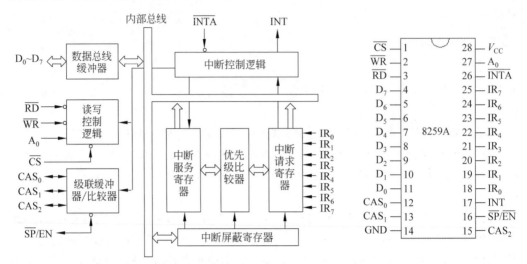

图 8-9　8259A 的内部逻辑结构及引脚信号

1. 中断请求寄存器

IRR(8 位)用于寄存器外部的 8 个中断请求信号 $IR_0 \sim IR_7$,输入,高电平有效。

2. 优先级比较器

PR 判断哪个中断请求具有最高优先级,并在脉冲期间把它置入 ISR 的相应位。

3. 中断服务寄存器

ISR(8 位)用于记录所有正在被服务的中断源,即若某个中断请求被响应,则 ISR 的对应位置 1 且状态保持到该中断请求被处理完毕。当收到中断结束命令后,该位复位,若优先级较高的中断源中断了优先级较低的中断源的处理过程,则两个中断源的 ISR 对应位都为 1。

4. 中断屏蔽寄存器

IMR(8 位)用于存放用户写入的中断屏蔽字,IMR 的每一位可对 IRR 中对应的中断请求进行屏蔽。若 IMR 中某位为 1,则对应的中断请求被屏蔽,便不可能进入优先级电路;若 IMR 中某位为 0,则所对应的中断请求是开放的。

5. 中断控制逻辑

8259A 内部的中断控制逻辑有两组可编程的命令字寄存器,它们分别存储初始化命令字 $ICW_1 \sim ICW_4$ 和操作命令字 $OCW_1 \sim OCW_3$。它们根据中断请求和中断优先级的判别结果,向 CPU 发出中断请求信号 INT,并接收来自 CPU 的中断响应信号 $\overline{INTA}$,控制 8259A 进入中断服务。

CPU 的中断响应信号由两个连续的负脉冲组成,第一个负脉冲作为中断响应,第二个负脉冲结束时,CPU 读取 8259A 送到数据总线上的中断类型号。

6. 数据总线缓冲器

8 位双向三态缓冲器是与系统总线的接口,CPU 写入 8259A 的命令字及读取 8259A 的状态字都是通过数据总线缓冲器实现的。

7. 读写控制逻辑

读写控制逻辑实现 CPU 对 8259A 的读写操作。它有 4 个引脚:$\overline{CS}$、$\overline{WR}$、$\overline{RD}$ 和 A_0,有关 8259A 端口地址分配及读写操作功能如表 8-2 所示。

表 8-2　8259A 端口地址分配及读写操作功能

$\overline{CS}$	$\overline{WR}$	$\overline{RD}$	A_0	D_4	D_3	功　能
0	0	1	0	1	$\times$	写 ICW_1
0	0	1	1	$\times$	$\times$	写 ICW_2
0	0	1	1	$\times$	$\times$	写 ICW_3
0	0	1	1	$\times$	$\times$	写 ICW_4
0	0	1	1	$\times$	$\times$	写 OCW_1
0	0	1	0	0	0	写 OCW_2
0	0	1	0	0	1	写 OCW_3
0	1	0	0	$\times$	$\times$	读 IRR
0	1	0	0	$\times$	$\times$	读 ISR
0	1	0	1	$\times$	$\times$	读 IMR
0	1	0	1	$\times$	$\times$	读状态

注:D_3、D_4 为对应寄存器中的标志位。

在 8259A 内部有两组命令字:一组为初始化命令字 ICW,用于设置 8259A 的工作方式;另一组为操作命令字 OCW,用于设置 8259A 的中断结束方式等。由于 8259A 受端口选择线 A_0 的限制,片内寄存器只能使用两个端口地址,因此多个寄存器使用了相同的端口。为了区别不同的寄存器,有的寄存器设置了标志位,有的寄存器由规定的读写顺序来加以区分。

8. 级联缓冲器/比较器

8259A 既可以工作于单片方式,也可以工作于多片方式。如图 8-10 所示为多片级联方式。

$\overline{SP}/\overline{EN}$ 为双向双功能引脚。用作输入时,决定此 8259A 是主片还是从片,1 为主片,0 则为从片;用作输出时,用于选通 8259A 至 CPU 间的数据总线缓冲器。

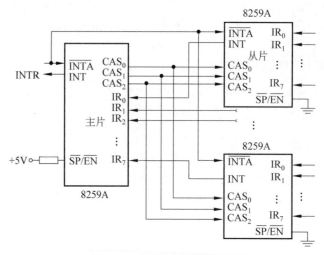

图 8-10　8259A 的级联方式

引脚 $CAS_0 \sim CAS_2$ 为级联信号线。主 8259A 和所有从 8259A 的 $CAS_0 \sim CAS_2$ 对应相连，主片的 $CAS_0 \sim CAS_2$ 是输出信号线，从片的 $CAS_0 \sim CAS_2$ 是输入信号线。每个从片的中断请求信号 INT，连至主 8259A 的一个中断请求输入端 IR。主片的 INT 线连至 CPU 的中断请求输入端 INTR。

8.4.3　8259A 的工作原理

1. 8259A 的中断过程

8259A 的中断过程，就是微型计算机系统响应可屏蔽中断的过程，这一过程可简单描述如下。

(1) 中断请求信号由引脚 $IR_0 \sim IR_7$ 进入 IRR 寄存，使其对应位置 1。

(2) 未被 IMR 所屏蔽的中断请求被送到 PR 进行判优。

(3) 经过优先级电路的判别，选中当前级别最高的中断源，然后从引脚 INT 向 CPU 发出中断请求信号。

(4) 如果 CPU 处于开中断的状态，则在执行完当前指令后，CPU 向 8259A 发出中断响应信号 $\overline{INTA}$（两个负脉冲）。

(5) 8259A 从引脚 $\overline{INTA}$ 接收了第一个中断响应信号（即第一个负脉冲）后，立即使优先级最高的中断源在 ISR 中的对应位置 1，同时把 IRR 中的相应位清零。

(6) 8259A 从引脚 $\overline{INTA}$ 接收了第二个中断响应信号（即第二个负脉冲）后，向 CPU 的数据总线发出 8 位的中断类型号。

2. 中断触发方式

8259A 有两种中断触发方式。

(1) 边沿触发方式。当 $IR_0 \sim IR_7$ 出现低电平到高电平的跃变时，表示有中断请求。

CPU 响应中断,8259A 收到第 1 个中断响应脉冲之前,同一个输入端不应当出现第 2 次低电平到高电平的跃变,否则第 1 次跃变(即中断请求)可能被丢失。Pentium 微型计算机系统采用边沿触发方式。

(2) 电平触发方式。当 $IR_0 \sim IR_7$ 出现高电平时,表示有中断请求。高电平必须要持续到 CPU 响应该中断请求,而且要保持到 8259A 收到第 1 个中断响应脉冲之前,否则本次中断可能被丢失。当中断服务结束,对应的 ISR 位被清零之前,IRR 中对应位的高电平必须撤销,否则可能引起第 2 次中断。

3. 中断优先级管理方式

8259A 对中断优先级的管理分为完全嵌套方式、自动循环方式、中断屏蔽方式和特殊嵌套方式。

1) 完全嵌套方式

完全嵌套方式也称优先级固定方式,为 8259A 的默认方式。该方式下,IR_0 优先级别最高,以此类推,IR_7 优先级别最低。进入中断服务程序后,还需要用开中断指令将 IF 置 1,以便允许更高级别的中断请求进入系统。在完全嵌套方式下,最多有 7 级中断嵌套。中断处理完毕,CPU 向 8259A 回送中断结束命令(EOI),以便将 ISR 中相应位清零,标志本级中断过程完全结束。在完全嵌套方式下,中断结束方式有普通 EOI 结束方式、特殊 EOI 结束方式和自动 EOI 结束方式。EOI 是指在中断服务程序结束时向 8259A 写入中断结束命令,使 ISR 中的对应位复位,表示该中断执行已结束。

(1) 普通 EOI 结束方式。在此方式下,当任何一级的中断服务结束时,CPU 在中断服务程序执行结束 IRET 指令前向 8259A 写入 EOI,8259A 在执行 EOI 后,将 ISR 中当前高级别的中断标志清零。因此,只有当前结束的中断过程是所有申请中断标志中级别最高时,才使用这种方式。

(2) 特殊 EOI 结束方式。此方式在所有工作方式中均可使用,主要用在原设置的中断优先级发生了动态变化,导致在 ISR 中已无法确认当前响应和处理的是哪一级中断的情况中。它和普通 EOI 结束方式的相同之处是在中断服务程序执行结束时写入中断结束命令;差异是它不仅通知 8259A 有一中断已处理完毕,同时将当前指定要清除中断的优先级别写入 8259A,8259A 根据写入命令将 ISR 中指定的优先级位复位。

(3) 自动 EOI 结束方式。任何一级中断被响应后,ISR 中的相应位置 1。CPU 将进入中断响应周期,在第二个 $\overline{INTA}$ 结束时,自动将 ISR 中相应位清零,故被称作自动 EOI 结束方式(AEOI)。在该方式中,当中断服务程序结束时,CPU 不用向 8259A 回送任何信息,只需用 IRET 指令返回断点处。

2) 自动循环方式

在自动循环方式中,各 IR 的中断级别不是固定不变的,而是可以以某种策略改变它们的优先级别。自动循环方式的基本思想:每当任何一级中断被处理完后,它的优先级别就被改变为最低,而原来比它低 1 级的中断申请就变为优先级别最高,其他中断请求也随着提高 1 级。自动循环方式结合中断的结束方式有以下 3 种。

(1) 普通 EOI 循环方式。当任何一级中断被处理完后,CPU 给 8259A 回送普通

EOI,8259A 接收到这一命令后将 ISR 中优先级最高的置 1 位清零,并赋给它最低优先级,而将最高优先级赋给原来比它低 1 级的中断请求,其他中断请求的优先级别按循环方式类推。

例如,某系统中原来定义的是 IR_0 为最高级,IR_7 为最低级,当前正在处理 IR_2 和 IR_6,因此,ISR 中第 2 位和第 6 位置 1,待第 2 级中断处理完,CPU 向 8259A 回送普通 EOI,8259A 将 ISR 中级别高的第 2 位清零,并将其优先级由原来的第 2 级改变为最低级(第 7 级),而将最高级(第 0 级)赋给原来的第 3 级(ISR_3),其他级的优先权按循环方式依次改变为新的级别。待原来的 6 级中断处理完后,同样在普通 EOI 控制下,将 ISR 中的第 6 位清零,并将其优先级由第 6 级改变为最低级,而将最高级赋给由 ISR_7 所对应的中断请求。上述优先级修改过程如表 8-3 所示。

表 8-3　普通 EOI 循环方式举例

中断源		IR_7	IR_6	IR_5	IR_4	IR_3	IR_2	IR_1	IR_0
原始状态	ISR 内容	ISR_7	ISR_6	ISR_5	ISR_4	ISR_3	ISR_2	ISR_1	ISR_0
		0	1	0	0	0	1	0	0
	优先级	7	6	5	4	3	2	1	0
处理完 IR_2	ISR 内容	ISR_7	ISR_6	ISR_5	ISR_4	ISR_3	ISR_2	ISR_1	ISR_0
		0	1	0	0	0	0	0	0
	优先级	4	3	2	1	0	7	6	5
处理完 IR_6	ISR 内容	ISR_7	ISR_6	ISR_5	ISR_4	ISR_3	ISR_2	ISR_1	ISR_0
		0	0	0	0	0	0	0	0
	优先级	0	7	6	5	4	3	2	1

(2) 自动 EOI 循环方式。在此方式下,任何一级中断响应后,在中断响应总线周期中,由第二个中断响应信号 $\overline{INTA}$ 的后沿自动将 ISR 中相应位清零,并立即改变各级中断的优先级别。此种方式下会引起中断嵌套的混乱。

(3) 特殊 EOI 循环方式。前述的普通 EOI 循环方式和自动 EOI 循环方式都是将最低优先权赋给刚处理完的中断请求。特殊 EOI 循环方式具有更大的灵活性,它可根据用户要求将最低优先级赋给指定的中断源。用户可在主程序或中断服务程序中利用置位优先权命令把最低优先级赋给某一中断源 IR,于是最高优先级便赋给 IR 其紧邻的,其他各级按循环方式类推。例如,在某一时刻,8259A 中的 ISR 的第 2 位和第 6 位置 1,表示当前 CPU 正在处理第 2 级和第 6 级中断。它们以嵌套方式引入系统,如果当前 CPU 正在执行优先级高的第 2 级中断服务程序,用户在该中断服务程序中安排了一条优先权置位指令,将最低级优先权赋给 IR_4,那么待这条指令执行完毕,各中断源的优先级便发生变化,IR_4 具有最低优先级,IR_5 则具有最高优先级,但这时第 2 级中断服务程序并没有结束,因此,ISR 中仍保持第 2 位和第 6 位置 1,只是它们的优先级别已经分别被改变为第 5 级和第 1 级。上述变化过程如表 8-4 所示。

表 8-4　特殊 EOI 循环方式举例

中　断　源		IR_7	IR_6	IR_5	IR_4	IR_3	IR_2	IR_1	IR_0
原始状态	ISR 内容	ISR_7	ISR_6	ISR_5	ISR_4	ISR_3	ISR_2	ISR_1	ISR_0
		0	1	0	0	0	1	0	0
	优先级	7	6	5	4	3	2	1	0
执行置位优先权指令后	ISR 内容	ISR_7	ISR_6	ISR_5	ISR_4	ISR_3	ISR_2	ISR_1	ISR_0
		0	1	0	0	0	0	0	0
	优先级	2	1	0	7	6	5	4	3

　　3）中断屏蔽方式

　　CPU 在任何时候都可安排一条清除中断标志指令（CLI），将中断标志位清零，CPU 将禁止所有的由 INTR 端引入的可屏蔽中断请求。这是 CPU 自己完成的中断屏蔽功能，它只能对所有的可屏蔽中断一起进行屏蔽，而无法有选择地对某一级或几级中断进行屏蔽。这种屏蔽操作可由 8259A 通过中断屏蔽寄存器来实现，有两种实现方式。

　　（1）普通屏蔽方式。此方式就是将 IMR 中的某一位或某几位置 1，即可将相应级的中断请求屏蔽掉。

　　（2）特殊屏蔽方式。当 CPU 正在处理某级中断时，要求仅对本级中断进行屏蔽，而允许其他优先级比它高或低的中断进入系统，这被称为特殊屏蔽方式。

　　4）特殊嵌套方式

　　在这种方式下，当处理某一级中断时，如果有同级中断请求，CPU 也会响应，实现对同级中断的特殊嵌套。

8.4.4　8259A 的初始化与编程

　　8259A 有两种寄存器可以通过编程实现对 8259A 的初始化设置和工作方式的选择。

　　一种是初始化命令字寄存器 $ICW_1 \sim ICW_4$，用于存放 CPU 通过指令送入 8259A 的初始化命令字。各寄存器的功能如下。

　　ICW_1：决定 8259A 的工作方式。

　　ICW_2：设定可屏蔽中断的中断类型号（高 5 位）。

　　ICW_3：仅用于级联方式。

　　ICW_4：设定 8259A 的优先级管理方式、EOI 方式等。

　　初始化命令字的写入方式如图 8-11 所示。

　　另一种是操作命令字寄存器 $OCW_1 \sim OCW_3$，用于在初始化编程后，存放 CPU 在系统运行中通过指令送入 8259A 的工作命令字。各寄存器的功能如下。

　　OCW_1：用来设置中断源的屏蔽状态。

　　OCW_2：用来设置中断结束的方式和修改为循环方式的中断优先权管理方式。

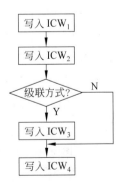

图 8-11　初始化命令字写入顺序

OCW$_3$：用来设置特殊屏蔽方式和查询方式，并用来控制 8259A 内部状态字 IRR、ISR 的读出。

1. 初始化命令字 ICW

1）ICW$_1$ 的格式

ICW$_1$ 的格式如图 8-12 所示。其中/表示此位没有定义，可取任意值。

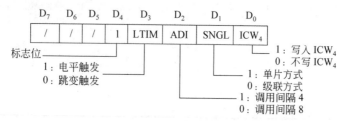

图 8-12　ICW$_1$ 的格式

2）ICW$_2$ 的格式

ICW$_2$ 的格式如图 8-13 所示。ICW$_2$ 用于设置中断类型号。

$D_7 \sim D_3$：用户指定的中断类型号的高 5 位。

$D_2 \sim D_0$：中断类型号的低 3 位，由 8259A 的芯片引脚 IR 的编号决定，IR$_0$ 的编码是 000，IR$_1$ 的编码是 001，以此类推，IR$_7$ 的编码是 111。

CPU 写入 8259A 的初始化命令字 ICW$_2$，为 8259A 提供了一个中断类型号的初值，对应中断请求信号 IR$_0$，IR$_0 \sim$ IR$_7$ 的中断类型号是连续的。例如，若 ICW$_2$ 写入 50H，则 IR$_0 \sim$ IR$_7$ 对应的中断类型号为 50H～57H。

D$_7$	D$_6$	D$_5$	D$_4$	D$_3$	D$_2$	D$_1$	D$_0$
T$_7$	T$_6$	T$_5$	T$_4$	T$_3$	ID$_2$	ID$_1$	ID$_0$

0	0	0 — IR$_0$
0	0	1 — IR$_1$
0	1	0 — IR$_2$
0	1	1 — IR$_3$
1	0	0 — IR$_4$
1	0	1 — IR$_5$
1	1	0 — IR$_6$
1	1	1 — IR$_7$

图 8-13　ICW$_2$ 的格式

3）ICW$_3$ 的格式

ICW$_3$ 是级联命令字。ICW$_1$ 中的 SNGL＝0 表示级联使用，需写入 ICW$_3$。主、从片的 ICW$_3$ 设置不同。

主片 ICW$_3$ 的格式如图 8-14 所示。

$S_0 \sim S_7$ 与 IR$_0 \sim$ IR$_7$ 相对应，指出主片的哪个中断请求输入端接有从片，若某 IR 端接有从片，则该位置 1，否则置 0。

从片 ICW$_3$ 的格式如图 8-15 所示。

D$_7$	D$_6$	D$_5$	D$_4$	D$_3$	D$_2$	D$_1$	D$_0$
S$_7$	S$_6$	S$_5$	S$_4$	S$_3$	S$_2$	S$_1$	S$_0$

图 8-14　主片 ICW$_3$ 的格式

D$_7$	D$_6$	D$_5$	D$_4$	D$_3$	D$_2$	D$_1$	D$_0$
0	0	0	0	0	ID$_2$	ID$_1$	ID$_0$

图 8-15　从片 ICW$_3$ 的格式

$D_2 \sim D_0$：指出该从片接入主片中断输入端 IR 的编码，000～111 的编码分别对应 IR$_0 \sim$ IR$_7$，如从 8259A 接到主 8259A 的 IR$_6$，则从 8259A 的 $D_2 D_1 D_0$ 的编码为 110。

$D_7 \sim D_3$：未用，通常设置为 0。

4）ICW_4 的格式

ICW_4 用于设定 8259A 的工作方式，ICW_1 的 $D_0 = 1$ 时必须设置此命令字。ICW_4 的格式如图 8-16 所示。

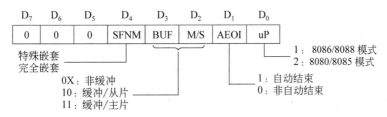

图 8-16　ICW_4 的格式

【例 8-1】　某微型计算机系统使用一片 8259A 管理中断，中断请求由 IR_2 引入，工作方式采用边沿触发、完全嵌套和非自动结束，中断类型号为 50H，设端口地址为 20H 和 21H，试编写初始化程序。

解：根据题意，写出 ICW_1，ICW_2，ICW_4 的格式，初始化程序段如下。

```
MOV  AL,13H           ;单片,边沿触发,需要写入 ICW4
OUT  20H,AL           ;写入 ICW1
MOV  AL,50H           ;中断类型号 50H
OUT  21H,AL           ;写入 ICW2
MOV  AL,01H           ;完全嵌套,非自动结束
OUT  21H,AL           ;写入 ICW4
```

【例 8-2】　某微型计算机系统使用主、从两片 8259A 管理中断，从片中断请求 INT 与主片的 IR_2 连接。设主片工作于特殊嵌套、非缓冲和非自动结束方式，中断类型号为 50H，端口地址为 20H 和 21H；从片工作于完全嵌套、非缓冲和非自动结束方式，中断类型号为 70H，端口地址为 80H 和 81H。试编写主、从片的初始化程序。

解：程序段如下。

```
;主片 8259A 的初始化
MOV  AL,11H           ;写入 ICW1,级联,边沿触发,需要写入 ICW4
OUT  20H,AL
MOV  AL,50H           ;写入 ICW2,中断类型号 50H
OUT  21H,AL
MOV  AL,04H           ;写入 ICW3,主片的 IR2 引脚接从片
OUT  21H,AL
MOV  AL,15H           ;写入 ICW4,特殊嵌套,非缓冲,非自动结束
OUT  21H,AL
;从片 8259A 初始化
MOV  AL,11H           ;写入 ICW1,级联,边沿触发,写入 ICW4
OUT  80H,AL
MOV  AL,70H           ;写入 ICW2,中断类型号 70H
```

```
OUT   81H,AL
MOV   AL,02H              ;写入 ICW₃,从片接主片的 IR₂ 引脚
OUT   81H,AL
MOV   AL,01H              ;写入 ICW₄,完全嵌套,非缓冲,非自动结束
OUT   81H,AL
```

2. 操作命令字 OCW

8259A 工作期间,可以随时接受操作命令字 OCW。OCW 共有 3 个,它没有写入顺序,任何时候均可写入。

1) OCW$_1$ 的格式

OCW$_1$ 是中断屏蔽命令字,其内容被存入 IMR 中,对外部中断请求信号 IR 实行屏蔽。OCW$_1$ 的格式如图 8-17 所示。

D_7	D_6	D_5	D_4	D_3	D_2	D_1	D_0
M_7	M_6	M_5	M_4	M_3	M_2	M_1	M_0

图 8-17　OCW$_1$ 的格式

OCW$_1$ 中某位为 1 时,对应该位的中断请求被屏蔽;某位为 0 时,对应该位的中断请求是开放的。

2) OCW$_2$ 的格式

OCW$_2$ 用于设置优先级循环方式和中断结束方式。OCW$_2$ 的格式如图 8-18 所示。

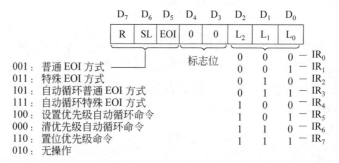

图 8-18　OCW$_2$ 的格式

D_6(SL):用于决定 OCW$_2$ 中的 L_2、L_1、L_0 是否有效。$D_6=0$,表示无效;$D_6=1$,表示有效。

D_4,D_3:$D_4 D_3=1$,是 OCW$_2$ 的标志位。

$D_2 \sim D_0$($L_2 \sim L_0$):用于决定 8259A 优先级循环中的最低优先级编码,以此改变 8259A 复位后自动设置的固定优先级(IR_0 最高,IR_7 最低)。例如,设 $L_2 L_1 L_0=110$,即设置 IR_6 为最低优先级,假设 IR_5 为原最高优先级;8259A 执行该设置命令后,IR_7 变为最高。

例如,若使中断请求 IR_6 采用特殊中断结束方式,则在中断服务程序中 IRET 指令前,需有以下指令设置 OCW$_2$:

```
MOV  AL,66H
OUT  PORT,AL              ;PORT 表示需写入控制字的端口
```

3）OCW₃ 的格式

OCW₃ 用于设置或清除特殊屏蔽方式、中断查询方式、读出 8259A 内部寄存器的状态。OCW₃ 的格式如图 8-19 所示。

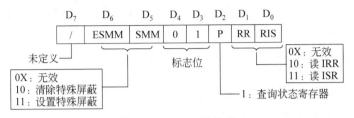

图 8-19　OCW₃ 的格式

P=1，表示向 8259A 发出查询命令，查询当前是否有中断请求正在被处理，如果有，则给出当前处理的最高优先级是哪一级，可查询的中断状态字的格式如图 8-20 所示。

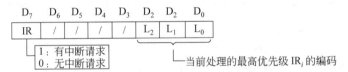

图 8-20　可查询的中断状态字的格式

在状态字中 $D_2 \sim D_0$ 位给出当前处理的具有最高优先级的 IR 编码，D_7 位有两种情况，当 $D_7 = 0$ 时，表明无中断请求，否则表示有中断请求。

【例 8-3】　设 8259A 的两个端口地址为 20H 和 21H，OCW₃、ISR 和 IRR 共用地址 20H。读取 ISR 内容的程序段如下：

```
MOV  AL,0BH
OUT  20H,AL              ;读 ISR 命令字写入 OCW₃
IN   AL,20H              ;读 ISR 内容至 AL
```

读取 IRR 内容的程序段如下：

```
MOV  AL,0AH
OUT  20H,AL              ;读 IRR 命令字写入 OCW₃
IN   AL,20H              ;读 IRR 内容至 AL
```

8.5　中断服务程序设计

通常，编制一个中断服务程序主要包括两个部分，即加载程序的设计和中断服务程序的设计。本节先介绍中断服务程序的编制原则，在此基础上介绍具体中断程序的设计。

8.5.1 中断服务程序编制原则

对于不同类型的中断,它们的中断服务程序的编制原则大致相同。通常,编制一个中断服务程序需掌握的原则可归纳为以 9 点。

(1) 中断是异步发生的,尤其是外部中断(包括 NMI 和 INTR)的实时性很强,当它进入响应时,并不考虑系统当前运行状态,因此中断服务程序必须具备自我保护能力,并能访问到所有当前段基值和堆栈指针。否则,一旦中断程序出现故障,就难以排除。

(2) 在中断服务程序入口处要开中断,以允许中断嵌套,并保存好程序将要用到的寄存器,在程序退出前予以恢复。

(3) 中断服务程序的执行时间要尽量压缩到最小,以免干扰其他同级和低级中断源的工作,以及影响系统时钟计时的正确性。

(4) 当编制一个替代系统支持的中断服务程序时,应先保存好原中断向量的内容。通常,将其放于专用的变量中,然后,接管中断向量使其指向新中断程序,最后,在用户程序终止退出之前,从变量中获取原中断向量,恢复到中断向量表中。

(5) 中断服务程序末尾应发结束中断命令(EOI),否则,以后将屏蔽同级及较低级的中断请求。

(6) 中断服务程序应使用中断返回指令(IRET)结束,以确保从堆栈区自动弹出 6 字节的现场(IP、CS 和 FLAGS),使断点处程序继续执行。

(7) 若编制的中断服务程序仅为某个应用程序使用,则该中断服务程序和主程序组成一个应用程序一起装入内存,随主程序执行结束一起退出。

(8) 若编制的中断服务程序供多个应用程序使用,则该中断服务程序与一个初始化程序一起装入内存,通过初始化程序的执行,中断服务程序便常驻内存,而初始化程序随之消失。

(9) 外部可屏蔽中断请求(INTR)是随机发生的,所以其中断服务程序必须常驻内存。

8.5.2 中断服务程序的基本结构

中断服务程序以过程的形式定义,类型为远过程 FAR,中断服务程序的最后一个指令是 IRET。基本结构大致相同。图 8-21 给出了可屏蔽中断服务程序流程,包含以下内容。

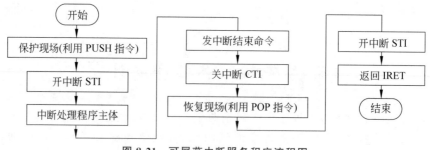

图 8-21 可屏蔽中断服务程序流程图

1. 保护现场

一般是将中断服务程序所要使用的有关寄存器的内容压入堆栈保存。因为中断服务程序的执行可能会改变这些寄存器原来的值。事先保存起来,在返回主程序前再予以恢复。

2. 开中断

由于在中断响应周期中已经关中断,因此在中断服务程序中保存现场状态后要开中断,以允许多重中断。如果是单重中断系统,则不设置开中断指令。

3. 中断处理程序主体

根据中断源的要求进行具体的服务操作,例如,在主机和设备之间传送数据,或做判断,或进行检测等。总之,处理过程应尽量简短,使执行时间尽可能压缩到最小,以便尽快返回到被打断的中断服务程序或主程序中,以保证各级嵌套程序能较快地得到执行。

4. 发中断结束命令

中断处理完毕,用中断结束命令清除中断控制器中的当前服务标志。因为一有新的请求到来,中断控制器总是将该请求与当前服务的中断事例进行优先级比较。如果当前服务已经结束,但又未清除服务标志,则会屏蔽同级或低级的中断请求。

5. 关中断并恢复现场

恢复现场与保护现场一样,不应受到干扰,因此从堆栈弹出原来所保存的现场信息之前,应先关中断。当然,对单重中断而言,由于在进入中断服务程序之后不会产生中断,所以此处不执行关中断操作。

6. 开中断并返回断点

由于中断服务程序的插入是随机的,无法在返回原来程序之后再来开中断,因此必须在中断返回之前,由中断服务程序执行开中断指令,然后再执行中断返回指令,从堆栈弹出返回地址便可从中断服务程序返回至原来程序的断点处继续执行主程序。主程序处于开中断状态,因此又可以响应新的中断请求。

8.5.3 外部中断服务程序的编制

在 Pentium 系列微型计算机中,由于外部中断是通过中断控制器 8259A 来管理的,在系统启动时,8259A 已经初始化,系统本身使用的中断向量已填写到中断向量表中。当系统做进一步扩展或使用由用户自行编写的外部可屏蔽中断的中断服务程序时要考虑下列问题。

(1) 接口的控制逻辑。在 Pentium 微型计算机系统中,广泛使用由 8259A 组成的中断控制器集中处理外部中断。8259A 在系统中作为公共接口逻辑,一般位于主机板上,接收来自各外设接口电路的中断请求信号。两片 8259A 对 15 级向量中断进行管理,各级优先顺序固定安排。由于 8259A 从片 INT 输出作为主片的 IRQ_2 输入(见图 8-22),因此从片的 8 级中断具有主片 IRQ_2 的优先级别,高于主片的 IRQ_3。

(2)确定中断类型号。依据系统的中断控制器,决定选择应用哪一个中断请求输入端,确定中断类型号。如 PC/XT,$IRQ_0 \sim IRQ_7$ 中断类型号为 08H~0FH,IRQ_2 留给用户使用。

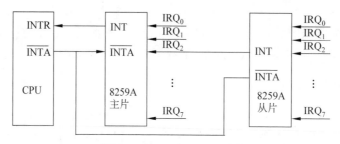

图 8-22　CPU 与 8259A 连接图

(3)保护 CS 和 IP。该中断类型号原来对应的中断向量段基址和偏移地址放到内存变量中保护起来,以便程序执行完毕后予以恢复。使用系统功能调用 INT 21H,入口条件为中断类型号送入 AL,功能号 35H 送入 AH;执行 INT 21H,自动把原来对应的中断向量段基址和偏移地址,送入 ES 和 BX 中。

```
MOV   AL,n                    ;n 为指定中断类型号
MOV   AH,35H                  ;取该中断向量
INT   21H
MOV   INT_SEG,ES              ;保存向量段基址
MOV   INT_OFF,BX              ;保存向量偏移地址
```

其中,INT_SEG 和 INT_OFF 为数据段定义的存储变量。

(4)依据中断类型号填写中断向量表。通过修改中断向量表,将用户编制的中断服务程序入口地址填入中断向量表,使用户自行定义的软中断及用户自行设计的接口中所使用的外部中断归入系统的统一管理之下,修改中断向量表在主程序中进行。

① 采用串操作指令。用户需根据类型号算出向量地址,并送至寄存器 DI。通过串存储指令 STOSW 分别将中断服务程序的入口偏移地址和段基址送入指定的存储单元,假设中断类型号为 0AH,有关的程序段如下:

```
MOV   AX,0
MOV   ES,AX                   ;向量表的段值 0 送 ES
MOV   DI,28H                  ;类型 0AH 的向量地址送 DI
CLD                           ;串操作方向自动增址
MOV   AX,OFFSET_INTP
STOSW                         ;中断服务程序入口偏移地址送 28H 单元
MOV   AX,SEG_INTP
STOSW                         ;中断服务程序入口段基址送 2AH 单元
```

② 直接用 MOV 指令。有关的程序段如下：

```
MOV  AX,0
MOV  ES,AX                        ;向量表的段值 0 送 ES
MOV  DI,28H                       ;类型 0AH 的向量地址送 DI,0AH×4＝28H
MOV  AX,OFFSET_INTP
MOV  ES:WORD PTR [DI],AX          ;中断服务程序入口偏移地址送 28H 单元
MOV  AX,SEG_INTP
MOV  ES:WORD PTR [DI+2],AX        ;中断服务程序入口段基址送 2AH 单元
```

③ 采用 INT 21H 调用。用 INT 21H 中断程序调用"设置中断向量"子程序(功能编号 25H)，便可对中断向量表中的中断向量自动进行修改。调用前，先将有关参数送入系统指定的寄存器，即中断类型 n 送寄存器 AL，功能号 25H 送寄存器 AH，把新的中断入口地址的段基址送入 DS，偏移地址送入 DX；然后执行 INT 21H 的调用，即可把中断服务程序的入口地址直接填入中断向量表中。有关的程序段如下：

```
MOV  AX,SEG_INTP
MOV  DS,AX                        ;中断服务程序入口段基址送 DS
MOV  DX,OFFSET_INTP               ;中断服务程序入口偏移地址送 DX
MOV  AL,n                         ;中断类型号为 n 送入 AL
MOV  AH,25H                       ;功能号送 AH
INT  21H
```

(5) 开放 8259A 对应的中断请求输入端 IRQ_n。8259A 内部有一个中断屏蔽寄存器，其内容 $D_7 \sim D_0$ 分别对应 $IRQ_7 \sim IRQ_0$ 中断请求输入端。当中断屏蔽寄存器中的某位为 0 时，该位对应的中断请求输入端 IRQ_i 允许中断；否则中断请求输入端 IRQ_i 禁止。因此，在主程序中必须开放该中断请求输入端。

(6) 在主程序的末尾恢复系统中原中断屏蔽寄存器的内容。

(7) 服务程序结束时，发出一个中断结束命令：

```
MOV  AL,20H
OUT  20H,AL
```

【例 8-4】　下面是一个非常驻内存的中断服务程序编制模式。

```
STACK  SEGMENT
    STA  DW  128 DUP(0)           ;定义堆栈
STACK  ENDS
DATA  SEGMENT
    INT_SEG  DW  ?                ;用于保存中断向量段基址的变量
    INT_OFF  DW  ?                ;用于保存中断向量偏移地址的变量
    INTSOR   DB  ?                ;定义保存中断屏蔽字的变量
DATA  ENDS
CODE  SEGMENT                     ;代码段
    ASSUME  CS:CODE,DS:DATA,SS:STACK
START: MOV  AX,DATA               ;建立数据段寻址
```

```
        MOV   DS,AX
        MOV   AX,STACK
        MOV   SS,AX
        MOV   SP,SIZE  STA
        MOV   AL,n               ;n 为指定中断类型号
        MOV   AH,35H             ;取该中断向量
        INT   21H
        MOV   INT_SEG,ES         ;保存向量段基址
        MOV   INT_OFF,BX         ;保存向量偏移地址
        CLI                      ;修改向量前关中断
    ;填写中断向量表
        MOV   AX,SEG  INT_PR
        MOV   DS,AX              ;DS 指向中断服务程序段基址
        MOV   DX,OFFSET  INT_PR  ;DX 指向中断服务程序偏移地址
        MOV   AL,n               ;指定中断类型号送入 AL
        MOV   AH,25H             ;置该中断向量
        INT   21H
        IN    AL,21H
        MOV   INTSOR,AL          ;保护原中断屏蔽字
        AND   AL,0FBH            ;开放 IRQ₂ 的中断请求
        OUT   21H,AL
        STI                      ;开中断
    ;主程序体
        CLI                      ;修改向量前关中断
        MOV   AX,INT_SEG
        MOV   DS,AX              ;DS 指向向量段基址
        MOV   DX,INT_OFF         ;DX 指向向量偏移地址
        MOV   AL,n               ;n 为指定中断类型号
        MOV   AH,25H             ;恢复中断向量
        INT   21H
        MOV   AL,INTSOR          ;恢复原中断屏蔽字
        OUT   21H,AL
        STI
    ;中断服务程序
INT_PR PROC  FAR
        PUSH  …                  ;保存用到的寄存器
        STI                      ;入口处开中断
        ⋮                        ;中断服务程序主体
        CLI
        POP   …                  ;恢复寄存器
        MOV   AL,20H             ;发结束中断命令
        OUT   20H,AL
        STI
        IRET                     ;中断返回
```

```
INT_PR ENDP
CODE   ENDS
       END  START
```

实验 8　8259A 应用

一、实训目的

1. 了解微型计算机对中断系统的控制。

2. 理解 8259A 中断控制器的工作原理。

3. 掌握 8259A 中断控制器的应用编程。

二、实训器材

安装有操作系统的 32 位微型计算机一台、PROTEUS 安装光盘一张(8.0 版以上)。

三、实验原理图

CPU 总线连接图如图 8-23 所示。8259A 与总线连接图如图 8-24 所示。

四、实验内容

依据图 8-23 和图 8-24,编制 8259A 中断服务程序,完成 8259A 每次接收到按键中断,LED 移动一次,循环显示。

五、实训内容及步骤

1. 在微型计算机上安装 PROTEUS。

2. 单击桌面 PROTEUS 图标,进入调试仿真环境,导入 8259A 实验工程文件(该工程文件到清华大学出版社官网下载)。

3. 编制 8259A 中断服务程序,并编译链接成可执行文件,装载到 8259A 工程文件中。

4. 调试程序,查看仿真结果。

六、参考程序清单

```
DATA  SEGMENT
    LED  DB  3
DATA ENDS
CODE SEGMENT
    ASSUME  CS: CODE,DS:  DATA
  START: MOV  AX,DATA
         MOV  DS,AX
```

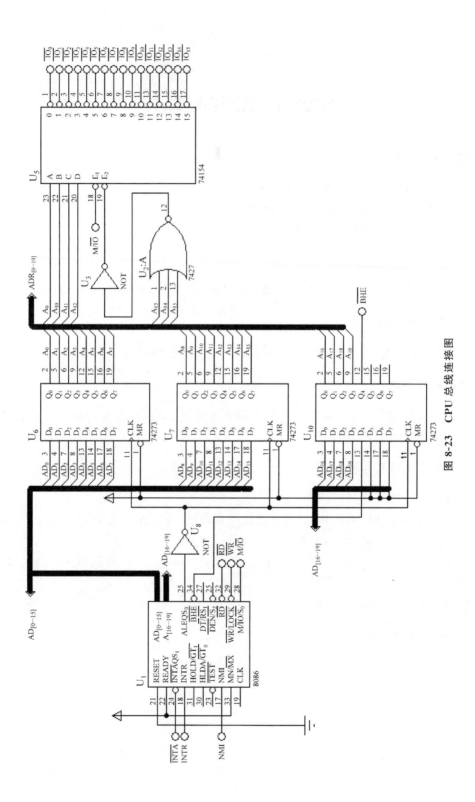

图 8-23 CPU 总线连接图

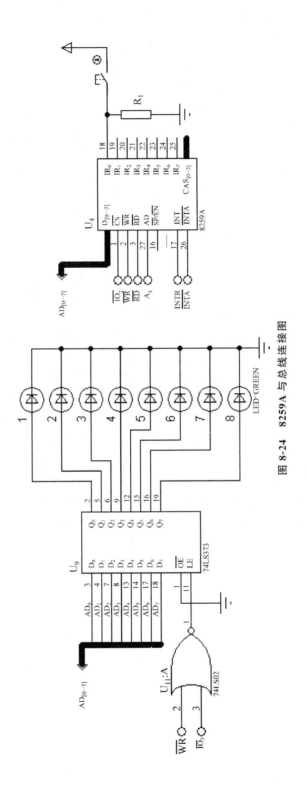

图 8-24 8259A 与总线连接图

```
        CLI
        MOV  AX,0
        MOV  ES,AX
        MOV  SI,60H*4              ;设置中断向量
        MOV  AX,OFFSET  INT8259
        MOV  ES:[SI],AX            ;中断服务程序的偏移地址
        MOV  AX,CS                 ;中断服务程序的段地址
        MOV  ES:[SI+2],AX
        MOV  AL,00010011B          ;初始化 8259A,ICW_1=00010011B
        MOV  DX,400H               ;010000000000  A_0=0,D_4=1,CS=0,400H
        OUT  DX,AL
        MOV  AL,60H                ;ICW_2=01100000B
        MOV  DX,402H               ;010000000010  A_0=1,CS=0,402H
        OUT  DX,AL
        MOV  AL,1BH                ;ICW_4=00011011B,1BH
        OUT  DX,AL
        MOV  DX,402H
        MOV  AL,00H                ;OCW_1,8 个中断全部开放 00H
        OUT  DX,AL
        MOV  DX,400H               ;010000000000,A_0=0,CS=0
        MOV  AL,60H                ;OCW_2,非特殊 EOI 结束中断
        OUT  DX,AL                 ;OCW_2 可以不赋值,完成 8259A 初始化
        MOV  AL,LED                ;初始 LED=1
        MOV  DX,0600H              ;LED 的地址 001100000000,LED=3
        OUT  DX,AL                 ;开始第 1、2 个灯亮
        STI
        ;8086 模型有问题,它取得的中断类型号是最后发到总线上的数据,并不是由 8259A
        ;发出的中断类型号,所以造成了要在这里执行 EOI 的假象,这 3 句与下面的指令效
        ;果是一样的
LI:     MOV  DX,400H
        MOV  AL,60H                ;60H 为中断向量号
        OUT  DX,AL
        JMP  LI
INT8259: CLI                      ;中断服务程序,关中断
        MOV  AL,LED               ;LED=3
        ROL  AL,1                 ;LED=LED<<1
        MOV  LED,AL
        MOV  DX,0600H
        OUT  DX,AL
        STI                       ;开中断
        IRET                      ;返回主程序
    CODE ENDS
        END  START
```

七、实训报告要求

1. 通过观察到的中断现象,简述对微型计算机中断的理解。

2. 若 8259A 设置为非自动结束方式,在中断服务程序结束即将返回时,为什么一定要发中断结束命令? 如果不发,将对中断系统产生怎样的影响?

习　题　8

一、选择题

1. 8255A 的 PA 口工作于方式 2,PB 口工作于方式 0 时,其 PC 口可(　　)。

　　A. 用作一个 8 位 I/O 端口　　　　　　B. 用作一个 4 位 I/O 端口

　　C. 部分作为联络线　　　　　　　　　　D. 全部作为联络线

2. 8086/8088 中断请求中,(　　)具有最高优先级。

　　A. INT n　　　　　B. NMI　　　　　C. INTR　　　　　D. 单步

3. 在 8086 的中断中,只有(　　)需要硬件提供中断类型号。

　　A. 外部中断　　　　　　　　　　　　　B. 可屏蔽中断

　　C. 不可屏蔽中断　　　　　　　　　　　D. 内部中断

4. 当 CPU 同时接收到中断请求信号和总线请求时,CPU 发出的响应信号为(　　)。

　　A. 只发出中断响应信号

　　B. 只发出总线响应信号(保持响应)

　　C. 先发出中断响应信号,后发出总线响应信号(保持响应)

　　D. 先发出总线响应信号,后发出中断响应信号(保持响应)

5. 8086/8088 微处理机具有(　　)种类型的中断。

　　A. 128　　　　　B. 256　　　　　C. 512　　　　　D. 1024

6. 8086/8088 的中断向量地址为(　　)。

　　A. 子程序的入口地址　　　　　　　　　B. 中断处理程序入口地址

　　C. 中断处理程序入口地址的地址　　　　D. 中断处理程序的返回地址

7. 8088 对外部中断请求的响应顺序为(　　)。

　　A. NMI→INTR→HOLD　　　　　　　B. NMI→HOLD→INTR

　　C. INTR→NMI→HOLD　　　　　　　D. HOLD→NMI→INTR

8. 在中断响应周期,CPU 从数据总线上获取(　　)。

　　A. 中断向量的偏移地址　　　　　　　　B. 中断向量

　　C. 中断向量的段地址　　　　　　　　　D. 中断类型号

9. 执行 INT n 指令或响应中断时,CPU 保护现场的次序是(　　)。

　　A. FLAGS 寄存器(FR)先入栈,其次 CS,最后 IP

　　B. CS 在先,其次 IP,最后 FR 入栈

　　C. FR 先入栈,其次 IP,最后 CS

D. IP 在先,其次 CS,最后 FR

10. 在中断方式下,外设数据输入内存的路径是(　　)。

    A. 外设→数据总线→内存　　　　　　　　B. 外设→数据总线→CPU→内存

    C. 外设→CPU→DMAC→内存　　　　　　D. 外设→I/O 接口→CPU→内存

11. 8086 响应中断时,不能自动入栈保存的是(　　)。

    A. 标志寄存器 FR　　　　　　　　　　　B. 代码段寄存器 CS

    C. 指令指针寄存器 IP　　　　　　　　　D. 累加器 AX

12. 通常,中断服务程序中有一条 STI 指令,其目的是(　　)。

    A. 开放所有屏蔽中断　　　　　　　　　B. 允许低一级中断发生

    C. 允许高一级中断发生　　　　　　　　D. 允许同级中断发生

13. 若 8259A 工作在优先级自动循环方式,则 IRQ_3 的中断请求被响应并且服务完毕后,优先权最高的中断源是(　　)。

    A. IRQ_0　　　　　B. IRQ_2　　　　　C. IRQ_3　　　　　D. IRQ_4

14. 在 8259A 中,中断屏蔽寄存器的作用是(　　)。

    A. 禁止外设向 8259A 提出中断请求

    B. 禁止优先级较高的中断申请禁止

    C. 禁止 CPU 响应 8259A 提出的中断申请

    D. 禁止 8259A 相应的某级中断申请传向 CPU

15. 下面是关于 8259A 可编程中断控制器的叙述,其中错误的是(　　)。

    A. 8259A 具有将中断源按优先级排队的功能

    B. 8259A 具有辨认中断源的功能

    C. 8259A 具有向 CPU 提供中断向量的功能

    D. 两片 8259A 级联使用时,可将中断源扩展到 16 级

16. 8259A 可编程中断控制器中的中断服务寄存器(ISR)用于(　　)。

    A. 记忆正在处理中的中断　　　　　　　B. 存放从外设来的中断请求信号

    C. 允许向 CPU 发中断请求　　　　　　D. 禁止向 CPU 发中断请求

17. 8259A 级联时,$CAS_0 \sim CAS_2$ 功能是(　　)。

    A. 从片给主片送上申请中断的引脚号

    B. 主片给从片送上被响应的从片编号

    C. 主片给从片送上响应的中断类型号

    D. 从片给主片送上响应的中断类型号

18. 可屏蔽中断的屏蔽通常可由 CPU 内部的(　　)来控制。

    A. 中断请求触发器　　　　　　　　　　B. 中断屏蔽触发器

    C. 中断允许触发器　　　　　　　　　　D. 中断锁存器

19. 微处理器从启动外设直到外设就绪的时间间隔内,一直执行主程序,直到外设要求服务时才终止。此种传送方式是(　　)。

    A. DMA 控制　　　　B. 无条件　　　　C. 查询　　　　　　D. 中断控制

20. 8086 响应以下中断时,需要到数据总线读入中断类型号的是(　　)中断。

　　A. 单步　　　　　　B. 指令　　　　　　C. 可屏蔽　　　　　　D. 非屏蔽

21. 某 8086 微型计算机内存中的部分数据为 0000:0040 B3 18 8A CC 4D F8 00 FO 41 F8 00 FO C5 18 8A CC,则中断类型号为 11H 的中断服务程序的入口地址是(　　　)。(提示:题目中均为十六进制)

　　A. F000:F84D　　B. A019:8ACC　　C. CC8A:18C5　　D. 4DF8:OOFO

二、填空题

1. 中断服务程序中,最后一条指令是_____。

2. 假如 CPU 在中断服务程序中,还要响应比该中断源更高级别的中断,则应在中断服务程序的开头加上_____。

3. 引入中断控制传送方式是为了 CPU 和外设以及外设和外设之间能_____工作,以提高系统的工作效率,充分发挥 CPU 高速运算的能力。

4. 在 IBM PC/XT 中,外设是通过_____器件对 CPU 产生中断请求。

5. 实现微处理器与 8259A 间信息交换的是_____与读写控制电路。

6. 8259A 有_____个方式选择控制字和_____个操作命令字。

7. 当 8259A 在完全嵌套工作方式下时,在从中断返回之前,CPU 要向 8259A _____。

8. 8086 接到 INTR 引脚的外设请求信号后如响应中断,就进入中断响应总线周期,并在_____时从数据总线上得到_____信号。

9. CPU 响应中断后将从_____取出中断服务程序入口地址。

10. 已知 10H 号中断服务程序放在存储器中 1234H:5678H 开始处,则从_____H 开始(由低地址到高地址)的连续 4 个字节单元中存放着中断向量,其依次为_____、_____、_____和_____。

11. 8086 系统转入中断服务程序,是将中断类型号乘以_____后,将中断向量表内相应在 4 字节的内容送到_____和_____才能使控制转向中断服务过程。如果 80x86 CPU 计算出的中断向量为 0000:0018H,则中断控制器发出的中断类型号(十六进制)是_____H。

12. 在 8086 CPU 中,_____中断的优先级最高。

13. 中断控制器 Intel 8259A 能够提供 8 级优先权控制,至少通过_____片级联,可扩展至 23 级优先权控制。

14. 8259A 工作方式中,优先级方式包括_____、_____、_____和_____4 种。

15. 8259A 内含_____个可编程寄存器,共占有_____个端口地址。8259A 的中断请求寄存器(IRR)用于存放_____,中断服务寄存器(ISR)用于存放_____。

三、简答题

1. 简述中断的类型及各类的特点。

2. 结合如图 8-25 所示的 Intel 8086/8088 中断响应周期的时序图,简要说明 CPU 响应可屏蔽中断的工作过程。

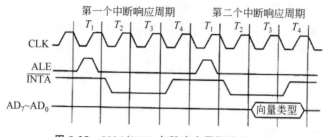

图 8-25　8086/8088 中断响应周期的时序图

3. 简述中断处理过程。

4. 8088 CPU 响应可屏蔽中断的条件是什么？

5. 中断向量表在存储器的什么位置？向量表的内容是什么？

6. 比较中断过程与调用子程序过程。

7. 8259A 的完全嵌套和特殊嵌套方式有何异同？优先级自动循环是什么？什么是特殊屏蔽方式？如何设置成该方式？

8. 中断向量的类型号存放在 8259A 中断控制器的什么地方？若 8259A 的端口地址为 20H、21H，8 个类型号为 40H～47H，写出设置 ICW_2 的方法。

四、设计题

1. 设 IBM PC 接有一片 8259A，采用完全嵌套，中断自动结束方式，中断请求信号边沿触发，IRR_0 的中断类型号为 48H，8259A 端口地址为 120H 和 121H，写出对 8259A 的初始化程序段。

2. 某系统中设置两片 8259A 级联使用，一片为主 8259A；一片为从 8259A，接主 8259A 的 IR_3 端。若已知主 8259A 的 IR_0、IR_5 和从 8259A 的 IR_2、IR_3 分别接有一个外部中断源，已知主 8259A 的中断类型号分别为 40H 和 45H，其段基址均为 1000H，偏移地址分别为 1050H 和 2060H；从 8259A 的中断类型号分别为 32H 和 33H，其段基址为 2000H，偏移地址分别为 5440H 和 3620H；所有中断都采用电平触发方式、特殊嵌套、普通 EOI 结束（设 8259A 的端口地址为 0F0F8H 和 0F0F9H，从 8259A 的端口地址为 0F0FAH 和 0F0FBH）。

（1）将各中断入口写入中断入口地址表。

（2）编写全部初始化程序。

3. 8259A 芯片为可编程中断控制器，画出由 3 片 8259A 级联工作方式在 8086/8088 最小系统模式下，3 片 8259A 之间及与总线的连线图。

4. 通过 8259A 产生中断使 8255A 的端口 A 经过反相驱动器连接一个共阴极七段发光二极管显示器（见图 8-26）；端口 B 是中断方式的输入口。设 8259A 的中断类型号是 32H。8255A 端口地址为 60H～63H，8259A 端口地址为 20H、21H，完成以下任务。

（1）设该系统中只有一片 8259A，中断请求信号为边沿触发方式，采用中断自动结束方式、完全嵌套且工作在非缓冲方式，完成 8259A 的初始化编程。

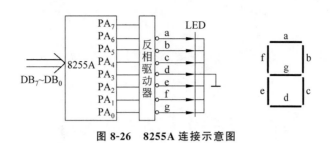

图 8-26 8255A 连接示意图

（2）若使 LED 上显示 E，端口 A 送出的数据应为多少？如显示 0，端口 A 送出的数据又为多少？编写实现在 LED 上先显示 E，再显示 0 的程序。

第 9 章

chapter 9

并行接口与串行接口

并行接口和串行接口是微型计算机系统中最常用的通信接口。本章在介绍两者一般概念及主要异同点的基础上,重点介绍几个常用的可编程接口通信芯片,包括其工作原理、工作方式、初始化编程以及硬件接口电路设计。

9.1 概　　述

CPU 与外设(或计算机与计算机之间)的信息交换称为通信,通信的基本方式有并行通信和串行通信两种方式。

9.1.1 并行通信

并行通信是在联络信号的控制下,一次将一个数据的各位(通常是 8 位或 16 位)同时传送完毕。因此数据的位数决定了传输线的根数。相对于串行通信,并行通信传输的速度快、效率高,但需要更多的通信电缆,随着传输距离的加长,电缆开销较大,增加了通信成本。其次传输线数量多,故障的概率大,易于引起干扰,可靠性非常脆弱。所以,并行通信总是用在传输速率要求较高而传输距离较短的场合。

实现并行通信的接口称为并行接口。一个并行接口既可设计为只作输出,又可只作输入,还可将它设计成既作输入又作输出的接口,对应地分别被称为输出接口、输入接口和输入输出接口。

9.1.2 串行通信

串行通信是将要传输的数据分解为二进制位,用一条信号线,一位一位逐位顺序传送的方式,且每位都占据相同的时间间隔。

由于串行通信是按位传送,故传输速率慢,但数据的各位分时使用同一个传输通道,故连接线数量少,因而,在远距离通信时工程造价低,可以极大地降低成本;其次,它还可以利用现存的通信信道(如电话、电报线路等),只需增加调制解调器,就可实现远程通信,使通信系统遍布千千万万个家庭和办公室,所以它适合于远距离、传输速率要求不是很高的情况。

9.1.3　串行通信与并行通信的比较

（1）在传输距离方面，并行通信适合于近距离的数据传输，一般不超过 30m。例如，计算机与打印机、主机与外存储器之间的数据传输都采用并行通信。串行通信适合于远距离的数据传输，可以从几米到几千千米。例如，网络中的计算机与计算机之间的通信都采用串行通信。

（2）在传输速率方面，由于并行通信是在若干根通信线上同时传送若干位二进制数；而串行通信是在一根通信线上传送 1 位二进制数，所以，在其他因素都相同的条件下，并行通信的传输速率远高于串行通信。

（3）在通信成本方面，由于集成电路的快速发展，使接口芯片的成本很低，通信系统的硬件成本主要是通信线路，因此，并行通信系统的硬件成本远高于串行通信。

（4）在抗干扰方面，由于串行通信多用于远距离通信，信息在传送过程中，会受到各种因素的干扰，例如，电磁场干扰、在雷雨天来自雷电的干扰等，所以串行通信需要采用比并行通信更多的抗干扰措施。

9.2　并行接口芯片

并行接口芯片有简单的不可编程并行接口芯片和可编程并行接口芯片两种。

9.2.1　简单的不可编程并行接口芯片

目前常见的简单的不可编程并行接口芯片有以下几种。

1. 并行输出接口芯片

8 位并行输出接口芯片常用的锁存器有 74LS273、74LS377 以及带三态门的 8D 锁存器 74LS373 等。

1）74LS273

74LS273 是带清除端的 8D 触发器，上升沿触发，具有锁存功能。图 9-1 为 74LS273 的引脚图和功能表。

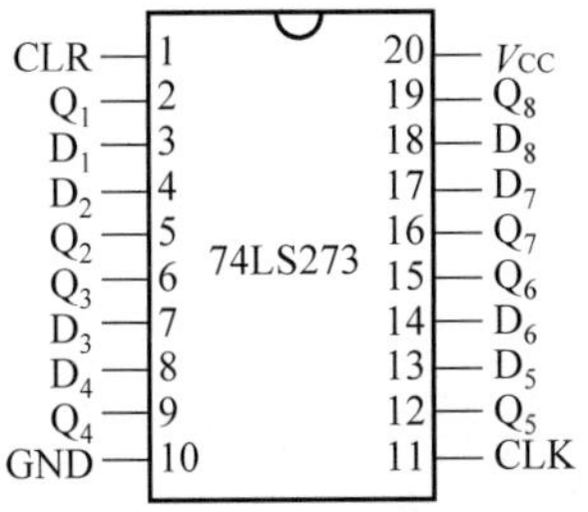

功能表

CLR	CLK	D	Q
0	×	×	0
1	↑	1	1
1	↑	0	0
1	0	×	Q_0

图 9-1　74LS273 的引脚图和功能表

由 74LS273 功能表可知：芯片的 $D_1 \sim D_8$ 为数据输入线，一般与 CPU 的数据线或地址线连接，$Q_1 \sim Q_8$ 为输出线。当引脚 CLR＝0 时，芯片不工作且输出为 0；当 CLR＝1 且在 CLK 的上升沿，输出信号即为输入信号状态；在 CLK＝0 时，即使输入信号发生变化，输出信号也被锁存不变。

2）74LS377

74LS377 是带输出允许控制的 8D 触发器，上升沿触发，其引脚图和功能表如图 9-2 所示。

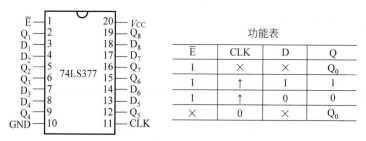

图 9-2　74LS377 的引脚图和功能表

2. 并行输入接口芯片

8 位并行输入接口芯片常用的三态门电路有 74LS244、74LS245 和 74LS373 等。

74LS245 是三态输出的 8 位总线收发器/驱动器，无锁存功能。该电路可将 8 位数据从 A 端送到 B 端或反之（由方向控制信号 DIR 电平决定），也可禁止传输（由使能信号 G 控制），其引脚图和功能表如图 9-3 所示。

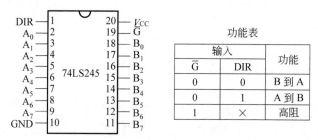

图 9-3　74LS245 的引脚图和功能表

由 74LS245 功能表可知：当 $\overline{G}$＝1 时，芯片处于高阻状态；当 $\overline{G}$＝0 且 DIR＝0 时，数据线 $B_0 \sim B_7$ 传输到 $A_0 \sim A_7$；当 $\overline{G}$＝0 且 DIR＝1 时，数据线 $A_0 \sim A_7$ 传输到 $B_0 \sim B_7$。

9.2.2　可编程并行接口芯片 8255A

可编程并行接口芯片 8255A 是一款通用 I/O 接口芯片。该芯片广泛用于各种系列的微型计算机系统中，用户可编程选择多种操作方式，通用性强、使用灵活。8255A 为 CPU 与外设之间提供并行输入输出通道，通过它，CPU 可直接与外设相连。

1. 8255A 的基本性能

8255A 的基本性能包括以下 4 方面。

（1）具有 3 个相互独立的、带有锁存或缓冲功能的输入输出端口，即端口 A、端口 B、端口 C。

（2）A、B、C 3 个端口可以联合使用，具有 3 种可编程工作方式，即基本 I/O 方式、选通 I/O 方式和双向选通 I/O 方式。

（3）支持无条件传送方式、程序查询方式和程序中断控制传送方式。

（4）可以编程实现对通道 C 某一位的输入输出，具有比较方便的位操作功能。

2. 8255A 的结构及其引脚功能

8255A 的内部结构主要包括：输入输出数据端口 A、端口 B 和端口 C，内部 A 组控制电路和 B 组控制电路，读写控制逻辑电路，数据总线缓冲器，如图 9-4 所示。

8255A 具有 24 条输入输出引脚，为 40 脚双列直插式大规模集成电路。其引脚分布如图 9-5 所示。8255A 的内部结构可归类为 3 部分：与 CPU 连接的接口部分、与外设连接的接口部分及内部逻辑部分。下面分别介绍各部分结构及引脚功能。

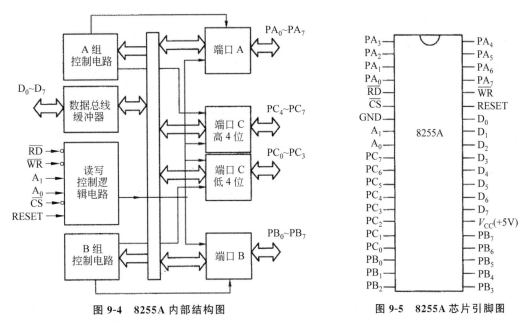

图 9-4　8255A 内部结构图　　　　　图 9-5　8255A 芯片引脚图

1）与 CPU 连接的接口部分

（1）$D_7 \sim D_0$：8255A 数据线、8 位、双向三态。一般连接在 CPU 数据总线的低 8 位，是 CPU 与 8255A 交换信息的唯一通道。

（2）$\overline{CS}$：片选信号，输入，低电平有效。

（3）$\overline{RD}$：读控制信号，低电平有效，输入。

（4）$\overline{WR}$：写控制信号，低电平有效，输入。

（5）RESET：复位信号，高电平有效，输入。复位后，所有片内寄存器清零。同时，端口 A、端口 B、端口 C 自动设定为输入口。

（6）A_1、A_0：片内端口地址选择信号、输入。8255A 内部有 4 个端口（3 个数据端口和 1 个控制端口），用 A_1、A_0 两位代码不同的组合 00、01、10、11，分别表示端口 A，端口 B、端口 C、控制端口的地址。

A_1、A_0 一般分别连接在 CPU 地址总线的低两位。对于 80x86 系统，当 8255A 的数据线连接在 CPU 数据总线的低 8 位时，由于低 8 位数据线必须对应访问偶地址端口，所以，必须定义 8255A 内部的 4 个端口地址均为偶地址。为此，A_1 和 A_0 应分别连接在 CPU 地址总线的 A_2 位和 A_1 位，且置地址总线的 $A_0 = 0$，这样，就可使 8255A 的 4 个端口的地址为 4 个连续的偶地址。

8255A 控制引脚和操作如表 9-1 所示。

表 9-1 8255A 控制引脚和操作

$\overline{\text{CS}}$	A_1	A_0	$\overline{\text{RD}}$	$\overline{\text{WR}}$	读写操作
0	0	0(A 口)	1	0	CPU 写入端口 A 数据
0	0	1(B 口)	1	0	CPU 写入端口 B 数据
0	1	0(C 口)	1	0	CPU 写入端口 C 数据
0	1	1(控制口)	1	0	CPU 写入控制字寄存器数据
0	0	0(A 口)	0	1	CPU 读端口 A 数据
0	0	1(B 口)	0	1	CPU 读端口 B 数据
0	1	0(C 口)	0	1	CPU 读端口 C 数据
1	×	×	×	×	8255A 呈高阻状态
0	1	1	0	1	非法

2）与外设连接的接口部分

8255A 内部包括 3 个 8 位的输入输出端口：端口 A、端口 B、端口 C。这些端口既可以独立使用，也可以组合成具有控制状态信息的 A 组或 B 组使用。

（1）$PA_7 \sim PA_0$：端口 A 数据线、8 位、双向。端口 A 作为输入端口时，对输入数据具有锁存功能；作为输出端口时，对 CPU 写入的数据具有锁存功能。端口 A 可以工作于 3 种方式中的任何一种。

（2）$PB_7 \sim PB_0$：端口 B 数据线、8 位、双向。端口 B 作为输入端口时，对输入数据不具有锁存功能；作为输出端口时，对 CPU 写入的数据具有锁存功能。端口 B 可以工作于方式 0 和方式 1。

（3）$PC_7 \sim PC_0$：端口 C 数据线、8 位、双向。端口 C 作为输入端口时，对输入数据不具有锁存功能；作为输出端口时，对 CPU 写入的数据具有锁存功能。其次，在方式字控制下，端口 C 分为两个 4 位的端口（高 4 位和低 4 位），每个 4 位端口都有 4 位的锁存器，可以分别定义输入或输出端口。用户也可以自行置位/复位，通过控制字对端口 C 的每一位进行置位/复位操作,实现位控功能。端口 C 不能工作于方式 1 和方式 2。

需说明的是在端口 A 和端口 B 工作在方式 1 或端口 A 工作于方式 2 时,芯片内部定义端口 C 部分位用来作为端口 A 与端口 B 的控制信号和状态信号。在具有端口 C 作为控制信息的端口 A 和端口 B 分别称为 A 组和 B 组。

3. 8255A 控制字

8255A 有 3 种不同的工作方式和输入输出及位控工作状态。如何灵活方便地选择 8255A 的工作方式和工作状态,这就需要由 CPU 编程设定在 8255A 内部已经定义好的控制字来决定,并将其写入芯片的控制端口。用户可以根据需要设置不同的控制字来实现不同的工作方式和工作状态。

8255A 定义了两种控制字:工作方式控制字,专用于端口 C 的置位、复位控制字。

两个控制字都写入同一个控制口,其区别在于控制字的最高位 D_7 来区分工作方式控制字($D_7 = 1$)和置位、复位控制字($D_7 = 0$)。

1) 工作方式控制字

工作方式控制字用来定义 8255A 端口的工作方式和输入输出工作状态。工作方式控制字各位的定义如图 9-6 所示。

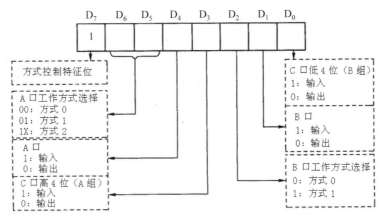

图 9-6 工作方式控制字各位的定义

【例 9-1】 已知 8255A 端口 A 的地址为 4A00H(设使用偶地址),若设端口 A 为输入口,工作方式为方式 1;端口 B 为输出口,工作方式为方式 0;端口 C 高 4 位输入,低 4 位输出,设置 8255A 工作方式控制字并编写初始化程序。

已知端口 A 的地址为 4A00H,则端口 B、端口 C、控制口的地址分别为 4A02H、4A04H、4A06H。

控制字:10111000B = 0B8H。

初始化程序:

```
MOV  DX,4A06H
MOV  AL,0B8H
OUT  DX,AL
```

2）端口 C 置位/复位控制字

在很多控制系统中，常需要进行位控操作，设置端口 C 置位/复位控制字，可以对端口 C 的各位进行控制。端口 C 置位/复位控制字的格式如图 9-7 所示。

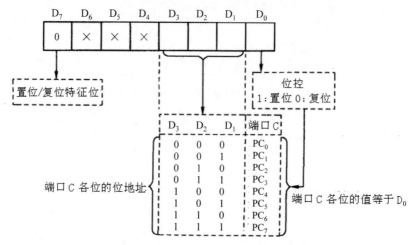

图 9-7　端口 C 置位/复位控制字的格式

在使用端口 C 置位/复位控制字进行操作时应注意如下。

（1）一个控制字只能对端口 C 的其中一位的输出信号进行位控。若要输出两个位信号，则需要设置两个这样的控制字。例如：将 C 口中 PC$_3$ 置 1，PC$_5$ 置 0，则对应的两个 C 口置位/复位控制字为 00000111B 和 00001010B。

（2）控制字尽管是对端口 C 的各位进行置 1 或置 0 操作，但此控制字必须写入控制口，而不是写入端口 C。

【例 9-2】　已知 8255A 端口地址为 4A00H、4A02H、4A04H、4A06H。设置端口 C 的 PC$_7$ 引脚输出高电平 1，对外设进行位控。

置位/复位控制字：00001111B＝0FH。

初始化程序如下：

```
MOV  DX,4A06H
MOV  AL,0FH
OUT  DX,AL
```

4. 8255A 工作方式

1）方式 0

方式 0 为 8255A 的基本 I/O 方式。它适用于工作在无需握手信号的简单输入输出应用场合。

该工作方式下，端口 A、端口 B 和端口 C 的两个部分（高四位和低四位）都可以作为输入或输出数据传送，不必使用联络信号，也不必使用中断。CPU 对端口的访问一般采用无条件传输方式，若使用端口 C 的两部分分别作为 A 组和 B 组的控制及状态线，与外设的控制和状态端相连，则 CPU 可以采用程序查询方式与外设交换信息。在方式 0 下，所有端口输出均有锁存缓冲功能。C 口还具有按位置位/复位功能。

【例 9-3】　图 9-8 为 8088 CPU 某微型计算机打印控制系统,使用逻辑门电路实现地址译码,8255A 芯片查询打印机的状态,并向打印机输出数据使其打印(打印机正在打印时 BUSY 信号为高电平,否则为低电平)。回答下列问题(北京理工大学考研试题)。

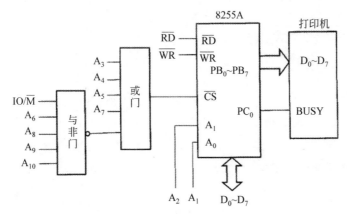

图 9-8　8088 CPU 某微型计算机打印控制系统

(1) 8255A 芯片 4 个端口的地址是多少?

(2) 编写完整程序,使用查询方式将存放在 CONDATA 开始的存储区中的 100 个 8 位二进制数据打印出来。

解:

(1) 由图 9-8 可知,地址线最低位为 A_0,由于图 9-8 中 A_0 未连接,因此 A_0 可以任意选择,4 个端口的地址应该为 11010000000B~11010000110B,即 740H~746H。

(2) 根据打印机系统的连接,可以设置 8255A 采用方式 0 工作,其中 PB 口设置为输出,PC_0~PC_3 设置为输入,查询 PC_0 的状态,如果为低电平 0,表示打印机空闲,将存储区的数据取出 1 字节传送给 PB 口输出到打印机打印,之后再去判断打印机是否空闲,重复以上操作 100 次,直到将全部数据输出打印。

具体程序代码如下:

```
        MOV  DX,746H          ;方式 0,PB 口输出,PC 口输入
        MOV  AL,89H
        OUT  DX,AL
        MOV  CX,100
        MOV  SI,0
JUDGE:  MOV  DX,744H
        IN   AL,DX
        AND  AL,1
        CMP  AL,OOH
        JNZ  JUDGE
        MOV  DX,742H          ;取数据区的数据送到 PB 口去打印
        OUT  DX,CONDATA[SI]
        INC  SI
```

LOOP　JUDGE

2）方式 1

方式 1 也称选通式输入输出方式。在方式 1 下，输入口或输出口都要在选通信号（应答）控制下实现数据传送，端口 A 或端口 B 用作数据口，端口 C 的部分引脚由 8255A 内部定义用作位控应答信号或中断请求信号。端口 A、端口 B 均借用端口 C 的一些信号线用作控制和状态线，形成 A 组和 B 组。端口 A 和端口 B 无论作为输入口还是输出口，均具有锁存缓冲功能。

（1）方式 1 输入。

端口 A、端口 B 工作在方式 1 输入时，如图 9-9 所示，端口 C 的引脚 PC$_3$、PC$_4$ 和 PC$_5$ 作为端口 A 数据传输的联络信号，分别标记为 INTRA、$\overline{STBA}$ 和 IBFA；PC$_2$、PC$_1$ 和 PC$_0$ 作为端口 B 的数据传输的联络信号，分别标记为 INTRB、$\overline{STBB}$ 和 IBFB，剩余的 PC$_6$ 和 PC$_7$ 仍可以作为基本 I/O 线，工作于 0。其信号联络作用如下。

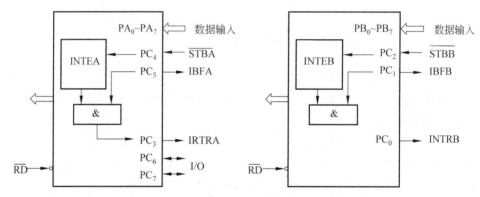

图 9-9　8255A 端口 A、端口 B 工作在方式 1 输入时的引脚定义

$\overline{STB}$：选通输入，低电平有效。由外设提供，当其有效时，就将输入设备送来的数据送入相应端口的输入锁存器中。

IBF：输入缓冲器满，高电平有效。这是 8255A 提供给外设的状态信号。当输入设备查询到 IBF 为低电平时，输入设备才能送来新的数据。当 $\overline{STB}$ 有效后，IBF 就被置成高电平，表示输入设备已将数据输入端口 A 或端口 B 的输入锁存器中，直到 CPU 把数据读走，此时 $\overline{RD}$ 信号的上升沿使 IBF 变为低电平。

INTR：中断请求，高电平有效，输出。该信号可接到可编程中断控制器 8259A 的某中断请求输入线上，通过 8259A 向 CPU 提出中断申请，以便 CPU 采用中断方式从端口 A 或端口 B 读取数据。

INTE：内部中断允许信号，通过置位/复位来控制，实现允许/禁止中断。

PC$_7$、PC$_6$：可用作一般的 I/O 线，由方式控制字的 D$_3$ 位设置为输入或输出。

方式 1 输入的过程：当输入设备准备好数据并检测到 IBF 为低电平（输入缓冲器空）后，8255A 将 PA$_7$～PA$_0$ 或 PB$_7$～PB$_0$ 上的数据输入端口 A 或端口 B 的数据输入锁存器中，并发 $\overline{STB}$ 有效信号，$\overline{STB}$ 的宽度至少应为 500ns，在 $\overline{STB}$ 有效后的大约 300ns，8255A

向输入设备发出 IBF 有效,通知输入设备暂缓送数,等待 CPU 读取数据。待 CPU 读取数据后约 300ns,IBF 由高电平变为低电平,表示一次数据传送结束。在这个过程中,有两种方式通知 CPU 取数,即用中断方式和软件查询方式。

方式 1 输入时序如图 9-10 所示。

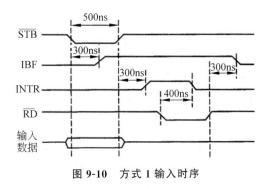

图 9-10　方式 1 输入时序

(2) 方式 1 输出。

端口 A、端口 B 工作在方式 1 输出时,端口 C 信号联络线的定义如图 9-11 所示,其信号联络的作用如下。

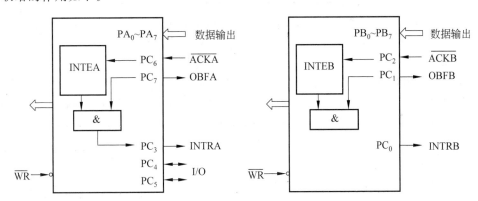

图 9-11　8255A 端口 A、端口 B 工作在方式 1 输出时的引脚定义

$\overline{\text{OBF}}$:输出缓冲器满,低电平有效。这是 8255A 输出给外设的一个状态信号。当其有效时,表示 CPU 已经把数据输出到指定的端口,通知外设可以将数据取走。它由输出指令 $\overline{\text{WR}}$ 的上升沿经延时 650ns 置为有效,由 $\overline{\text{ACK}}$ 信号的下降沿经 350ns 延时恢复为高电平。

$\overline{\text{ACK}}$:外设响应输入信号,低电平有效。外设读取数据后,通过使 $\overline{\text{ACK}}$ 有效来通知 8255A,外设已读取了端口上的数据,用来清除 $\overline{\text{OBF}}$。

INTR:中断请求信号,输出,高电平有效。它由输出缓冲器满信号 $\overline{\text{OBF}}$ 与内部中断允许相与产生。当外设从端口读走数据,并使 $\overline{\text{ACK}}$ 有效后,如果中断允许逻辑为 1,8255A 产生中断请求,请求新的数据。端口 A 的中断请求信号是 PC_3 引脚,端口 B 的中断请求信号是 PC_0 引脚。

INTE：中断允许信号，其中 INTEA 由 PC_6 的置位/复位来控制，实现允许/禁止中断；INTEB 由 PC_2 的置位/复位来控制，实现允许/禁止中断。对 PC_6 或 PC_2 的位操作只影响 INTEA 或 INTEB 的状态，而不影响 PC_6 或 PC_2 的引脚状态。

方式 1 输出的过程：当 CPU 向 8255A 写入数据时，$\overline{WR}$ 信号上升沿后约 650ns，输出缓冲器满信号 $\overline{OBF}$ 有效，发给外设，作为外设接收数据的选通信号。外设采样到 $\overline{OBF}$ 为低电平后，向 8255A 发出 ACK 信号，$\overline{ACK}$ 信号的上升沿表示外设已将指定端口的数据取走，并使 $\overline{OBF}$ 置位无效，一次数据传送结束。若此时 INTE 为高电平且 $\overline{ACK}$ 信号无效之后 350ns，INTR 被置为高电平，CPU 继续输出下一个数据。

在中断方式传送数据时，通常把 INTR 连到 8255A 的请求输入端 IR。

方式 1 输出时序如图 9-12 所示。

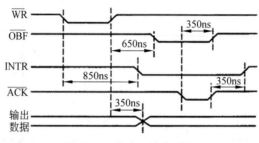

图 9-12   方式 1 输出时序

3）方式 2

方式 2 也称双向选通输入输出方式，该方式仅适用于端口 A。

在方式 2 下，端口 A 的 $PA_7 \sim PA_0$ 作为双向的数据总线，外设既能通过端口 A 发送数据，又能接收数据；端口 A 在输入和输出时均具有锁存功能；CPU 可以通过程序查询方式或中断方式进行数据传送。

端口 C 的 5 条引脚由 8255A 定义用作位控应答信号或中断请求信号。其引脚定义及状态字如图 9-13 所示。

INTRA：中断请求信号、输出、高电平有效。在方式 2 下，端口 A 在输入或输出时均使用该引脚向 CPU 发出中断请求信号。

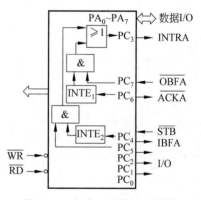

图 9-13   方式 2 时端口 C 引脚
定义及状态字

端口 A 作为输入口时，当外设的数据送入 8255A 的输入锁存器，使 IBF、$\overline{STB}$ 和 $INTE_1$（输入中断允许）均为高电平时，INTRA＝1，向 CPU 申请中断，CPU 采用中断控制传送方式来读取位于 8255A 输入锁存器中的数据。输入中断允许 $INTE_1$ 利用按位置位/复位的功能使 PC_6 置 1 来控制。

端口 A 作为输出口时，当外设取走数据后，使 8255A 的输出锁存器为空且 $INTE_2$（输出中断允许）为高电平时，INTRA＝1，8255A 向 CPU 申请中断，CPU 可以采用中断控制传送方式向 8255A 写入下一个数据。输出中断允许利用按位置位/复位的功能使 PC_4 置 1 来控制。

端口 C 其他引脚的定义同方式 1。在方式 2 下,不影响端口 B 及 $PC_0 \sim PC_2$ 的工作方式选择。

5. 8255A 应用举例

【例 9-4】 如图 9-14 所示,利用 8255A 的 PA 口和 PB 口外接 16 个键,其中 PB_0 列上的键号为 0~7,而 PB_1 列上的键号为 8~F。PC 口上外接一个共阴极 LED 数码管。要求利用查询法完成:若按下 0~7 号任一个键使 LED 显示 0,若按下 8~F 号任一个键使 LED 显示 8。写出实现上述功能的程序段,包括 8255A 初始化(8255A 的端口地址为 20H~23H)。(哈尔滨工业大学考研试题)

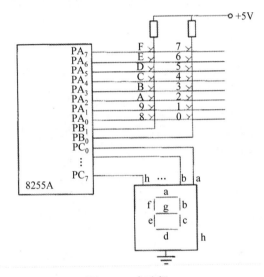

图 9-14　电路图

解:

```
        MOV   AL,10000010B(82H)
        OUT   23H,AL                ;8255A 初始化
        MOV   AL,0
        OUT   20H,AL                ;PA 口送全 0
  LOP:  IN    AL,21H
        AND   AL,03H
        CMP   AL,03H
        JZ    LOP                   ;读端口 B,判断是否有键按下
        SHR   AL,1
        JNC   NEXT                  ;PB0＝0,显示 0
        MOV   AL,7FH
        OUT   22H,AL                ;PB1＝0,显示 8
        JMP   LOP
  NEXT: MOV   AL,3FH
```

```
OUT  22H,AL
JMP  LOP
```

9.3 串行通信的基本概念

前面已经介绍了串行通信的传输特点,在串行通信时,既然数据和联络信号是使用同一根信号线来传送的,为了进行可靠的数据传送,收发双方必须事先进行约定,遵守规定的协议,如双方以何种传输速率进行数据的发送和接收,用何种数据格式进行传输,接收方如何从位流中正确地采样到位数据,收发出错时如何处理等。在通信过程中,为了保证正确可靠地传输数据,收发双方必须严格遵守共同的通信协议,这些通信协议及规定称为通信控制规程。串行通信分为两种基本通信方式:同步通信和异步通信。

9.3.1 串行通信工作方式

在串行通信中,数据在由通信线连接的两个工作站之间传送。按照数据传送方向的不同,串行通信可分为单工、半双工和全双工 3 种方式,如图 9-15 所示。

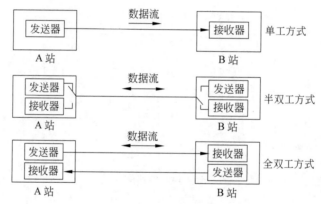

图 9-15 串行通信方式

1. 单工方式

采用单工方式时,只允许数据向一个方向传送,即一方只能发送,另一方只能接收,不能反方向传送。

2. 半双工方式

采用半双工方式时,允许数据双向传送。但由于只有一根传输线,在同一时刻只能一方发送,另一方接收。

3. 全双工方式

采用全双工方式时,允许数据同时双向传送。由于有两根传输线,在 A 站将数据发送到 B 站的同时，也允许 B 站将数据发送到 A 站，即在同一时刻，数据能在两个方向上传送。

9.3.2 同步串行通信方式

在同步串行通信中，每个数据块传送开始时，采用一个或两个同步字符作为起始标志，接收端不断对传送线采样，并把采样到的字符和双方约定的同步字符比较，只有比较成功，才会把后面接收到的数据加以存储。数据在同步字符后，个数不受限制，由所需传送的数据块长度确定。其数据格式如图 9-16 所示。

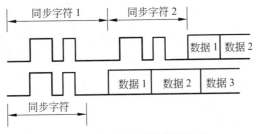

图 9-16 同步传送的数据格式

同步串行通信中的同步字符可以使用统一标准格式，此时单个同步字符常采用 ASCII 码中规定的标准代码 16H，双同步字符一般采用国际通用标准代码 EB90H。

同步串行通信一次可以连续传送若干个数据，每个数据不需起始位和停止位，数据之间不留间隙，因而，数据传输速率高于异步串行通信，通常可达 56 000b/s。由于同步通信要求用准确的时钟来实现发送端与接收端之间的严格同步，为了保证数据传输正确无误，发送方除了发送数据外，还要同时把时钟传送到接收端。同步通信常用于传送数据量大、传输速率要求较高的场合。

9.3.3 异步串行通信方式

在异步串行通信中，数据通常以字符（或字节）为单位组成数据帧进行传送。一般情况下，一帧信息以起始位和停止位来完成收发同步，即以起始位开始表示数据帧开始传送，停止位表示数据帧传送结束。在起始位和停止位之间，是数据位（由低位到高位逐位传送）和奇偶校验位，如图 9-17 所示。

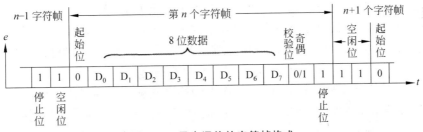

图 9-17 异步通信的字符帧格式

每一帧数据组成及作用介绍如下。

1. 起始位

起始位位于数据帧开头,占 1 位,低电平 0 有效。起始位为低电平 0 时,标志传送数据的开始,即表示发送端开始向接收设备发送一帧数据。传输开始时,接收设备不断检测串行通信线的逻辑电平,当检测到 1 到 0 的跳变后,接收设备便启动内部计数器开始计数。当计数到一个数据位宽度的一半时,又一次采样串行通信线,若其仍为低电平,则确认是一个起始位,即一帧信息的开始。

2. 数据位

数据位为要传送的字符(或字节),紧跟在起始位之后,用户根据情况可取 5 位、6 位、7 位或 8 位。以位时间(1/波特率)为间隔,由低位到高位依次先后传送。接收设备则按序逐一移位接收所规定的数据位和奇偶校验位,拼装成一个字节信息。若所传数据为ASCII 码,则常取 7 位。

3. 奇偶校验位

奇偶校验位位于数据位之后,仅占 1 位,用于校验串行发送数据的正确性。可根据需要选择使用偶校验(数据位加本位为偶数个 1)或者奇校验(数据位加本位为奇数个 1)。

4. 停止位

停止位位于数据帧末尾,高电平 1 有效,占 1 位或 1.5 位(这里 1 位对应于一定的发送时间,故有半位)或 2 位,用于向接收端表示一帧数据已发送完毕。接收设备在一帧数据规定的最后 1 位应接收到停止 1,若没有收到,则设置"数据帧传送错误"标志。只有在既无数据帧错误又无奇偶校验错误的情况下,接收的数据才是正确的。

5. 空闲位

在异步串行通信中,接收设备在收到起始位信号后,只要在 5～8 个数据位的传输时间内能和发送设备保持同步,就能正确接收。有时为了使收发双方有一定的操作间隙,可以根据需要在相邻数据帧之间插入若干空闲位,空闲位和停止位一样也是高电平,表示线路处于等待状态。在具有空闲位的数据帧传送过程中,即使接收设备与发送设备两者的时序略有偏差,数据帧之间的停止位和空闲位将为这种偏差提供一种缓冲,不会因累积效应而导致错位。因此,发送端和接收端可以由各自的时钟来控制数据的发送和接收,时钟信号不必要求同步。加入空闲位是异步串行通信的特征之一。

由于有了以上数据帧的格式规定,发送端和接收端就可以连续协调地传送数据,也就是说,接收端会知道发送端何时开始发送和何时结束发送。平时,通信线为高电平 1。每当接收端检测到通信线上发送过来低电平 0 时,就知道发送端已开始发送;每当接收端接收到数据帧中的停止位时,就知道一帧数据已发送完毕。一帧数据接收完毕,接收设备又继续测试通信线,监测起始位 0 信号的到来。

由于异步串行通信每帧数据都必须有起始位和停止位,所以数据的传输速率受到限制,但异步串行通信不需要传送同步脉冲,字符帧的长度不受限制,对硬件要求较低,因而,在数据传输量不是很大、要求传输速率不高的远距离通信场合得到了广泛应用。

PC 系统的串行通信采用异步通信。

9.3.4 波特率和收/发时钟

1. 波特率

串行通信的数据是按位进行传送的,每秒钟传送的二进制数码的位数称为波特率(baud rate,也称比特数),单位是 b/s(bit per second),即位/秒。

波特率是串行通信的重要指标,用于衡量数据的传输速率。国际上规定了标准波特率的系列为 110b/s、300b/s、600b/s、1200b/s、1800b/s、2400b/s、4800b/s、9600b/s 和 19 200b/s。

接收端和发送端的波特率在设置时,必须保持相同。

例如,某异步串行通信系统中,波特率为 2400b/s,数据格式为 1 个起始位、7 个数据位、1 个奇偶校验位和 1 个停止位共 10 位。则每秒传送的最大字符为 240 个。(武汉理工大学考研试题)

2. 发送/接收时钟

二进制数据序列在串行传送过程中以数字信号波形的形式出现。无论是发送还是接收,都必须有时钟信号对传送的数据进行定位。

在发送数据时,发送器在发送时钟的下降沿将移位寄存器中的数据串行移位输出;在接收数据时,接收器在接收时钟的上升沿对数据位采样。

为保证传送数据准确无误,发送/接收时钟频率应大于或等于波特率,两者的关系为

$$发送/接收时钟频率 = n \times 波特率 \tag{9-1}$$

式中,n 为波特率因子,$n=1$、16 或 64。

对于同步传送方式,必须取 $n=1$;对于异步传送方式,通常取 $n=16$。

9.3.5 信号的调制与解调

串行通信指的都是数字通信,即传送的数据都是以 0、1 序列组成的数字信号。这种数字信号包含了从低频到高频的极其丰富的谐波成分。它的传送要求传输线的频带很宽。但在远距离通信时,为了降低成本,常常是利用普通电话线(双绞线)进行传输,而这种电话线的频带宽度有限,通常不超过 3000Hz。因此,如果让数字信号直接在传输线上传送,高次谐波的衰减就会很厉害,从而使信号到了接收端后将发生严重畸变和失真。即使采用性能更高的通信电缆(如粗、细 75Ω 同轴电缆等)传送,这种现象也不能避免,只不过传输距离稍微远一些而已。

一般说来,通过串行接口直接发送的串行数据在其基本不产生信号畸变和失真的条

件下,所能传送的最大距离取决于传输速率和传输线的电气性能。对于同种传输线,最大传输距离和传输速率是一对矛盾体。在实际的通信系统中,当传输距离与波特率不发生矛盾时,可直接通过串行连接器通信,无须另加通信设备。这时一个全双工连接只需要 3 根线(发送线、接收线、信号地线)即可组成。当传输距离与波特率发生矛盾时,就需要引入通信设备,在通信线路上常采用调制解调技术。发送方使用调制器(modulator),把要传送的数字信号调制转换为适合在线路上传输的音频模拟信号;接收方则使用解调器(demodulator)从线路上测出这个模拟信号,并还原成数字信号。图 9-18 给出了使用调制解调技术后的通信机理,图中 modem 为调制解调器,兼具有发送方的调制和接收方的解调两种功能。对于双工方式,通信的任何一方都需要这两种功能,所以实际中常将调制和解调的功能集成在一起,构成完整的调制解调器供用户选用。

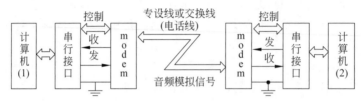

图 9-18　远程通信示意图

调制解调的方法很多,由于篇幅限制,这里就不再介绍,读者可参考通信原理相关书籍。

9.4　常用的异步串行通信总线标准

常用的异步串行通信总线标准有 RS-232C、RS-422/485、USB。由于 USB 已经在 7.3.4 节介绍过,这里只介绍前两者。

9.4.1　RS-232C 总线标准

RS-232C 是使用最早、应用最广的总线标准。它由美国电子工业协会(EIA)于 1962 年公布,1969 年最后修订而成。其中,RS 是推荐标准(recommended standard)的英文缩写,232 是标识号,C 表示修改次数。目前 PC 配置的均是 RS-232C 标准接口。

RS-232C 适用于短距离或带调制解调器的通信场合。若设备之间的通信距离不大于 15m 时,可以用 RS-232C 电缆直接连接。对于距离大于 15m 以上的长距离通信,需要采用调制解调器才能实现。RS-232C 传输速率最大为 20Kb/s。

RS-232C 总线标准为 25 条信号线,采用一个 25 脚的连接器,一般使用标准的 D 型 25 芯插头座(DB-25)。连接器的 25 条信号线包括一个主通道和一个辅助通道。在大多数情况下,RS-232C 接口主要使用主通道,对于一般的双工通信,通常仅需使用 RXD、TXD 和 GND 3 条信号线,因此,RS-232C 又经常采用 D 型 9 芯插头座(DB-9),如图 9-19 所示。DB$_{25}$ 和 DB$_9$ 型 RS-232C 接口连接器的引脚信号定义如表 9-2 所示。

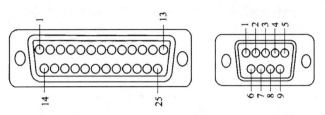

图 9-19 RS-232C 标准插头座外形

表 9-2 RS-232C 引脚信号定义

引 脚		定 义	引 脚		定 义
DB$_{25}$	DB$_9$		DB$_{25}$	DB$_9$	
1		保护地	14		次信道发送数据
2	3	发送数据 TXD	15		发送器时钟 TXC
3	2	接收数据 RXD	16		次信道接收数据
4	7	请求发送 RTS	17		接收器时钟 RXC
5	8	清除发送 CTS	18		未定义
6	6	数据装置准备好 DSR	19		次信道请求发送
7	5	地信号 GND	20	4	数据终端准备好 DTS
8	1	载波检测 CD	21		信号质量检测
9		保留,供测试用	22	9	振铃指示 RI
10		保留,供测试用	23		数据信号速率选择器
11		未定义	24		终端发送器时钟
12		次信道载波检测	25		未定义
13		次信道清除发送			

　　RS-232C 采用负逻辑,即逻辑 1 用 −5V～−15V 表示,逻辑 0 用 +5V～+15V 表示。因此,RS-232C 不能和 TTL 电平直接相连。对于采用正逻辑的串行接口电路,使用 RS-232C 须进行电平转换。目前 RS-232C 与 TTL 之间电平转换的集成电路很多,最常用的是 MAX232。

　　MAX232 是 MAXIM 公司生产的包含两路接收器和驱动器的专用集成电路,用于完成 RS-232C 电平与 TTL 电平转换。MAX232 内部有一个电源电压变换器,可以把输入的 +5V 电压变换成 RS-232C 输出电平所需的 ±10V 电压。所以,采用此芯片接口的串行通信系统只需单一的 +5V 电源即可。对于没有 ±12V 电源的场合,其适应性更强,因而被广泛使用。

　　MAX232 的引脚结构如图 9-20 所示。

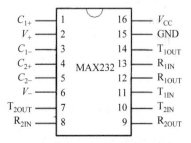

图 9-20 MAX232 的引脚结构

MAX232 芯片内部有两路发送器和两路接收器。常见的 PC 通过 MAX232 与单片机通信的原理图如图 9-21 所示。

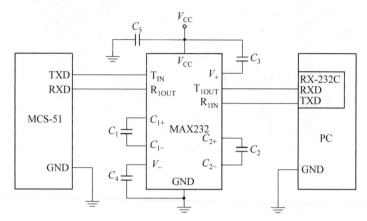

图 9-21　PC 通过 MAX232 与单片机通信的原理图

9.4.2　RS-422/485 总线标准

RS-232C 虽然应用广泛,但由于推出较早,数据传输速率慢,通信距离短。为了满足现代通信数据传输速率越来越快和距离越来越远的要求,EIA 随后推出了 RS-422 和 RS-485 总线标准。

1. RS-422/485 简介

RS-422 采用差分接收、差分发送工作方式,不需要数字地线。它使用双绞线传输信号,根据两条传输线之间的电位差值来决定逻辑状态。RS-422 接口电路采用高输入阻抗接收器,以及比 RS-232C 驱动能力更强的发送驱动器,可以在相同的传输线上连接多个接收节点,所以 RS-422 支持点对多的双向通信。RS-422 可以全双工工作,通过两对双绞线可以同时发送和接收数据。

RS-485 是 RS-422 的变形。允许双绞线上一个发送器驱动 32 个负载设备,负载设备可以是被动发送器、接收器或收发器。当用于多站点网络连接时,可以节省信号线,便于高速远距离传输数据。RS-485 为半双工工作模式,在某一时刻,一个发送数据,另一个接收数据。

RS-422/485 最大的传输距离为 1200m,最大传输速率为 10Mb/s。在实际应用中,为减少误码率,当传输距离增加时,应适当降低传输速率。例如,当传输距离为 120m 时,最大传输速率为 1Mb/s;若传输距离为 1200m,则最大传输速率为 100Kb/s。

2. RS-485 接口电路 MAX485

MAX485 是用于 RS-422/485 通信的差分平衡收发器,由 MAXIM 公司生产。芯片内部包含一个驱动器和一个接收器,适用于半双工通信。其主要特性如下。

（1）传输线上可连接 32 个收发器。

（2）具有驱动过载保护。

（3）最大传输速率为 2.5Mb/s。

（4）共模输入电压范围为 $-7V\sim+12V$

（5）供电电源为 $+5V$。

MAX485 为 8 引脚封装，其引脚配置如图 9-22 所示，功能如表 9-3 所示。

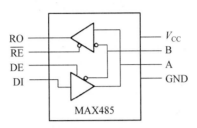

图 9-22　MAX485 引脚图

表 9-3　MAX485 功能表

驱动器			接收器		
输入端 DI	使能端 DE	输出		差分输入	使能端 $\overline{RE}$	输出端 RO
		A	B	VID＝A－B		
H	H	H	L	VID＞0.2V	L	H
L	H	L	H	VID＜0.2V	L	L
X	L	高阻	高阻	X	H	高阻

MCS-51 单片机与 MAX485 的典型连接如图 9-23 所示。若是 PC，可以用地址线 A_0 替代 $P_{1.0}$ 作为控制信号。$A_0=1$，驱动器工作；$A_0=0$，接收器工作。

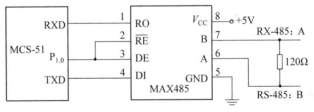

图 9-23　MCS-51 单片机与 MAX485 的典型连接图

9.5　可编程串行接口芯片 8251

8251 是专为 Intel 微处理器设计的一种通用同步/异步收发器（USART）芯片，可用作 CPU 和串行外设的接口。

9.5.1　8251 主要功能简介

1. 基本功能

（1）既可用于同步串行通信又可用于异步串行通信。

（2）具有独立的发送器和接收器，可实现全双工通信。

（3）可通过编程指定串行通信的数据格式。同步通信时，每个字符可选 5～8 位数据位，可内同步或外同步，其内部控制逻辑电路能自动插入同步字符。异步通信时，每个字符可选 5～8 位数据位，其内部控制逻辑电路能够自动增加 1 位起始位，依编程可增加 1 位奇偶校验位，选择 1 位、1.5 位或 2 位停止位。

（4）可编程设置异步串行通信的时钟为波特率的 1 倍、16 倍或 64 倍。

（5）具有检测奇偶错、溢出错和帧出错的错误检测能力。

（6）既可用中断法又可用查询法来获取和处理接收缓冲器"满"与发送保持器"空"两种基本的指示信息。

（7）具有控制 modem 的功能。

2. 外部引脚

8251 外部引脚如图 9-24 所示。28 根引脚信号中除 +5V 电源 V_{cc}（26 号线）、地信号 GND（4 号线）外，其余 26 根信号线可以分成 4 类。

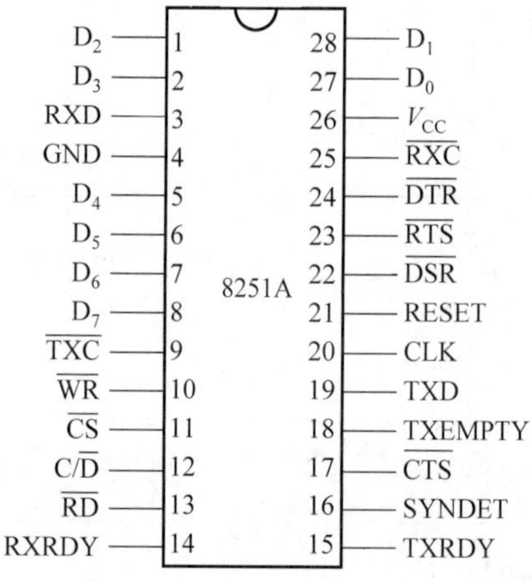

图 9-24　8251 外部引脚图

1）与 CPU 的连接信号

这类信号线包括数据总线、芯片选择线、控制/数据选择线、读写控制线、复位控制线及时钟输入等。

$D_7 \sim D_0$：8 位双向三态数据线。用于 CPU 向 8251 写入控制字和欲发送的数据，或者从 8251 读出状态字和拼装好的接收数据。

$\overline{CS}$：片选线。当 $\overline{CS}$ 为低电平时，8251 才可以和 CPU 进行通信。

$C/\overline{D}$：控制/数据选择线。用于区分 8251 与 CPU 之间传输的是控制/状态信息，还是数据信息。$C/\overline{D}=1$，表示 CPU 写入控制字或读出状态字，$C/\overline{D}=0$，表示 CPU 写入或读出数据。通常，$C/\overline{D}$ 与 CPU 的低位地址线 A_0 相连，提供 8251 的两个端口地址，偶地址为数据端口，奇地址为控制端口。

$\overline{WR}$：写信号，低电平有效。当 CPU 对 8251 执行写操作时，该信号有效。

$\overline{RD}$：读信号，低电平有效。当 CPU 对 8251 执行读操作时，该信号有效。

RESET：复位控制信号，高电平有效。当该引脚上出现一个 6 倍时钟宽的高电平时，芯片被复位，使芯片处于空闲状态。该信号通常与系统的复位信号相连，使它受到加电自动复位和人工复位的控制。

CLK：时钟输入端。用于给芯片内部电路提供时钟。在同步方式时，CLK 的频率要大于接收器或发送器输入时钟（$\overline{RXC}$ 或 $\overline{TXC}$）频率的 30 倍。在异步方式时，此频率要大于接收器或发送器输入时钟频率的 3.5 倍。

2）与发送器有关的连接信号

TXD：数据发送端。用于将串行数据送往外设。

TXRDY：发送器就绪信号。TXRDY＝1，表示发送缓冲器空；TXRDY＝0，表示发送缓冲器满。

TXEMPTY：发送器空闲信号。TXEMPTY＝0，发送移位寄存器满；TXEMPTY＝1，发送移位寄存器空。

$\overline{TXC}$：发送时钟输入。对于同步方式，$\overline{TXC}$ 的时钟频率应等于发送数据的波特率。对于异步方式，可编程设置发送时钟为波特率的 1 倍、16 倍或 64 倍。

3）与接收器有关的连接信号

RXD：数据接收端。用于接收由外设、modem、数据设备发送的串行数据。

RXRDY：接收器就绪信号。RXRDY＝1，表示接收缓冲器满，CPU 可读取数据。若用查询方式，CPU 可从状态寄存器的 D_1 位检测这个信号；若用中断方式，此信号作为接收中断请求信号。

SYNDET：双功能检测信号，高电平有效。8251 工作于同步方式时，SYNDET 是用于同步检测的输入输出信号。内同步工作时，该信号为输出信号，当 SYNDET＝1 时，表示 8251 已经检测到所要求的同步字符。若为双同步，此信号在第二个同步字符的最后一位的中间变高，表明已达到同步。外同步工作时，SYNDET 是输入信号，当从 SYNDET 端输入一个高电平信号时，接收控制电路会立即脱离对同步字符的搜索过程，开始接收数据。

8251 工作于异步方式时，SYNDET 是中止检测信号。SYNDET＝1 时，表示 8251 接收到发送端送来的中止符；SYNDET＝0，表示 RXD 处于正常接收状态。

$\overline{RXC}$：接收时钟输入。对于同步方式，$\overline{RXC}$ 与波特率相同。对于异步方式，$\overline{RXC}$ 可设置为波特率的 1 倍、16 倍或 64 倍。

4）与 modem 有关的握手信号

8251 有 4 根与 modem 有关的握手信号，分别如下。

$\overline{DTR}$：数据终端就绪，输出线。$\overline{DTR}$＝0，通知 modem，8251 已准备好接收数据。$\overline{DTR}$ 引脚可由命令字的 D_1（$\overline{DTR}$位）置 1 变有效。

$\overline{DSR}$：数据设备就绪，输入线。它是对 $\overline{DTR}$ 的回答信号，$\overline{DSR}$＝0，表示 modem 已准备好发送。

$\overline{RTS}$：数据终端请求发送，输出线。$\overline{RTS}$＝0，通知 modem，8251 已准备好发送数据。该引脚可由命令字的 D_5 位（$\overline{RTS}$位）置 1 变有效，表示 CPU 请求发送数据。

$\overline{CTS}$：数据设备清除发送，输入线。它是对 $\overline{RTS}$ 的回答信号，$\overline{CTS}$＝0，表示 modem 已做好接收数据的准备，允许 CPU 发送数据。这时，8251 才能向外设发送数据。

9.5.2 8251 工作原理

1. 异步发送方式

当命令寄存器的发送允许信号和外部输入信号$\overline{CTS}$为有效时,允许8251发送数据。发送时,发送器为每个字符加上1个起始位,并按照编程要求加上奇偶校验位以及1位、1.5位或者2位停止位。然后在发送时钟$\overline{TXC}$的下降沿作用下,经发送移位寄存器移位,将并行数据逐位从TXD引脚发送出去。

2. 异步接收方式

在异步方式下,当命令寄存器的接收允许RXD有效且准备好接收数据时,8251检测RXD引脚。在没有字符传送时,RXD端为高电平,一旦8251检测到RXD引脚为低电平,即认为是串行数据的起始位,便启动接收控制电路中的计数器开始计数,计数器的频率等于接收器时钟频率。当计数到一个数据位宽度的一半(若时钟频率为波特率的16倍时,则为计数到第8个脉冲时),再次对RXD端进行采样,如果仍为低电平,则确认一个起始位的到来。此后,每隔一位的传输时间采样一次RXD作为输入数据,送至接收移位寄存器。在移位寄存器中,进行奇偶校验并去掉停止位,变成并行数据以后,通过内部数据总线送入接收缓冲器,同时发出RXRDY信号,通知CPU,8251已经收到一个有效的数据。

3. 同步发送方式

同步发送方式也必须在发送允许信号和$\overline{CTS}$有效后,才可以开始发送过程。如果编程为内同步方式,发送器在准备发送的数据前加入由程序设定的一个或两个同步字符,在数据中按照编程规定加入奇偶校验位(规定也可不添加任何附加的校验位),然后在发送时钟$\overline{TXC}$的下降沿作用下,将数据逐位从TXD引脚发送出去。

在字符发送过程中,可能会出现CPU来不及将新的数据输出给8251的情况。此时,8251会自动地在TXD线上插入同步字符,来满足数据之间不出现间隙的要求。

4. 同步接收方式

同步接收时,8251首先通过不断检测串行接收线RXD的状态,搜索同步字符。当RXD线上出现一个数据位时,8251将数据位接收下来送入移位寄存器,再将寄存器的内容与同步字符寄存器中的同步字符进行比较,如果两者不相等,则接收下一位数据,并且重复上述比较过程。当寄存器的内容与同步字符相等时,表示已经实现同步,此时8251的同步检测信号SYNDET端出现高电平。同步字符可由程序设定为一个或两个。当采用双同步方式时,必须有两个连续字符分别与两个同步字符寄存器中的内容一致,才表示实现了同步。否则重复最初接收第一个字符的过程。当编程为外同步方式时,同步的实现方式就有所不同了。这时候,同步是通过给同步检测信号SYNDET加一个高电平来实现的。只要SYNDET端上出现有效电平并持续一个时钟周期,便确认实现同步。

之后,接收器以接收器时钟为基准,连续采样串行数据接收线 RXD 上传来的串行字符数据位,逐一将它们送入移位器,组成字符后送到输入缓冲器,并将 RXRDY 信号置为有效,通知 CPU 读取数据。

5. 内部寄存器读写控制

8251 内部有 1 个方式寄存器、2 个同步字符寄存器、1 个命令寄存器、1 个状态寄存器,再加上接收缓冲器和发送缓冲器,共有 7 个可被 CPU 访问的 8 位寄存器。在片选信号有效的前提下,由芯片的控制/数据信号 C/$\overline{D}$和读写控制信号$\overline{RD}$、$\overline{WR}$配合来确定被访问的寄存器,如表 9-4 所示。

表 9-4   8251 内部寄存器的读写控制

$\overline{CS}$	C/$\overline{D}$	$\overline{RD}$	$\overline{WR}$	操　作	访问的寄存器
0	0	0	1	读接收数据	接收寄存器
0	0	1	0	写发送数据	发送寄存器
0	1	0	1	读状态字	状态寄存器
0	1	1	0	写方式控制字/同步字符/命令控制字	方式寄存器/同步字符寄存器/命令寄存器
1	$\times$	$\times$	$\times$	无效	

9.5.3   8251 初始化编程

1. 8251 的方式控制字

方式控制字用于选择同步/异步通信方式及对应方式下的数据帧格式。其格式如图 9-25 所示。

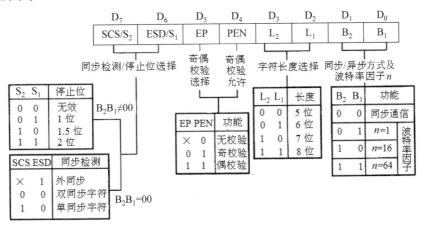

图 9-25   8251 的方式控制字格式

$D_1 D_0$:同步/异步方式及波特率因子选择位 B_2 和 B_1。$B_2 B_1 = 00$ 为同步通信;$B_2 B_1 \neq 00$ 为异步通信,并以 $B_2 B_1$ 的不同编码 01、10 和 11 选择波特率因子,分别为 1、16 和 64。

$D_3 D_2$：字符长度选择位 L_2 和 L_1。当程序指定字符位数小于 8 位时，接收到的数据位右对齐，高位以 0 补充。

D_4：奇偶校验允许位 PEN。PEN＝1，有校验；PEN＝0，无校验。

D_5：奇偶校验选择位 EP。在 PEN＝1 时，EP＝0 选择奇校验，EP＝1 选择偶校验。

$D_7 D_6$：含义与选用的同步/异步传输方式有关。当 $B_2 B_1 \neq 00$ 为异步方式时，D_7 和 D_6 是停止位选择 S_2 和 S_1，用于指定停止位的位数。当 $B_2 B_1 ＝00$ 为同步方式时，D_6 是同步检测方式选择 ESD。ESD＝1 为外同步（SYNDET 为输入），此时 D_7 位无效，ESD＝0 为内同步（SYNDET 为输出）；D_7 是同步字符个数选择位 SCS，在 ESD＝0 时，SCS＝0 选择双同步字符，否则选择单同步字符。

2. 命令控制字

命令控制字用于指定 8251 进行某种操作（如发送、接收、内部复位和检测同步字符等）或处于某种工作状态，以便接收或发送数据。发命令控制字和写方式控制字的端口地址相同，对应 $C/\overline{D}＝1$ 的端口，它们的区别仅是靠写入的先后顺序。命令控制字格式如图 9-26 所示。

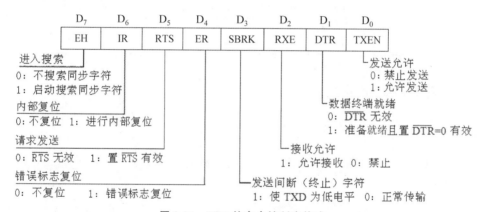

图 9-26　8251 的命令控制字格式

D_0：发送允许位 TXEN(transmit enable)。TXEN＝1，允许 TXD 线发送串行数据，该位可用作发送中断屏蔽位。

D_1：数据终端就绪位 DTR(data terminal ready)。DTR＝1，表示数据终端设备已准备就绪。

D_2：接收允许位 RXE。RXE＝1，允许 RXD 线接收外部输入的串行数据，该位可用作接收中断屏蔽位。

D_3：发送间断(终止)字符设定位 SBRK(send break character)。当正常传输时，SBRK＝0。若 SBRK＝1，则使发送设备的 TXD 线输出连续的空号（逻辑 0）以此作为数据中止时的线路状态表示法。

D_4：错误标志复位控制位 ER(error reset)。ER＝1 将使状态字中错误标志位 PE、OE 和 FE 复位。

D_5：请求发送设置位 RTS(request to send)。RTS＝1，表示请求发送。

D_6：内部复位控制位 IR(internal reset)。IR＝1 进行内部复位，使其回到接收方式选择控制字的状态。

D_7：进入搜索方式位 EH(enter hunt)。是在接收数据时，针对同步方式而进行的操作。当采用同步工作方式时，允许接收位 RXE＝1 时，还必须使 EH＝1、ER＝1，RXD 线开始接收数据的同时，接收器也启动搜索同步字符的工作，以确定何时接收真正的数据。

3. 状态字

CPU 通过输入指令读取状态字，了解 8251 传送数据时所处的状态，做出是否发出命令，是否继续下一个数据传送的决定。状态字存放在状态寄存器中，CPU 只能对状态寄存器读，而不能对它写入内容，状态字格式如图 9-27 所示。

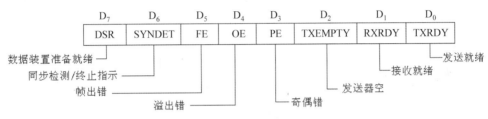

图 9-27 8251 的状态字格式

状态位 RXRDY、TXEMPTY、SYNDET 和 DSR 的定义与芯片引脚的定义相同，此处不再赘述。但状态位 TXRDY 的定义和输出与引脚 TXRDY 有所不同，状态位 TXRDY 只要发送缓冲器一空就置位；而引脚 TXRDY 还要受到命令字中允许发送位 TXEN 和允许发送引脚$\overline{\text{CTS}}$的控制，只有发送缓冲器空、TXEN＝1 和$\overline{\text{CTS}}$＝0 3 个条件同时满足时才置位。

D_3：奇偶错指示位 PE(parity error)。PE＝1，表示被接收的数据有奇偶错。

D_4：溢出错指示位 OE(overrun error)。OE＝1，指出由于 CPU 未及时把接收缓冲器的输入字符移走，8251 又接收新数据而造成溢出的错误。

D_5：帧出错指示位 FE(framing error)。仅在异步方式使用，FE＝1，表示未检测到规定的停止位，出现了格式错。

4. 8251 的初始化编程

利用 8251 进行串行数据通信之前，必须对 8251 进行初始化，其初始化编程流程如图 9-28 所示。

当 8251 复位后，首先设置 8251 的方式控制字，选择是同步还是异步方式通信及相应数据帧格式。若选择同步方式，则应根据所选同步字符个数，将同步字符送入 8251 的同步字符寄存器中。

无论是同步还是异步方式，在设置完方式控制字后，随后应设置命令控制字以指定 8251 进行某种操作。若设置的是内部复位命令(IR＝1)，8251 将复位回到初始化状态，需重新进行初始化编程；否则进入数据传送阶段。在数据传送过程中或数据传送完成后，可以向命令寄存器再次写入操作命令字，改变 8251 的操作。

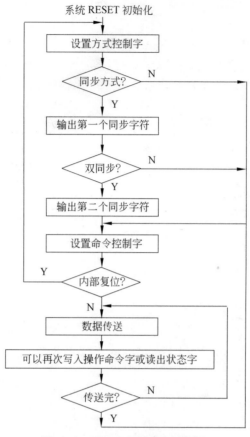

图 9-28　8251 初始化编程流程图

需要强调的是，8251 的方式寄存器、同步字符寄存器和命令寄存器均使用相同的端口地址，具体访问哪个由写入顺序决定，所以需严格按初始化流程给定的顺序编程。此外，由于 8251 的内部操作需要一定时间，各种控制字发出后，需设置几条空操作命令延时，以保证内部操作完成后再设置其他控制字。

【例 9-5】　设 8251 的数据口地址为 208H，控制口地址为 209H。若规定 8251 为异步串行通信方式，波特率因子为 16，数据格式为 7 位数据位、1 位偶校验、2 位停止位，查询方式工作，编写 8251 的初始化程序。

解：确定方式控制字和命令控制字格式，分别为 11111010B（异步方式，波特率因子为 16，7 位数据位、1 位偶校验和 2 位停止位）和 00110111B（请求发送、复位错误标志、正常收/发、数据终端就绪、发送和接收允许）。然后，按图 9-29 给出的流程编程，初始化程序段如下：

1	1	1	1	10	1	0	B=0FAH
2 位 停止位	偶 校 验	有 校 验	7 位 数据	波特率 因子取 16			

0	RI=0	1	ER=1	0	1	1	1	B=37H
不 搜索同 步字符	不 RTS=0		出错 内部 复位	正常 状态 复位	正常 工作 RXE=1		TXE=1 DTR=0	

图 9-29　例 9-5 方式控制字和命令控制字

```
IN18250: MOV   DX,209H              ;取控制口地址
         MOV   AL,11111010B         ;工作方式控制字
         OUT   DX,AL                ;设置 8251 工作方式控制字
         NOP                        ;延时
         MOV   AL,00110111B         ;操作命令控制字
         OUT   DX,AL
         NOP
```

【例 9-6】 设 8251 的端口地址仍为 208H 和 209H。若规定 8251 为同步串行通信方式,数据格式为内同步、双同步字符、7 位数据位、偶校验。假定两个同步字符相同为 16H,编写 8251 的初始化程序。

解:8251 的方式控制字为 00111000B;命令控制字为 10110111B,它使 8251 的发送器和接收器就绪,开始搜索同步字符,复位错误标志,CPU 当前已准备好进行数据传输。按图 9-30 给出的流程编程相应的初始化程序如下:

```
IN182510: MOV   DX,209H              ;取控制口地址
          MOV   AL,00111000B         ;工作方式控制字
          OUT   DX,AL                ;设置 8251 工作方式控制字
          NOP                        ;延时
          MOV   AL,16H               ;同步字符
          OUT   DX,AL                ;设置第 1 个同步字符
          NOP
          OUT   DX,AL                ;设置第 2 个同步字符
          NOP
          MOV   AL,10110111B         ;操作命令控制字
          OUT   DX,AL
          NOP
```

0	0	1	1	10	0	0	B=38H
2个 同步	内 同步	偶 校 验	有 校 验	7 位 数据	同步 模式		

1	RI=0	1	ER=1	0	1	1	1	B=0B7H
同步 字符 检索	不 内部 复位	$\overline{RTS}$=0	出错 状态 复位	正常 工作	RXE=1		TXE=1 $\overline{DTR}$=0	

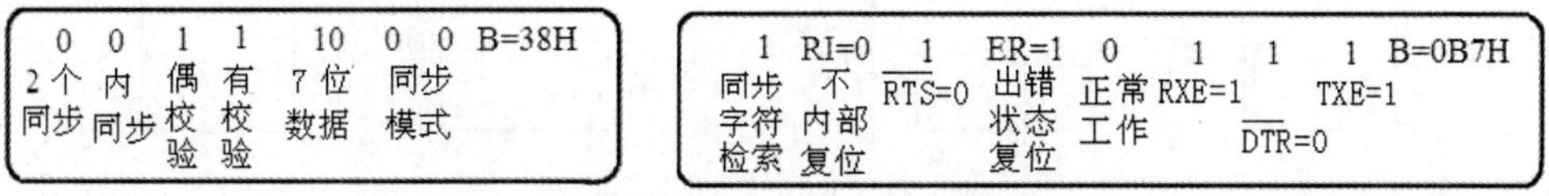

图 9-30　例 9-6 方式控制字和命令控制字

特别指出:在实际应用中,当未对 8251 设置模式控制字时,如果要使 8251 进行内部复位,一般采用送 3 个 00H,再送 1 个 40H 的方法,这也是 8251 的编程约定,40H 可以看成是使 8251 进行内部复位操作的实际代码。其实,即使设置了方式控制字后,也可以用这个方法使 8251 执行内部复位。下面是一段实用程序段:

```
INIT: XOR   AX,AX                ;AX 清零
      MOV   CX,0003H
      MOV   DX,控制端口地址
OUT1: CALL  KKK                  ;调输出子程序
      LOOP  OUT1                 ;送 3 个 00H
      MOV   AL,40H               ;送 1 个 40H
```

```
        CALL  KKK                     ;调输出子程序
        MOV  AL,方式控制字
        CALL  KKK                     ;调输出子程序
        ...
KKK:    OUT  DX,AL
        PUSH  CX
        MOV  CX,00002H
ABC:    LOOP  ABC
        POP  CX
        RET
```

9.5.4　8251 应用举例

【例 9-7】 采用 8251 实现两台微型计算机按 RS-232 总线标准进行串行接口通信。要求系统采用异步通信,查询方式,A 系统向 B 系统发送 5 字节数据。设 A 端口地址为 80H～83H,B 端口地址为 60H～63H。电路原理图如图 9-31 所示。

解:系统约定工作模式为异步通信、8 位数据位、奇校验、1 位停止位、波特率因子 64,所以方式控制字为 5FH。发送端的操作命令为允许发送(11H),接收端的操作命令为允许接收(14H)。

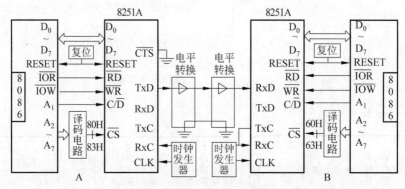

图 9-31　例 9-7 电路原理图

由于近距离传输,不需要调制解调器,采用单工方式的 RS-232 传输,需要 TTL 与 RS-232 电平转换。发送端的控制/状态端口地址为 82H,数据端的端口地址为 80H。接收端的控制/状态端口地址为 62H,数据端的端口地址为 60H,发送端的$\overline{\text{CTS}}$接地才能发送数据。

程序设计由两部分组成。一部分是 A 系统中发送端程序设计,另一部分是 B 系统中接收端程序设计。

1. 发送端

CPU 首先对发送端接口中的 8251 初始化(送方式控制字和操作命令控制字),然后读状态字,查询到 TXRDY 是否有效。若 TXRDY=1(即 $D_0=1$),则向 8251A 输出一个数据;再查询,再输送,直到全部数据送完为止。显示 OK,程序退出。

2. 接收端

CPU 首先对接收端接口中的 8251 初始化(送方式控制字和操作命令控制字),然后读状态字,查询到 RXRDY 有效(即 $D_1=1$)且无奇偶错(即 $D_3=0$),则从 8251 读入一个数据,存入缓冲区中;再查询,再读入,直到全部数据接收完为止,显示 OK 程序退出。若有错误,则显示 ERR 后,程序退出。

发送端初始化程序及发送控制程序如下:

```
DATA  SEGMENT
    DA1  DB  5
    TABEL1  DB  1,2,3,4,5
    PORT1  EQU  82H              ;控制端口
    PORT2  EQU  80H              ;数据端口
    TABEL2  DB  'OK!$ '
DATA  ENDS
CODE  SEGMENT
    ASSUME  CS:CODE,DS:DATA
START: MOV  AX,DATA
       MOV  DS,AX
       MOV  AL,0
       MOV  DX,PORT1
       OUT  DX,AL
       OUT  DX,AL
       OUT  DX,AL
       MOV  AL,40H              ;内部复位
       OUT  DX,AL
       MOV  DX,PORT1            ;设置方式控制字
       MOV  AL,5FH              ;异步、8 位数据位、奇校验
       OUT  DX,AL              ;1 位停止位、波特率因子 64
       MOV  AL,11H              ;设置操作命令字,允许发送
       OUT  DX,AL
       MOV  DI,OFFSET  TABLE1
       MOV  CL,DA1
       XOR  CH,CH
NEXT:  MOV  DX,PORT1            ;查询 TXRDY=0,发送准备好
       IN   AL,DX              ;读状态
       AND  AL,01H
       JZ   NEXT
       MOV  DX,PORT2
       MOV  AL,[DI]
       OUT  DX,AL
       INC  DI
```

```
        LOOP  NEXT
        LEA   DX,TABLE2
        MOV   AH,09H
        INT   21H
        MOV   AH,4CH
        INT   21H
CODE  ENDS
        END   START
```

接收端初始化程序如下：

```
DATA  SEGMENT
    DA1   DB  5
    TABEL1  DB  5  DUP  (0)
    PORT1  EQU  62H
    PORT2  EQU  60H
    TABEL2  DB  'OK!$ '
    TABEL3  DB  'ERR!$ '
DATA  ENDS
CODE  SEGMENT
    ASSUME  CS:CODE,DS:DATA
START:  MOV   AX,DATA
        MOV   DS,AX
        MOV   AL,0
        MOV   DX,PORT1
        OUT   DX,AL
        OUT   DX,AL
        OUT   DX,AL
        MOV   AL,40H
        OUT   DX,AL
        MOV   DX,PORT1
        MOV   AL,5FH
        OUT   DX,AL
        MOV   AL,14H
        OUT   DX,AL
        MOV   DI,OFFSET  TABLE1
        MOV   CL,DA1
        XOR   CH,CH
COMT:  MOV   DX,PORT1            ;查询 RXRDY 准备好
        IN    AL,DX
        ROR   AL,1
        ROR   AL,1
        JNC   COMT
        MOV   DX,PORT2
        ROR   AL,1
```

```
        ROR  AL,1
        JC   ERR                    ;有奇偶错
        MOV  DX,PORT2
        IN   AL,DX
        MOV  [DI],AL
        INC  DI
        LOOP COMT
        LEA  DX,TABLE2
        MOV  AH,09H
        INT  21H
        JMP  JIES
   ERR: LEA  DX,TABLE3
        MOV  AH,09H
        INT  21H
  JIES: MOV  AH,4CH
        INT  21H
  CODE  ENDS
        END  START
```

实验 9　串并行接口应用

实验 9.1　并行接口芯片 8255 应用

一、实训目的

1. 了解微型计算机串并行通信的机理。
2. 理解 8255 并行接口芯片的工作原理。
3. 掌握 8255 的应用编程。

二、实训器材

安装有操作系统的 32 位微型计算机一台、PROTEUS 安装光盘一张(8.0 版以上)。

三、实验原理图

8255 实验原理如图 9-32 所示。

四、实验内容

依据图 9-32,编制 8255 程序。

五、实训内容及步骤

1. 在微型计算机上安装 PROTEUS。

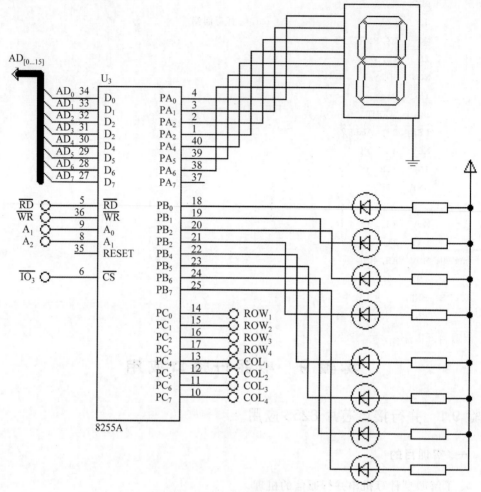

图 9-32　8255 实验原理图

2. 单击桌面 PROTEUS 图标,进入调试仿真环境,导入 8251 实验工程文件(该工程文件到清华大学出版社官网下载)。

3. 编制 8251 串行通信程序,并编译链接成可执行文件,装载到 8251 工程文件中。

4. 调试程序,查看仿真结果。

六、实训报告要求

通过观察到的并行通信现象,简述对微型计算机并行通信的理解。

实验 9.2　串行接口芯片 8251 应用

一、实训目的

1. 了解微型计算机串行通信的机理。

2. 理解 8251 串行接口芯片的工作原理。

3. 掌握 8251 的应用编程。

二、实训器材

安装有操作系统的 32 位微型计算机一台、PROTEUS 安装光盘一张(8.0 版以上)。

三、实验原理图

8251 实验原理如图 9-33 所示。

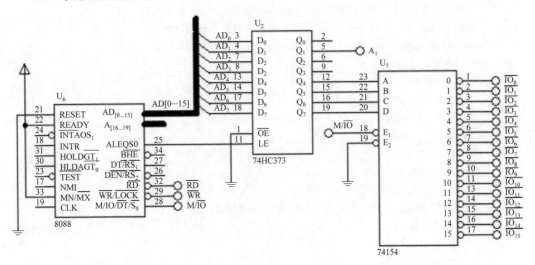

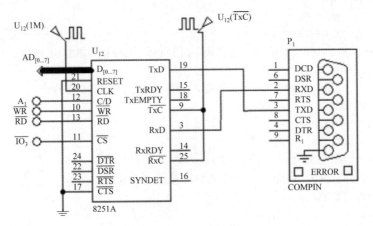

图 9-33　8251 实验原理图

四、实验内容

依据图 9-33,编制 8251 通信程序。

五、实训内容及步骤

1. 在微型计算机上安装 PROTEUS。

2. 单击桌面 PROTEUS 图标,进入调试仿真环境,导入 8251 实验工程文件(该工程文件到清华大学出版社官网下载)。

3. 编制 8251 串行通信程序,并编译链接成可执行文件,装载到 8251 工程文件中。

4. 调试程序,查看仿真结果。

六、参考程序清单

```
DATA  SEGMENT
    STR1  DB  '613 @   NANTONG  UNIVERSITY  '
    CS8251D  EQU  30H          ;串行通信控制器数据端口地址
    CS8251C  EQU  32H          ;串行通信控制器控制端口地址
DATA  ENDS
CODE  SEGMENT
    ASSUME  DS:DATA,CS:CODE
START: MOV  AX,DATA
       MOV  DS,AX
INIT:  XOR  AL,AL              ;AL 清零
       MOV  CX,03
       MOV  DX,CS8251C
OUT1:  OUT  DX,AL              ;往 8251 的控制端口送 3 个 0
       LOOP OUT1
       MOV  AL,40H
       OUT  DX,AL
       NOP
       MOV  DX,CS8251C
       MOV  AL,01001101b       ;模式字,1 停止位,无校验,8 数据位,波特率因子为 1
       OUT  DX,AL
       MOV  AL,00010101b       ;控制字,清除错标志,允许发送接收
       OUT  DX,AL
RE:    MOV  CX,25
       LEA  DI,STR1
DEND:  MOV  DX,CS8251C         ;串口发送
       MOV  AL,00010101b       ;清除错标志,允许发送接收
       OUT  DX,AL
       NOP
WTXD:  IN   AL,DX
       TEST AL,1               ;发送缓冲是否为空
       NOP
       JZ   WTXD
       MOV  AL,[DI]            ;取要发送的
       MOV  DX,CS8251D
       OUT  DX,AL              ;发送
       PUSH CX
       MOV  CX,30H
```

```
        LOOP  $
        POP   CX
        INC   DI
        LOOP  SEND
        JMP   RE
CODE  ENDS
        END   START
```

七、实训报告要求

通过观察到的串行通信现象,简述对微型计算机串行通信的理解。

习　题　9

一、选择题

1. 8255A 的 PA 口工作于方式 2,PB 口工作于方式 0 时,其 PC 口可(　　)。

    A. 用作一个 8 位 I/O 端口　　　　　　B. 用作一个 4 位 I/O 端口

    C. 部分作为联络线　　　　　　　　　D. 全部作为联络线

2. 8255A 芯片的 PA 口工作在方式 2,PB 口工作在方式 1 时,其 PC 端口(　　)。

    A. 用于两个 4 位 I/O 端口

    B. 部分引脚作联络,部分引脚作 I/O 引线

    C. 全部引脚均作联络信号

    D. 作 8 位 I/O 端口,引脚都为 I/O 引线

3. 一个系统通过其 8255A 并行接口与打印机连接,初始化时 CPU 将它的端口 A 或端口 B 设置成方式 1 输出,此时 8255A 与打印机的握手信号为(　　)。

    A. IBF　STB　　　B. RDY　STB　　　C. OBF　ACK　　　D. INTR　ACK

4. 当 8255A 的端口 A 工作在方式 1 输入时,若联络信号 IBF=1,则表示(　　)。

    A. 输入锁存器满　　　　　　　　　　B. 输入锁存器空

    C. 输出缓冲器满　　　　　　　　　　D. 输出缓冲器空

5. 74LS373 芯片是一种(　　)。

    A. 8D 锁存器　　　　　　　　　　　B. 8 位缓冲器

    C. 8 位数据收发器　　　　　　　　　D. 3×8 译码器

6. 8255A 的置位/复位控制字只能适用于(　　)。

    A. 端口 A　　　　B. 端口 B　　　　C. 端口 C　　　　D. 控制端口

7. 下列关于 74LS245 的用途,不正确的说法是(　　)。

    A. 常用于数据锁存　　　　　　　　　B. 常用于数据双向传送

    C. 常用于数据驱动　　　　　　　　　D. 常用于数据缓冲

8. 8255A 接口芯片的控制信号,不属于工作方式 1 输入的联络信号是(　　)。

　　A. STB　　　　　　B. OBF　　　　　　C. IBF　　　　　　D. INTR

9. 以 RS-232 为接口,进行 7 位 ASC Ⅱ 码字符传送,带有 1 位奇校验位和 2 位停止位,当波特率为 9600b/s 时,字符传输速率为(　　　)b/s。

　　A. 960　　　　　　B. 873　　　　　　C. 1371　　　　　　D. 480

10. RS-232C 标准的电气特性中数据 0 规定为(　　　)。

　　A. $-3\sim-15$V　　B. $-5\sim0$V　　C. $0\sim+5$V　　D. $+3\sim+15$V

11. 实际中一个适配器必须有两个接口,一个是和系统总线的接口,CPU 和适配器的数据交换是(　　　)方式;另一个是和外设的接口,适配器和外设的数据交换是串行或并行方式。

　　A. 并行　　　　　　B. 串行　　　　　　C. 串行或并行　　　　D. 分时传送

12. 一个串行接口设置为 7 位数据位、1 位奇校验位和 1 位终止位的异步通信传送方式,传送数据 5 时,通过示波器观察到对方发送来的信号波形如图 9-34 所示。

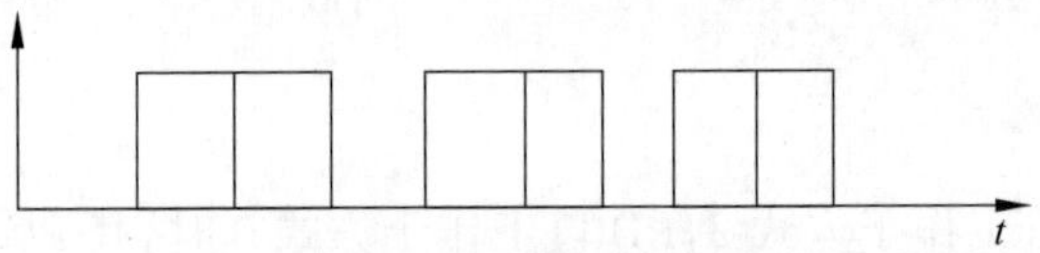

图 9-34　信号波形图

对应二进制代码 0110110110,则串口将(　　　)。

　　A. 正确接收到 7 位二进制数 5BH　　　　B. 置奇偶校验错标志
　　C. 置帧出错标志　　　　　　　　　　　D. B+C

13. 经过 RS-232 为接口进行串行数据传送,若一帧信息中带有 1 位奇偶校验位和 2 位停止位,当波特率为 4800b/s 时,字符传输速率为 480b/s,则数据位有(　　　)位。

　　A. 6　　　　　　　B. 7　　　　　　　C. 8　　　　　　　D. 9

14. 在异步串行通信中,使用波特率来表示数据的传输速率,它是指(　　　)。

　　A. 每秒传送的字符数　　　　　　　　　B. 每秒传送的字节数
　　C. 每秒传送的二进制位数　　　　　　　D. 每分钟传送的字节数

15. 下列数码中设有奇偶校验位,检测数据是否有错误,若采用偶校验时,哪个数据出错(　　　)。

　　A. 11011010　　　B. 10010110　　　C. 01100110　　　D. 10010101

二、填空题

1. 某计算机系统有一并口芯片 8255A,初始化时将 8255A 的端口 A 设置成方式 1 输出,这时 8255A 与外设的联络信号为＿＿＿＿＿、＿＿＿＿＿。

2. 8255A 有 3 种工作方式,其中＿＿＿＿＿仅限于端口 A 使用。

3. 设 8255A 中端口 C 的内容为 88H,将 7DH 写入 8255A 控制字寄存器后,则端口 C 的内容变为＿＿＿＿＿。

4. 当 8255A 的 $PC_4\sim PC_7$ 全部为输出线时,表明 8255A 的端口 A 工作方式是＿＿＿＿＿。

5. 异步串行通信,没有数据传送时,发送方应发送_____信号;同步串行通信,没有数据传送时,发送方应发送_____信号。

6. PC 串行口连续发送同一帧标准 ASCII 码数据,用示波器在 RS-232 连接器的数据发送端监测到如图 9-35 所示信号波形。该帧数据代表_____字符,它有_____个停止位,其校验方式是_____。假设通信速率为 4800b/s,传送 1KB 数据,需要_____ms。

图 9-35　信号波形图

7. 在异步串行通信时,若起始位为 1 位,数据位为 8 位,停止位为 1 位,波特率为 1200b/s,要传送 6000 个 8 位二进制数据至少需要时间_____s。

8. 8251 芯片中设立了_____、_____和_____ 3 种出错标志。

三、简答题

1. 一个微型计算机系统中用 8255A 作为 I/O 接口,初始化时,8088 CPU 访问其 08H 端口,将它设置为方式 0,这时 PA、PB 和 PC 均作为输入,则 PA 口的端口地址是多少?

2. 若要求 8255 的端口 A、端口 B 工作在方式 1 作为输入,端口 C 作为输出,则应输入 8255 控制口的控制字应为多少?

3. 在异步串行通信中,传送每个字符的字符格式由哪几部分组成?

4. 在异步串行通信接口传送标准 ASCII 字符,约定 1 位奇偶校验位、2 位停止位,如果接收到的数据波形如图 9-36 所示,则传送字符的代码是什么? 如果传输的波特率为 9600b/s,问每秒钟最多可传多少个字符?

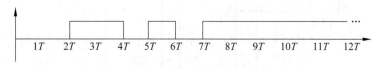

图 9-36　接收到的数据波形图

5. 如果 $A_7 \sim A_1 = 1110101B$ 激活 8251A 的片选信号 $\overline{CS}$,此时 $C/\overline{D}$ 接到 A_0 上,那么分配给 8251A 的端口地址为多少?

6. 如果 8251A 的波特率因子选择 16,要获得 4800b/s 的波特率,接在 RXC 和 TXC 上的时钟频率应为多少?

四、设计题

1. 已知电路如图 9-37 所示。数码管为共阴极型,共阴极端接 GND,数码管的 a,b,…,g 段依次接 8255 的 PB_0,PB_1,…,PB_6。要求对该电路进行编程,使数码管初始状态显示 0。每按下一个 S_0 键后,数码管显示的数字减 1,减至 0 后,再按 S_0 键,则数码管显示 9;每按下一次 S_1 键后,数码管显示的数字加 1,加至 9 后,再按 S_1 键,则数码管显示 0。若同时按下 S_1 和 S_0 键,则退出程序。

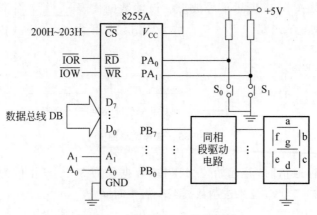

图 9-37　设计题(1)电路原理图

2. 一种通过接口芯片 8255 将 ADC0809 接到 8088 系统总线上的连接如图 9-38 所示。该电路以可编程并行接口 8255 作为 ADC0809 的接口,其初始化程序规定:8255 工作在方式 0 下,端口 A 输入,端口 B 输出,端口 C 的低 4 位输出、高 4 位输入,并且使 $PC_0 = 0$、$PC_1 = 0$。

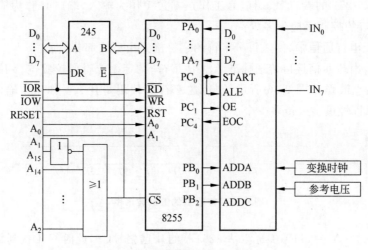

图 9-38　设计题(2)电路原理图

(1) 若完成上述规定的 8255 的初始化程序如下,试在下画线处填上相应的数字或指令。

```
INITI55: MOV  DX,_____
         MOV  AL,_____
         OUT  DX,AL
```

```
        MOV   AL,00H
        OUT   DX,AL
```

（2）一个具体的采集子程序如下，每调用一次采集子程序，可顺序对 8 路模拟输入
$IN_0 \sim IN_7$ 进行一次 A/D 变换，并将变换的结果存放在内存 ADATA 所在段、偏移地址
为 ADATA 的顺序 8 个单元中。

```
PROC  NEAR  RMAD
      PUSH  BX
      PUSH  DX
      PUSH  DS
      PUSH  AX
      PUSH  SI
      MOV   DX,SEG  ADATA
      MOV   DS,DX

      MOV   BL,00H
      MOV   BH,08H
GOON: MOV   DX,8001H
      MOV   AL,BL
      OUT   DX,AL
      MOV   DX,8002H
      MOV   AL,_____
      OUT   DX,AL
      MOV   AL,_____
      OUT   DX,AL
      NOP
WAIT: IN    AL,DX
      TEST  AL,_____
      JZ    WAIT
      MOV   AL,02H
      OUT   DX,AL
      MOV   DX,8002H
      MOV   AL,00H
      OUT   DX,AL

      INC   _____
      DEC   BH
      JNZ   GOON
      POP   SI
      POP   _____
      POP   DS
      POP   DX
      POP   BX
```

```
        RET
PRMAD   ENDP
```

3. 编写 8251A 的初始化程序。设端口地址为 80H 和 81H，全双工、无调制解调器、传输过程中出错不复位。

（1）异步方式、8 位数据位、奇校验、1 位停止位、收发时钟及传输波特率均为 1200b/s。

（2）同步通信、7 位数据位、双同步字符分别为 32H 和 88H，内检测方式、无校验。

参 考 文 献

[1] 邹逢兴. 计算机硬件技术及应用基础[M]. 北京：清华大学出版社,2010.

[2] 袁春风. 计算机系统基础[M]. 北京：机械工业出版社,2014.

[3] PATTERSON D A,HENNESSY J L. 计算机组成与设计：硬件/软件接口[M]. 王党辉,等译. 5
版. 北京：机械工业出版社,2015.

[4] 王爽. 汇编语言[M]. 北京：清华大学出版社,2013.

[5] IRVINE K. 汇编语言：基于 x86 处理器[M]. 贺莲,龚奕利,译. 7 版. 北京：机械工业出版
社,2016.

[6] 余春暄,左国玉. 80x86/Pentium 微型计算机原理及接口技术[M]. 北京：机械工业出版社,2015.

[7] 林志贵. 微型计算机原理及接口技术[M]. 北京：机械工业出版社,2010.

[8] 王国明. 微机原理与接口技术[M]. 武汉：武汉大学出版社,2007.

[9] 赵全利. 微型计算机原理及接口技术[M]. 北京：机械工业出版社,2009.

[10] 陈逸菲,等. 微机原理与接口技术实验及实践教程——基于 Proteus 仿真[M]. 北京：电子工业出
版社,2016.

图书资源支持

感谢您一直以来对清华版图书的支持和爱护。为了配合本书的使用，本书提供配套的资源，有需求的读者请扫描下方的"书圈"微信公众号二维码，在图书专区下载，也可以拨打电话或发送电子邮件咨询。

如果您在使用本书的过程中遇到了什么问题，或者有相关图书出版计划，也请您发邮件告诉我们，以便我们更好地为您服务。

我们的联系方式：

地　　　址：北京市海淀区双清路学研大厦 A 座 701

邮　　　编：100084

电　　　话：010-83470236　　010-83470237

资源下载：http://www.tup.com.cn

客服邮箱：2301891038@qq.com

QQ：2301891038（请写明您的单位和姓名）

资源下载、样书申请

书圈

扫一扫，获取最新目录

课 程 直 播

用微信扫一扫右边的二维码，即可关注清华大学出版社公众号"书圈"。